Ouverture philosophique

Collection dirigée par Jean-Marc Lachaud et Bruno Péquignot

Une collection d'ouvrages qui se propose d'accueillir des travaux originaux sans exclusive d'écoles ou de thématiques.

Il s'agit de favoriser la confrontation de recherches et des réflexions, qu'elles soient le fait de philosophes « professionnels » ou non. On n'y confondra donc pas la philosophie avec une discipline académique ; elle est réputée être le fait de tous ceux qu'habite la passion de penser, qu'ils soient professeurs de philosophie, spécialistes des sciences humaines, sociales ou naturelles, ou… polisseurs de verres de lunettes astronomiques.

Dernières parutions

Issoufou Soulé MOUCHILI NJIMOM, *Sciences et politique. Réflexions sur des fondements de la dynamique culturelle contemporaine*, 2020.
Geoffroy DE CLISSON, *Les Anti-Humanistes*, 2020.
Gilles R. CADRIN, *L'être humain face à lui-même. L'animal autoréférent.* Nouvelle édition, 2020.
Alexandra IBANES, *La philo à l'école primaire, Témoignage d'une enseignante*, 2020
Jonathan DAUDEY, *Nietzsche et la question des temporalités. Lecture en trois temps*, 2020.
Seyedvahid YAGHOUBI, *L'esthétique de la courbe dans la poésie surréaliste*, 2020.
Raymond MATAND MAKASHING, Michel Serres, Hans Jonas, Edgar Morin et l'écologie profonde, 2020.
David PERETZ, *L'effroi du mal. La philosophie religieuse d'Emmanuel Levinas*, 2020.
Nikos FOUFAS, *De l'aliénation chez Rousseau. Genèse et dualité d'un concept*, 2020.
Yvon QUINIOU et Nikos FOUFAS, *Le matérialisme en question. Dialogue critique*, 2020.
Issoufou Soulé MOUCHILI NJIMOM et Lucien Alain MANGA NOMO (dir.), *La nature humaine. Des débats métaphysiques aux technosciences du vivant et des postulats de la modernité politique et étatique*, 2020.
Fatié OUATTARA, *Éduquer, c'est humaniser. Dignité, intégrité, laïcité et violence*, 2020.
Xavier LAMBERT, *Les enjeux cognitifs de l'artefact esthétique*, Tome 2, 2019.
Xavier LAMBERT, *Émotion, cognition et création artistique*, Tome 1, 2019.
Jean-Yves MERCURY, *Chemins avec et autour de Merleau-Ponty*, 2019.

Mathématisation
et philosophie de la connaissance
de Galilée à Euler

5-7, rue de l'École polytechnique, 75005 Paris

www.harmattan.fr

ISBN : 978-2-343-21101-5
EAN : 9782343211015

Thomas Balivet

Mathématisation et philosophie de la connaissance de Galilée à Euler

L'Harmattan

INTRODUCTION

L'environnement dans lequel nous vivons, depuis notre sphère individuelle jusqu'aux enjeux politiques globaux, est essentiellement un monde de technologie : information et communication, transports, gestion des énergies, etc. Cette technologie est consubstantielle de notre quotidien, du smartphone que nous tenons dans notre main aux problématiques du réchauffement planétaire. Malgré les idées de sociétés alternatives ou les velléités de certaines communautés de retour à des modèles et des référents de périodes pré-technologiques, il reste très difficile de concevoir ou de vivre d'autres modèles d'existence, d'où toute forme de technologie serait complètement absente.

La grande majorité des sociétés depuis plusieurs siècles cherche la maîtrise optimale de l'utilisation des ressources physiques naturelles (énergies, forces) pour répondre à leurs besoins et leurs ambitions. Une des meilleures recettes de succès dans ce domaine a toujours été le développement et la maîtrise de la technologie. Cette technologie est venue de la connaissance des phénomènes physiques eux-mêmes.

L'amélioration de la connaissance des phénomènes physiques a connu une accélération lorsqu'a commencé effectivement l'utilisation de certains domaines de pensée restés longtemps spéculatifs qui seront combinés avec d'autres domaines qui étaient jusque-là de l'ordre du savoir-faire pratique. Autrement dit, lorsqu'on a commencé à utiliser systématiquement les mathématiques pour appréhender les phénomènes et processus physiques. La mathématisation qui est l'utilisation des raisonnements mathématiques pour décrire, expliquer et prédire les phénomènes physiques a été une approche intellectuelle qui a révolutionné le rapport de l'homme à la nature.

En bien ou en mal, sans entrer dans des réflexions de philosophie sociale, dimensions éthiques ou écologiques de la technologie sur la « valeur » du « progrès », on ne peut pas nier que l'utilisation des mathématiques dans la physique est une des origines fondatrices de la société technologique dans laquelle nous vivons. Nous pensons que cette mathématisation, en tant que mouvement intellectuel, débuté vers le XVIIe siècle, en favorisant la connaissance des processus physiques et par ses dérivés innombrables en termes d'applications technologiques, a été aussi importante pour forger notre société actuelle que d'autres grands mouvements intellectuels liés au développement des théories sociales (théories politiques, mouvement religieux, etc.) ou aux théories économiques (comportement des marchés, théories financières, etc.).

De plus, il est à parier que les défis de l'homme face à la nature auxquels nos sociétés auront à faire face dans les prochaines décennies ne pourront être résolus que par une maîtrise encore plus poussée de la technologie[1] que par le passé.

Il semble donc intéressant au seuil de ces nouveaux défis de prendre du recul pour voir d'où nous venons et le chemin parcouru depuis le début de l'ère technologique. Pour cela, étudier les fondamentaux du déroulement historique de la mathématisation de la physique à la base de notre société technologique actuelle semble intéressant.

Nous voulons faire quelques remarques sur l'approche qui a été choisie pour ce travail.

Premièrement, nous allons traiter de certains exemples qui illustrent à différentes époques les interactions entre la physique et les mathématiques et replacer ces travaux de mathématique mixte dans le paysage philosophique qui les environne. Nous pensons qu'il est parfois trop réducteur pour une époque donnée de se concentrer uniquement sur l'aspect physique et mathématique de certains domaines de l'étude de la nature sans s'intéresser aussi aux questionnements philosophiques qui y sont liés. Une ouverture sur cet environnement philosophique traitant de sujets comme le temps, l'espace, le continu, la matière, etc. aide à mieux cerner l'évolution des idées de physique et mathématiques.

Dans les années 1750, d'Alembert écrivait dans les premières pages de son *Essai sur les éléments de philosophie :*

> « *Nous n'avons fait jusqu'ici que fixer en général les différents objets qui appartiennent à des éléments de philosophie. Examinés plus en détail, ces objets peuvent se réduire à quatre, l'espace, le temps, l'esprit et la matière*[2]. »

Lorsque nous nous intéresserons au paysage philosophique qui entoure la mathématisation durant la période de Galilée à Euler, de 1630-1760 environ, nous allons utiliser en quelque sorte cette recommandation de travail de d'Alembert comme point de départ.

La philosophie de la connaissance, celle avec laquelle l'homme se représente le monde autour de lui (aussi bien le monde des objets que celui des idées), sera vue au travers de trois de ces sujets proposés par d'Alembert : l'espace, le temps et l'esprit (aussi nommé souvent *entendement* dans les écrits de ces époques).

---

[1] Moyens de réduction de l'empreinte carbone à l'échelle globale, nouvelles pandémies, ou maîtrise de l'énergie de fusion, par exemple.

[2] D'Alembert, *Essai sur les éléments de philosophie*, 1759, chap. IV « Méthodes générales que l'on doit suivre dans des éléments de philosophie », p. 25 de l'édition Fayard, 1986.

Une des idées directrices de cet essai est de voir comment les visions philosophiques du monde matériel et de sa connaissance ont été influencées par le processus qui a donné une part croissante aux mathématiques dans l'étude des phénomènes physiques. Nous allons voir que parallèlement à la représentation physico-mathématique des phénomènes, a longtemps subsisté tout un pan de réflexions philosophiques sur les données du monde comme le temps et l'espace, par exemple. Cet ensemble de réflexions était très riche, faisait corps avec les autres pans de la philosophie tels que la philosophie morale ou la philosophie politique et a longtemps été prédominant par rapport aux représentations physico-mathématiques. D'autre part, nous verrons que presque tous les philosophes se sont, à un moment donné, occupés de mathématiques et de philosophie naturelle, même ceux connus principalement pour leurs écrits de philosophie morale ou politique (Hobbes, Malebranche, Locke, Hume, etc.).

Deuxièmement, dans l'étude de certaines étapes de la mathématisation, nous n'allons pas, comme il est souvent fait dans des ouvrages d'histoire des sciences, essayer de retrouver dans les textes et les démonstrations de l'époque l'idée scientifique telle qu'elle est décrite maintenant.

Nous allons nous laisser guider par le déroulement historique en essayant de comprendre ce qui motivait les réflexions à l'époque entre les mathématiques et la physique et laisser les idées apparaître progressivement en restant le plus proche possible des textes originaux choisis. Les exemples traités ne seront donc pas redémontrés avec les notations et les termes actuels de la physique ou des mathématiques. Des références aux ouvrages des spécialistes ayant déjà fait ce travail seront données pour ceux qui sont intéressés par cet aspect. Les exemples seront donc principalement utilisés comme des supports pour illustrer l'évolution de la mathématisation dans ses différentes étapes en tant qu'interaction entre objets physiques et idées mathématiques. Dans cette perspective, lors de l'étude, des exemples ne seront donnés que pour certaines équations clés et certains schémas repris des auteurs. Nous espérons que cela incitera le lecteur à se référer aux textes eux-mêmes qui seront toujours, aussi bien pour le philosophe que pour le scientifique, extrêmement intéressants et enrichissants pour comprendre la profondeur et l'ingéniosité de leurs auteurs.

Du fait de notre culture scientifique, de la représentation du monde que nous avons reçue lors de notre éducation, il est parfois difficile de saisir l'ampleur des révolutions conceptuelles qui se sont opérées à ces époques. La description actuelle de domaines entiers des mathématiques et de la physique est parfois même un obstacle à la compréhension des conceptions des savants de ces époques. Par exemple, il est difficilement concevable actuellement d'envisager de traiter de physique et de mathématiques sans parler de fonctions ni de vecteurs. Pourtant, c'était le cas jusqu'à la moitié du XVIIIe pour les premières et jusqu'au XIXe pour les seconds. Pour bien comprendre le déroulement des évènements intellectuels et l'évolution des concepts, il faut développer sa « conscience historique », se poser la question de quel était l'état des savoirs à ces époques : quels étaient les sujets qui motivaient les savants ? Quels étaient leurs outils mathématiques, les théories et les approches en vogue ?, etc. Il ne faut pas chercher systématiquement à comparer les réflexions scientifiques de ces époques à l'état actuel de nos connaissances. Ceci est nécessaire pour s'y retrouver mais en aucun cas suffisant pour comprendre l'enchaînement des idées à ces époques. Par conséquent, au lieu d'avoir une vision synthétique et rétrospective de l'évolution des idées, nous essaierons d'avoir une vision analytique et chronologique. Nous nous guiderons, étape par étape, avec les jalons que constituent certains travaux majeurs (traités, mémoires des académies des sciences, etc.) qui nous paraissent particulièrement représentatifs de certaines périodes historiques et de certaines étapes dans l'évolution conceptuelle.

Troisièmement, on sait que les approches en physique au cours de l'histoire se sont faites sur deux aspects différents mais complémentaires : l'étude de phénomènes physiques simples et faisant partie du quotidien (machines et dispositifs simples, phénomènes d'optique, systèmes hydrauliques, etc.) et l'étude des phénomènes physiques macroscopiques faisant partie de ce qui a longtemps été appelé les « *systèmes du monde* » par les savants de ces époques (système solaire, rotation de la Terre, écoulement des rivières, régimes des marées, vents, etc.) ; certains auteurs parlent « *des deux régions de la science nouvelle : la mécanique céleste et l'étude de la cinématique terrestre* »[3].

Dans ce travail, nous avons pris le parti de nous concentrer sur le premier aspect de l'étude des phénomènes physiques : l'étude de certains objets et phénomènes (apparemment) simples de la physique et comment ceux-ci ont été à un moment donné de l'histoire une source d'interaction extrêmement féconde entre les aspects spéculatifs venant des mathématiques et les travaux de la science expérimentale. Nous allons ainsi suivre en quelque sorte la remarque de Sagredo, un des personnages du *Discours concernant deux sciences nouvelles* de Galilée :

> « *Vous me donnez à bien des reprises l'occasion d'admirer la richesse et aussi l'extrême libéralité de la nature, quand de choses si communes et je dirai même d'une certaine façon triviales, vous faites surgir des connaissances aussi étonnantes que nouvelles, et souvent imprévues pour l'imagination*[4]. »

Pour l'étude de l'évolution des avancées en physiques en lien avec les mathématiques, nous suivrons comme fil directeur une complexité croissante des phénomènes physiques étudiés (mouvement rectiligne d'un point-masse, mouvement courbe, trajets optiques, mouvement pendulaire, mouvement ondulatoire, mouvement dans les milieux continus). Ceci sera en lien avec

---

[3] Chareix, F. « Experientia ac ratio, l'œuvre de Christiaan Huygens », *Revue d'histoire des sciences*, 2003, Tome 56, p. 5-13.

[4] Galilée, *Discours concernant deux sciences nouvelles*, 1638, Rééditions traduction Épiméthée, PUF, 2008, p. 79.

des modélisations mathématiques, elles aussi de complexité croissante (droites, triangles, cercles, coniques, courbes *mécaniques*, courbes *transcendantes*, géométrie analytique, calcul infinitésimal, équations différentielles aux dérivées partielles).

En ce qui concerne le lien entre la mathématisation et la philosophie de la connaissance, nous avons choisi de présenter le développement des idées en alternant des parties sur la mathématisation et des parties présentant le « paysage philosophique » de l'époque, notamment sur les représentations des notions de temps et d'espace chez les différents penseurs de la période considérée.

Ce travail est basé sur l'étude des textes originaux. La plupart de ces textes sont disponibles sur Internet[5]. Tous les grands traités cités ont été numérisés ainsi que les mémoires des différentes académies notamment les mémoires de l'académie royale des sciences et de l'académie des sciences de Berlin[6] dont une grande partie, à l'époque d'Euler, sont en français. La seule version française des *Principes mathématiques de la philosophie naturelle* de Newton reste la traduction de 1776 de la marquise du Châtelet[7]. Les figures accompagnant les textes de mathématiques ou de physique étaient souvent dans des opuscules séparés et ne sont pas toujours trouvables facilement. Nous avons rassemblé et inclus les figures essentielles à la compréhension des raisonnements. Nous avons ajouté des schémas pour illustrer certaines des idées ou des réflexions des différents textes étudiés.

Commençons donc notre sujet avec, en forme de prologue, un état des lieux de la place des mathématiques dans les *sciences de la nature* chez le philosophe Francis Bacon au début du XVIIe siècle, en 1605.

---

[5] Le site des imprimés numérisés des bibliothèques suisses : https://www.e-rara.ch/ contient de nombreux volumes très bien numérisés. Voir aussi un grand nombre de travaux mathématiques numérisés sur https://gallica.bnf.fr classé par mathématiciens sur le site http://sites.mathdoc.fr/OEUVRES/

[6] Site de l'académie des sciences de Berlin : http://bibliothek.bbaw.de/ on peut consulter aussi le site de traduction de nombreux traités, traduits du latin en anglais par Ian Bruce sur http://www.17centurymaths.com/ (œuvres de Huygens, Leibniz, Newton, Euler notamment).

[7] Le texte de la traduction de 1776 d'Émilie du Châtelet n'inclut pas les figures dans le texte. Celles-ci sont disponibles dans un format accessible, insérées dans la traduction en anglais de Ian Bruce : http://www.17centurymaths.com/contents/newtoncontents.html

FRANCIS BACON ET LA CLASSIFICATION DES SCIENCES AU DÉBUT DU XVIIE SIÈCLE

Le texte de Francis Bacon de 1605 *De la dignité et de l'cccroissement des sciences* nous aide à comprendre comment au début des années 1600 on classait les différentes disciplines scientifiques et la connaissance en général. Ce texte présente un état de la question des sciences et des réflexions sur la connaissance en ce début du XVIIe siècle. Comme le dit le *Journal des sçavans* de 1666 :

> « *On peut dire que ce grand chancelier est un de ceux qui ont le plus contribué à l'avancement des sciences. Car reconnaissant que les anciens nous les ont laissées très imparfaites, et que les modernes n'y ont pas fait de grand progrès, il a composé deux livres*[8] *pour enseigner par quel moyen on peut les perfectionner.* »

Bacon est aussi reconnu comme un précurseur par les encyclopédistes français du XVIIIe siècle dans leur propre classification des savoirs. Ainsi, Diderot débute-t-il l'*Encyclopédie* de 1751 par un commentaire de la classification des sciences faite par Bacon quelque cent cinquante ans plus tôt. Le classement des sciences est fait par Bacon comme suit :

---

[8] *De la dignité et de l'accroissement des sciences* de 1605 et le *Novum Organum* de 1620.

REPARTITION UNIVERSELLE DES SCIENCES SUIVANT BACON.

1° Mémoire.

- HISTOIRE
  - NATURELLE
    - Narrative — Nature libre
      - Histoire des corps célestes.
      - — des régions de l'air, météores, comètes, etc.
      - — des terres, mers, montagnes, fleuves, etc.
      - — des éléments.
      - — des espèces.
    - Inductive
      - Nature dans ses écarts.
      - Nature enchaînée, ou des arts mécaniques.
  - CIVILE
    - Ecclésiastique
      - Spéciale.
      - Prophétique.
      - Providentielle.
    - Civile proprement dite
      - pure
        - Mémoires.
        - Histoire complète
          - Chroniques.
          - Vies.
          - Relations.
      - mixte
        - Antiquités.
    - Littéraire, ou histoire des lettres et des arts.
  - Appendices à l'histoire civile
    - Harangues.
    - Epîtres.
    - Apophthegmes.

2° Imagination.

- POESIE
  - NARRATIVE.
  - DRAMATIQUE.
  - PARABOLIQUE.

3° Raison.

- PHILOSOPHIE.
  - THÉOLOGIE SACRÉE.
  - SCIENCE DES AXIOMES.
  - PHILOSOPHIE PROPREMENT DITE.
    - SCIENCE DE DIEU.
      - Science de Dieu proprement dite, ou théologie naturelle.
      - Science des anges ou esprits.
    - SCIENCE DE LA NATURE.
      - Spéculative
        - Physique particulière
          - Science des principes des choses.
          - — de la forme des choses.
          - — de la variété des choses.
        - Appendices
          - Mesure des mouvements.
          - Problèmes naturels.
          - Sentiments des anciens philosophes.
        - Métaphysique
          - Science des formes.
          - — des causes.
      - Pratique
        - Mécanique.
        - Magie naturelle.
      - Appendices.
    - Appendice de la science de la nature. — Mathématiques
      - pures
        - Géométrie.
        - Arithmétique.
        - Algèbre.
      - mixtes
        - Perspective.
        - Mécanique.
        - Astronomie.
        - Cosmographie.
        - Architecture.
        - Art des machines.
    - SCIENCE DE L'HOMME.
      - Science de l'homme en lui-même.
        - Science de l'homme en général.
          - Science de l'individu homme.
          - Science de l'alliance du corps et de l'âme.
        - Science du corps de l'homme.
          - Médecine.
          - Cosmétique.
          - Athlétique.
          - Voluptuaire
            - Peinture.
            - Sculpture.
            - Musique.
        - Science de l'âme de l'homme.
          - Science de l'âme sensible.
            - Science des mouvements volontaires.
            - Science de la sensation.
          - Science de l'âme raisonnable ou divine.
            - Substance.
            - Facultés.
            - Usage et objet des facultés
              - LOGIQUE.
                - Art d'inventer.
                  - Invention des choses.
                  - Invention des arguments.
                - Art de juger
                  - par induction.
                  - par syllogismes.
                - Art de retenir.
                  - Science de ce qui peut aider la mémoire, etc.
                  - Science de la mémoire.
                - Art de communiquer.
                  - Science de l'instrument du discours.
                    - Science générale des signes.
                    - Grammaire
                      - littéraire.
                      - philosophique.
                  - Appendices de la rhétorique.
                  - Appendices de l'art de communiquer.
                  - Science de la méthode du discours.
                  - Science des ornements du discours, ou rhétorique.
              - MORALE.
                - Science de l'objet que l'âme doit se proposer.
                  - Le bien simple
                    - individuel.
                    - social.
                  - Le bien comparé.
                - Science de la culture des mœurs, ou géorgique de l'âme, etc.
                - Appendice à la géorgique de l'âme.
      - Science de l'homme en société.
  - CONDITION DES ÊTRES.

Pour Bacon, la science humaine était divisée en trois grands corps de connaissance, selon la raison (philosophie), la mémoire (histoire) et l'imagination (poésie) :

- La philosophie étant elle-même divisée en :
  - Science de la nature.
  - Science de l'homme.
  - Science de Dieu, ne comprenant qu'une seule discipline la *théologie naturelle.*
- L'histoire, elle-même divisée comme dans le tableau ci-dessus.

Les disciplines, dont la classification nous intéresse ici, étant principalement classées par Bacon dans la *science de la nature* et son *grand appendice* : les mathématiques et dans *L'histoire naturelle*, dans *L'histoire des productions de la nature.*

La science de la nature chez Bacon

Le premier aspect de cette classification qui nous intéresse en ce qui concerne la mathématisation des sciences se rapporte à la *philosophie naturelle* et sa subdivision :

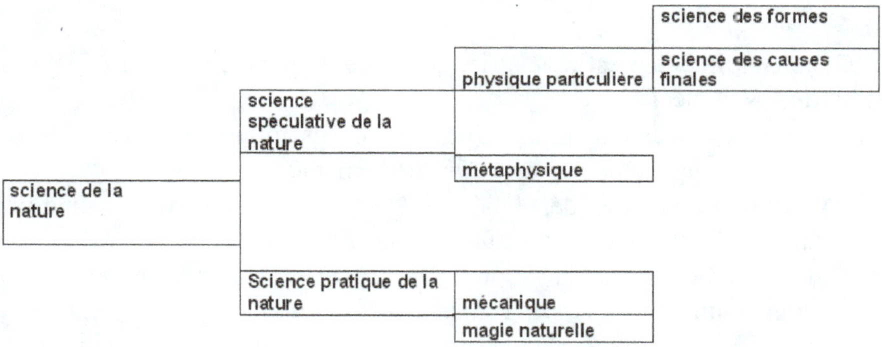

L'autre aspect qui concerne notre sujet est classé en Subdivisions du *Grand appendice* de la *science de la nature* :

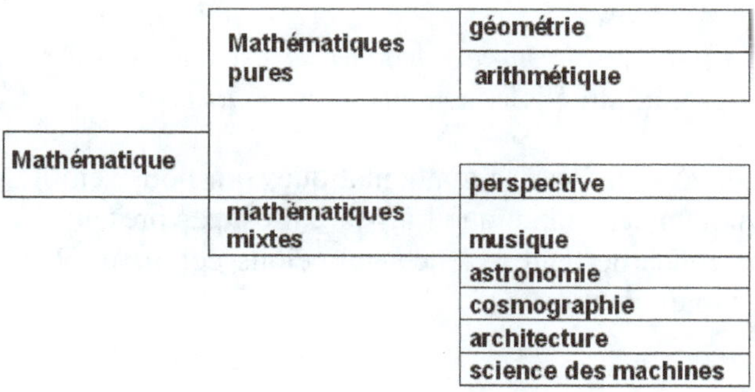

Les *Subdivisions de l'Histoire* classent les sujets ayant trait aux phénomènes physiques et à la nature :

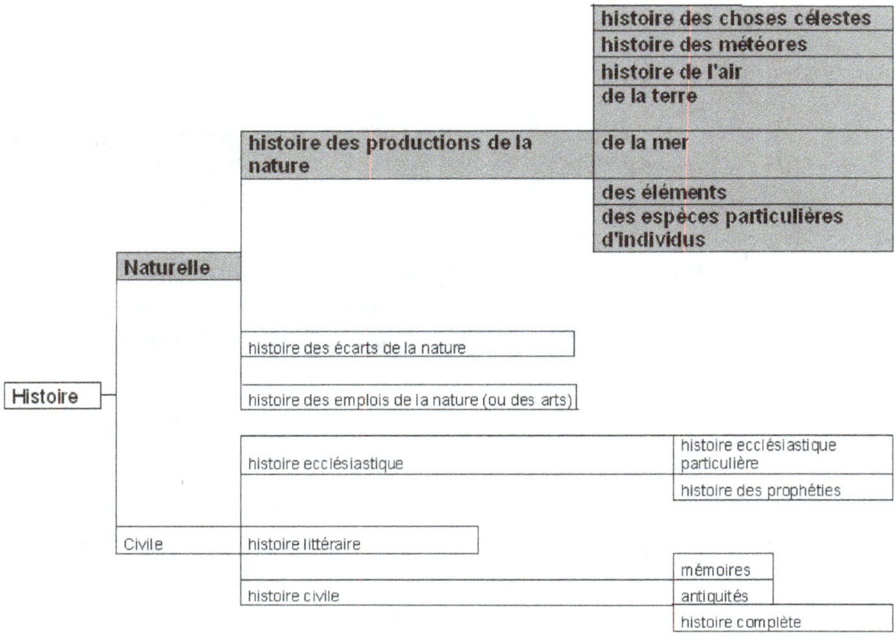

Cette classification est révélatrice de mode de pensée de cette époque du début du XVIIe siècle :

- La physique et la métaphysique sont des disciplines voisines.
- La mécanique et la *magie naturelle* de même.
- La *science de Dieu* dépendait du domaine de la raison, au même titre que la philosophie de la nature et les mathématiques.
- Les mathématiques ne sont pas considérées à part entière, mais comme un *appendice* de la *science de la nature.*
- La *physique particulière*, qui deviendra dans le futur un terme englobant toutes les sciences physiques expérimentales encore non mathématisées et principalement étudiées empiriquement, est encore séparée des phénomènes de la nature qui dépendent de l'*histoire naturelle* (*choses célestes, météores, air, terre, mer, éléments*). D'autre part, la *physique particulière* est encore subdivisée selon la philosophie aristotélicienne en *formes* et *causes finales*.

Il n'y a que la division des mathématiques qui nous semble relativement familière en notant cependant que l'algèbre n'est pas présente.

En ce qui concerne cette science, rappelons comment Bacon définit les deux types de mathématiques :

Les mathématiques pures :

« *Aux mathématiques pures se rapportent les sciences qui ont pour objet la quantité, abstraction faite de la matière et des axiomes physiques. Elles se divisent en deux espèces, à savoir : la géométrie et l'arithmétique, dont l'une traite de la quantité concrète et l'autre de la quantité discrète*[9]. »

Les *mathématiques mixtes* :

« *[elles] ont pour objet les axiomes et une certaine portion de la physique. Elles considèrent la quantité en tant qu'elle peut servir à éclaircir, à démontrer et à réaliser ce qu'elles empruntent de cette science ; car il est dans la nature une infinité de choses qu'on ne peut comprendre parfaitement, démontrer assez clairement ni appliquer à la pratique avec assez de sûreté et de dextérité sans le secours et l'intervention des mathématiques*[10]. »

Cet aperçu d'une des classifications des disciplines utilisées à cette époque montre donc bien, qu'au début du XVIIe siècle, même chez Bacon qui se veut réformateur, on observe une classification des savoirs encore fortement dominée par les disciplines de la religion et empreinte de la classification aristotélicienne. Dans cette double tradition, les mathématiques n'ont qu'une place marginale par rapport à d'autres corps de savoir qui ont aujourd'hui complètement disparu.

Il est important de noter ce fait pour réaliser à partir de ce point de départ, à peu près au début du XVIIe siècle, l'immense changement, progressif mais absolument fondamental, qui va s'opérer dans la compréhension des phénomènes naturels au moyen d'une utilisation croissante des mathématiques dans les disciplines de la *science de la nature*, deux corps de savoir qui étaient jusque-là séparés. Cet usage croissant des mathématiques dans de nombreux domaines aura, à son tour, des répercussions sur la philosophie de la connaissance en général.

L'exemple de la classification du mouvement chez Bacon

Nous allons voir à travers l'aperçu des travaux de Galilée, Descartes et Huygens qu'une des premières phases de la mathématisation des phénomènes physiques s'est opérée lors de la représentation et de la description du mouvement physique au moyen de la géométrie classique, qu'on appelait alors à l'époque la *géométrie des anciens*. L'étude du mouvement est centrale dans la *philosophie naturelle* du XVIIe siècle et le modèle du mouvement de la matière servira aussi pour se représenter d'autres phénomènes physiques tels que l'optique, par exemple. Or, lorsque Bacon compose son traité *De la dignité et de l'accroissement des sciences* au début des années 1600, les réflexions sur le mouvement étaient encore inscrites dans une représentation très différente, beaucoup plus vaste et

---

[9] Bacon, *De la dignité et de l'accroissement des sciences*, 1605, p. 241.
[10] *Idem*.

n'incluant l'approche mathématique qu'en une petite sous-partie noyée au milieu des représentations totalement différentes, héritées des époques précédentes. Bacon classe le mouvement selon l'arborescence suivante[11] :

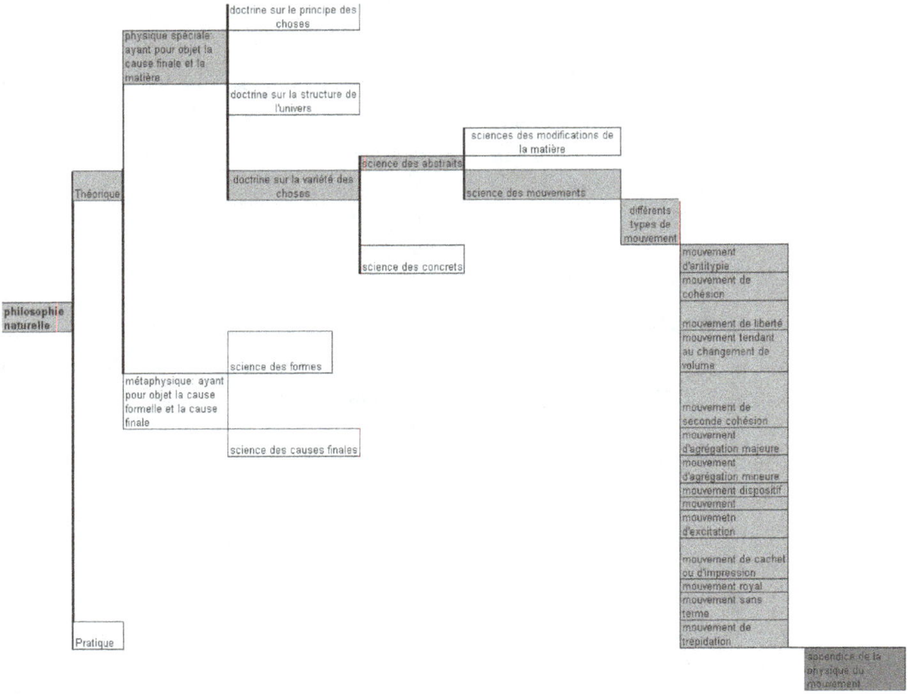

Ainsi donc au début du XVIIe siècle, le mouvement se trouve encore à l'extrémité de l'arbre de la classification des connaissances dépendant de la philosophie naturelle et isolé dans une nomenclature répondant très majoritairement à d'autres critères que physico-mathématiques.

Si on essaie de retrouver dans cette classification le mouvement tel qu'il sera traité par Galilée et ses successeurs, c'est-à-dire géométriquement, prenant en compte les distances, les vitesses, etc., ce type de mouvement est encore relégué dans la classification de Bacon à ce qu'il appelle une *espèce d'appendice de la physique* :

> « *Reste donc ce qu'on peut regarder comme des espèces d'appendices de la physique, les mesures des mouvements, ou la science qui considère ce que peut la quantité ou dose de la nature ; ce que peut la distance, et ce qu'on appelle*

[11] Cet arbre a été fait à partir du résumé de Bacon sur la science théorique de la nature et ses divisions, ce texte est dans la version du traité *De la dignité et de l'accroissement des sciences* dans « Œuvres de Bacon, traduction revue, corrigée et précédée d'une introduction par M. F. Riaux », 1852, première série, p. 211.

avec assez de raison la sphère d'activité ; ce que peuvent encore la lenteur et la vitesse, la longue et la courte durée, la force ou la faiblesse de la matière[12]. »

On sait que Bacon, malgré le fait qu'il en reconnaît l'importance en tant que science rationnelle, n'était pas lui-même très versé dans la pratique des mathématiques[13].

On pourrait à première vue imputer la place marginale de cette discipline à la tournure d'esprit du savant-philosophe plus favorable aux sciences empiriques (guidées cependant par l'*entendement*) qu'à une approche basée sur des raisonnements purement géométriques, mais comme il est dit dans le *Journal des sçavans* décrivant le travail de Bacon en 1666 :

« *Le premier [des ouvrages de Bacon décrit par ce journal] est intitulé* De Augmentis scientiarum *dans lequel il montre l'état présent où se trouvent les sciences.* »

Cette classification de Bacon était donc bien un reflet de l'état des sciences à son époque et non un projet personnel de classification établi par le chancelier de manière entièrement nouvelle.

La place très marginale de l'approche mathématique dans l'explication des phénomènes physiques et de la nature en général est donc bien un aspect caractéristique des savoirs en ce début des années 1600.

Ces classements des connaissances sont instructifs pour comprendre la place et le poids de chaque corps de savoir en ce début du XVIIe siècle, comme le dit Michel Malherbe,

« *Ils reflètent un aboutissement historique du savoir humain et la conscience qu'en prend une époque, au moment de transmettre ce savoir aux générations futures ; d'autre part, ils trahissent certaines difficultés dont le caractère constant donne à penser que le poids des traditions philosophiques exerce dans ce genre d'entreprise une influence déterminante*[14]. »

Nous verrons plus loin comment Bacon combinera, dans sa classification, les domaines de la *science de la nature* et de *l'entendement* et fera à l'avance une place épistémologique à la mathématisation à venir dans les sciences.

Après avoir vu une représentation des connaissances au début du XVIIe siècle illustrée par la classification du chancelier Bacon, entrons donc dans le vif du sujet pour voir concrètement quelle tournure va prendre le processus de mathématisation. Nous allons commencer à le voir à l'œuvre quelques années après la classification de Bacon de 1605, dans les travaux de Galilée sur le mouvement et la chute des corps qui seront formalisés par le savant italien dans les années 1635-1638.

---

[12] *Ibid.*, p. 225-226.

[13] Voir à ce sujet Gontier, T. « Mathématiques et science universelle chez Bacon et Descartes », *Revue d'histoire des sciences*, Tome 59-2, 2006, p. 285-312.

[14] M. Malherbe, « Mathématiques et sciences physiques dans le discours préliminaire de l'Encyclopédie », *Recherches sur Diderot et l'Encyclopédie*, vol. 9, octobre 1990, p. 109.

1. LES DÉBUTS DE LA MATHÉMATISATION AU XVIIE SIÈCLE

Galilée (1564-1642) est souvent considéré comme le fondateur de la physique moderne, d'une physique mathématisée, qui s'appuie sur des observations expérimentales et qui prendra son essor au XVIIe siècle. Ses deux œuvres les plus connues à ce sujet sont le *Discours concernant deux sciences nouvelles* et le *Dialogue sur les deux grands systèmes du Monde.* Il est nécessaire de s'approcher au plus près de ses textes afin d'avoir une idée la plus détaillée possible des démarches de Galilée et de les analyser étape par étape y compris dans leur style.

1.1. GALILÉE : DISCOURS CONCERNANT DEUX SCIENCES NOUVELLES (1635-1638)

Nous allons voir ici la *Troisième journée* (traitant du mouvement uniforme et du mouvement uniformément accéléré) et la *Quatrième journée* (traitant du mouvement des projectiles), de ce traité de Galilée. Ces deux parties ont été achevées par Galilée dès 1635.

La partie consacrée au mouvement uniforme par Galilée comprend une définition et six théorèmes. Celle consacrée au mouvement naturellement accéléré comprend un dialogue introductif entre les trois personnages fictifs, Sagredo, Salviati et Simplicio et vingt-deux théorèmes.

Mouvement uniforme

Le point de départ de la partie consacrée par Galilée au mouvement uniforme est la définition de ce mouvement :

> « Par mouvement régulier ou uniforme, j'entends celui où les espaces parcourus par un mobile en des temps égaux quelconques sont égaux entre eux[15]. »

[15] Galilée, *Discours concernant deux sciences nouvelles*, 1638, Rééditions traduction Épiméthée, PUF, 2008, p. 125.

Il est intéressant de voir que Galilée représente aussi bien les temps que les espaces ou les vitesses par des droites. Par exemple, dans le théorème IV, la figure utilisée par Galilée est la suivante[16] :

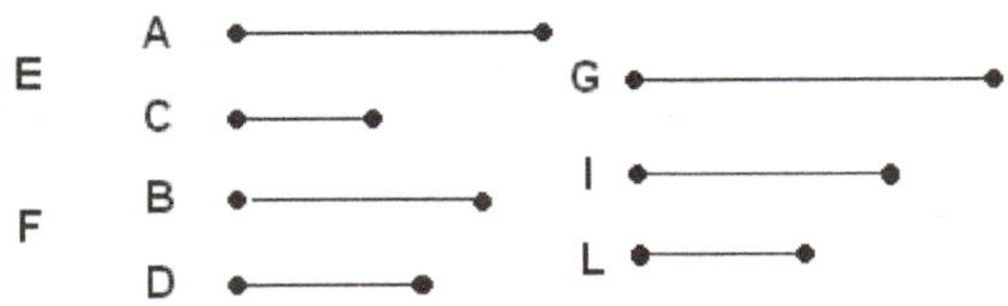

Où A et B représentent des vitesses, C et D des temps et G, I et L des distances. Ce type de représentation est également utilisé par Galilée pour les théorèmes suivants (V et VI).

Les premières représentations géométriques utilisées pour travailler sur les fondements de la science du mouvement, que Galilée présente dans son introduction comme « *une science absolument nouvelle* » sont donc des droites.

Les raisonnements permettant d'inscrire la description des phénomènes physiques dans une démarche déductive sont construits sur des rapports entre les différentes droites qui symbolisent le temps, la vitesse et la distance. Au cours des six théorèmes de cette toute première partie sur le mouvement uniforme, Galilée expose mathématiquement tous les cas de figure des rapports entre ces trois composantes. On peut résumer dans le tableau suivant les différentes combinaisons entre temps, distance et vitesse telles que Galilée les expose :

Théorème I	Un mobile parcourt deux distances.	Si la vitesse du mobile est la même.	Alors Les Temps *seront entre eux* comme les distances.
Théorème II	Un mobile parcourt deux distances.	Si les temps de parcours de ces distances sont égaux.	Alors Les distances *seront entre elles* comme les vitesses.
Théorème III	Un mobile parcourt un espace.	Si ses vitesses sont inégales.	Alors Les temps *seront en raison inverse* des vitesses.
Théorème IV	Soit deux mobiles.	Si leurs vitesses sont inégales et les temps inégaux.	Alors *Le Rapport* des Espaces parcourus *sera entre eux* comme un rapport composé du rapport des vitesses et du rapport des temps.
Théorème V	Soit deux mobiles.	Si leurs vitesses sont inégales et les espaces inégaux.	Alors *Le Rapport* des Temps *sera composé* du rapport des espaces et du rapport inverse des vitesses.
Théorème VI	Soit deux mobiles.	Le Rapport des vitesses *Sera composé* du rapport des espaces et du rapport inverse des temps.	

[16] *Ibid.*, p. 128.

Chacun de ces théorèmes est étayé par une démonstration géométrique utilisant des rapports entre segments de droites comme support pour le raisonnement. Les différents théorèmes se suivent selon une démarche déductive.

On peut remarquer que pour Galilée la vitesse est traitée à ce stade comme une notion indépendante, aux côtés du temps et de la distance et non pas comme une combinaison de ces deux dimensions[17].

On peut noter aussi que Galilée ne parle pas d'égalités entre ces quantités à aucun moment, il emploie des termes comme « *les temps des mouvements seront entre eux comme les distances parcourues* » (Th. I) ou encore il pose les relations entre les différentes dimensions en termes de *rapports* :

> « *Théorème VI – Proposition VI : Si deux mobiles sont animés d'un mouvement uniforme, le rapport de leurs vitesses sera composé du rapport des espaces parcourus et du rapport inverse des temps*[18]. »

Il est à noter que cette manière de présenter les relations entre quantités de natures différentes sous forme de rapports a été la cause de débats longtemps après Galilée[19].

Mouvement *naturellement accéléré*

La deuxième partie de la troisième journée du *Discours concernant deux sciences nouvelles*, commence par une partie introductive sous forme de dialogue, cette partie a son importance car elle montre que Galilée lorsqu'il s'engage à étudier théoriquement le mouvement accéléré considère la chute des graves comme le modèle le plus évident :

> « *Puisque la nature se sert d'une forme déterminée d'accélération dans la chute des graves, c'est celle-ci que nous avons décidé de discuter, si toutefois notre définition du mouvement accéléré rejoint bien l'essence du mouvement naturellement accéléré. Nous croyons fermement, après de longs efforts, y être parvenu ; notre conviction s'appuie avant tout sur la correspondance et l'accord*

---

[17] On dirait en notation moderne qu'il combine en quelque sorte la formule v = d/t sous toutes ses formes et ses six théorèmes sont établis sur les relations : v = d/t <=> d= v t <=> t = d/v.

[18] Galilée, *Discours sur deux sciences nouvelles*, 1638, Rééditions traduction Épiméthée, PUF, 2008, p. 129.

[19] D'Alembert, deux siècles plus tard, jugeait encore bon de préciser à l'article « Mécanique » de l'Encyclopédie et dans son *Essai sur les éléments de philosophie*, certains de ces aspects notamment par rapport à la vitesse, il écrivait ainsi « *la vitesse d'un corps qui se meut uniformément, est égale, disent-ils (les Mécaniciens) à l'espace divisé par le temps ; ou, comme s'expriment d'autres mathématiciens, le résultat de cette division est la mesure de la vitesse. Cette manière de s'exprimer, prise à la rigueur, ne présente point d'idées nettes ; car on ne saurait diviser l'espace par le temps ; on ne divise point une quantité par une autre de nature différente* » dans ses *éclaircissements relatifs aux éléments de philosophie*, partie XVI relative aux propos sur l'espace et sur le temps, 1759.

rigoureux qui semble exister entre les propriétés que nous avons successivement démontrées, et les résultats de l'expérience[20]. »

Le dispositif expérimental que Galilée décrit comme celui lui ayant servi pour ces expériences sur la chute des corps sur des plans inclinés est le suivant :

« *Dans une règle de bois, ou plus exactement un chevron de bois, long d'environ 12 coudées, large d'une demi-coudée et épais de trois doigts, nous creusons un petit canal d'une largeur à peine supérieure à un doigt, et parfaitement rectiligne ; après l'avoir garni d'une feuille de parchemin bien lustrée pour le rendre aussi glissant que possible, nous y laissions rouler une boule de bronze très dure, parfaitement arrondie et polie. Plaçant alors l'appareil dans une position inclinée, en élevant l'une des extrémités d'une coudée au-dessus de l'horizon, nous laissions, comme je l'ai dit, descendre la boule dans le canal en notant selon une manière que j'exposerai plus loin, le temps nécessaire à une descente complète*[21]. »

Ce dispositif de plans inclinés est généralement modélisé par Galilée par un triangle rectangle dont l'hypoténuse représente le plan incliné. La toute première figure de la partie consacrée par Galilée au mouvement naturellement accéléré est comme suit, CA et CD représentant deux plans d'inclinaisons différentes[22].

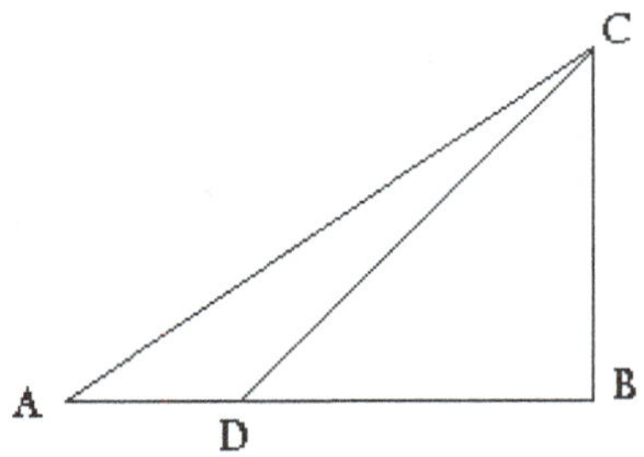

On passe donc à un degré de complexité supérieur par rapport aux propos sur le mouvement uniforme. Ici entre en compte une dimension supplémentaire, la hauteur du plan incliné, qui va permettre, du fait de la gravitation, la création du mouvement naturellement accéléré.

Du même coup, le diagramme de base servant à modéliser les phénomènes physiques n'est plus une simple droite mais devient une construction géométrique, le triangle, et les raisonnements déductifs dans

[20] Galilée, *Discours concernant deux sciences nouvelles*, 1638, Rééditions traduction Épiméthée, PUF, 2008, p. 130.
[21] *Ibid.*, p. 144.
[22] *Ibid.*, p. 137.

lesquels s'inscrivent et sont démontrées les propriétés physiques, sont calqués sur les propriétés géométriques de cette figure[23].

Il est important de bien souligner la relation entre mathématique (géométrie) et physique qui existe dans les parties consacrées au mouvement uniforme et au mouvement *naturellement accéléré*.

La « *science nouvelle* » du mouvement prônée par Galilée ne sera plus comme dans la classification de Bacon, mouvement *d'antitypie*, ou mouvement *de seconde cohésion*, mouvement *d'agrégation majeur*, ou encore *mouvement de cachet ou d'impression*, ou mouvement *royal*, etc., elle consistera exclusivement à combiner des propriétés physiques et des propriétés géométriques.

La méthode que Galilée utilise fait correspondre des « distances » à des temps[24], dans la troisième journée de ses dialogues, pour chaque nouveau phénomène physique que Galilée considère, il part d'une définition physique qu'il associe à une forme géométrique, puis il décline ensuite, *a priori* et de toutes les manières possibles, les propriétés physiques comme découlant des propriétés géométriques de la figure choisie.

Comme on l'a vu, en ce qui concerne le *mouvement uniforme*, Galilée part d'une définition physique :

> « *Par mouvement régulier et uniforme, j'entends celui où les espaces parcourus par un mobile en des temps égaux quelconques sont égaux entre eux*[25]. »

Puis associe des temps à des distances dont la représentation géométrique sont des droites et établit des relations entre les deux.

À propos du mouvement *naturellement accéléré*, Galilée pose encore en premier une règle physique :

> « *Nous disons qu'est également ou uniformément accéléré ce mouvement qui, partant du repos, voit s'ajouter en des temps égaux des mouvements égaux de vitesse*[26]. »

Puis il associe des distances (en l'occurrence, les côtés du triangle modélisant le plan incliné) et des temps qui varient en fonction de l'avancée de ce mouvement.

---

[23] Le triangle est présent chez Galilée dans les figures des théorèmes I à V, le théorème VII, les théorèmes IX à XV, et le théorème XVII. Puis il intervient combiné avec le cercle dans les théorèmes XX à XXII. Cette figure est donc majoritairement présente comme figure géométrique étayant les raisonnements déductifs sur la physique de la chute des corps et sert seule de représentation graphique dans 14 théorèmes sur les 22 que contient la partie consacrée au mouvement *naturellement accéléré*.

[24] Et comme on l'a vu à des vitesses aussi car pour Galilée, ces trois composantes sont considérées de manière équivalente dans ses raisonnements. Comme le dit justement Françoise Balibar « l'un des mérites de Galilée est d'avoir fait sentir que le temps est la véritable variable du mouvement », F. Balibar, 1984, *Galilée, Newton lus par Einstein*, p. 53.

[25] Galilée, *Discours concernant deux sciences nouvelles*, 1638, Rééditions traduction Épiméthée, PUF, 2008, p. 125.

[26] *Ibid.*, p. 137.

À partir du moment où il a défini ce qu'est le mouvement *naturellement accéléré*, et qu'il l'a mis en évidence à partir des plans inclinés, Galilée le combine avec la forme géométrique qu'est le triangle qui est la représentation de ce plan incliné. Les différentes considérations du mouvement *naturellement accéléré* sont donc déclinées et combinées à la géométrie du triangle sous tous ses aspects. Donc les considérations physiques sur le mouvement uniformément accéléré, s'inscrivent bien dans une forme de démarche déductive car cette démarche déductive vient de la géométrie du triangle.

La mathématisation de la physique chez Galilée est donc premièrement une étude géométrique du mouvement, où le savant combine les méthodes de réflexion de la géométrie classique après leur avoir associé une forme de métrique supplémentaire liée au temps[27].

Après avoir utilisé des segments de droites pour représenter le mouvement uniforme, Galilée s'appuie essentiellement sur le triangle comme support géométrique pour représenter « *la chute des graves* ».

On peut donc commencer par se concentrer sur ces théorèmes de Galilée qui utilisent le triangle comme modèle géométrique. Cette figure est utilisée par Galilée notamment dans les théorèmes I et II qui sont importants car c'est dans l'énoncé de ceux-ci qu'apparaît pour la première fois la loi de proportionnalité entre la distance parcourue et le carré des temps lors de la chute d'un mobile. On trouve dans différentes études consacrées à Galilée l'idée selon laquelle le dispositif des plans inclinés pour étudier la chute des corps (et modélisés par des triangles au long des figures accompagnant ses théorèmes) avait été choisi par le savant pour des raisons expérimentales et notamment à cause de l'absence de moyen précis dont il disposait pour mesurer les temps courts lors d'une chute verticale. On peut aussi dire que le triangle est la figure simple et héritée de la géométrie classique qui lui servira pour combiner *a priori* et de manière déductive les propriétés géométriques et les propriétés physiques pour se représenter l'augmentation des vitesses en fonction du temps comme lors de la célèbre figure[28] accompagnant le théorème I.

---

[27] Galilée prolonge ainsi en quelque sorte d'autres travaux, D. Dubarle dit à ce sujet : « *Archimède dans sa statique, se met en présence des faits d'équilibre entre corps pesants et il tente d'en faire une sorte de géométrie aussi pure et rigoureuse que l'était déjà la science des figures. Prenant le mouvement pour objet, Galilée, pareillement à son prédécesseur grec, cherche la mathématisation de ce qu'il observe sans craindre de simplifier et d'idéaliser la fourniture empirique* ». Dubarle Dominique, « La méthode scientifique de Galilée », *Revue d'histoire des sciences et de leurs applications*, 1965, Tome 18, n° 2, p. 168.

[28] Galilée, *Discours concernant deux sciences nouvelles*, 1638, Rééditions traduction Épiméthée, PUF, 2008, p. 140.

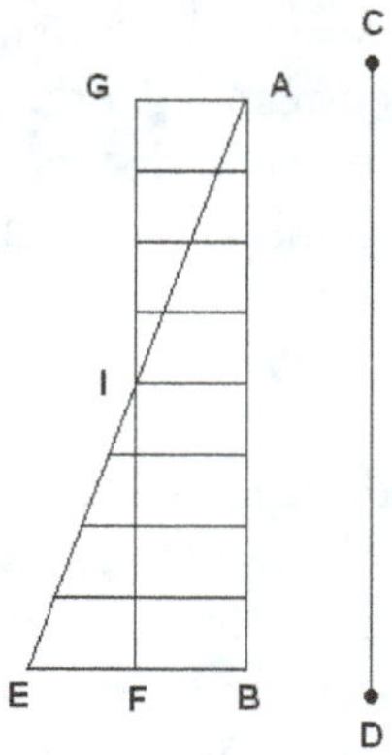

On rappelle que dans cette figure le côté vertical AB du triangle représente le temps, et sa base EB, « *représentera le plus grand et dernier des degrés de la vitesse accrue dans les instants du temps AB* ». Enfin, le troisième côté du triangle, AE est nécessaire aussi car il servira lors de la construction géométrique qui permettra de faire apparaître pour la première fois le facteur 2, ce même facteur qui, juste après, dans le théorème II, permettra à Galilée d'énoncer pour la première fois la relation entre la distance et le carré des temps lors de la chute des corps[29] :

> « *Théorème II – Proposition II : Si un mobile, partant du repos, tombe avec un mouvement uniformément accéléré, les espaces parcourus en des temps quelconques par ce même mobile sont entre eux en raison double des temps, c'est-à-dire comme les carrés de ces mêmes temps*[30]. »

On peut s'attarder un peu sur ce facteur 2 notamment en ce qui concerne le rapport entre les mathématiques et la physique à cette époque. Il est intéressant de voir que la construction purement géométrique[31] de Galilée

---

[29] On rappelle en notation moderne : $d = 1/2\ g\ t^2$, avec g constante gravitationnelle.

[30] Galilée, *Discours concernant deux sciences nouvelles*, 1638, Rééditions traduction Épiméthée, PUF, 2008, p. 140.

[31] En effet, si la première partie du théorème I est bien la représentation graphique des vitesses croissantes lors de la chute (phénomène physique) représentées par le triangle ABE, la suite du théorème est fondée sur une action de construction géométrique : « *divisons BE en son milieu...* » qui fait apparaître deux triangles IEF et GIA égaux et donne de manière purement géométrique un résultat se traduisant selon Galilée par le théorème physique « *le temps pendant lequel un espace donné est franchi par un mobile partant du repos, avec un mouvement uniformément accéléré, est égal au temps pendant lequel le même espace serait franchi par le même mobile avec un mouvement uniforme, dont le degré de vitesse serait la moitié du plus grand et dernier degré de vitesse atteint au cours du précédent mouvement uniformément accéléré* », ainsi naît le facteur 2 qui deviendra le carré de la vitesse dans le théorème suivant. On sait d'autre part que ce schéma géométrique est une reutilisation d'une méthode de représentation antérieure à Galilée (école d'Oxford, Oresme) utilisée au XIVe siècle et qui faisait correspondre des aires de figures géométriques à des qualités. La méthode est reprise ici par Galilée pour les vitesses, les distances et les temps. Voir à ce sujet E. Barbin, 2006, *La révolution mathématique du XVIIe siècle*, p. 94-97.

pour représenter « *les degrés de vitesse croissants* » et utilisant le triangle fait apparaître un facteur qui correspond précisément à ce qui sera trouvé expérimentalement lors des mesures de distances et de temps effectuées lors de la descente de la boule de plomb le long du chevron de bois ayant servi aux expériences de Galilée sur les plans inclinés. Donc encore plus significativement que dans le cas du mouvement uniforme où les segments de droites aidaient à concevoir les rapports entre distances, temps et vitesse, chez Galilée, sans la construction géométrique du triangle utilisée dans le théorème I sur le mouvement naturellement accéléré, le facteur 2 qui se retrouvera expérimentalement dans le carré des temps proportionnel à la distance lors de la chute du mobile ne serait pas apparu. Il se trouve que cet aspect géométrique vient à point nommé et corrobore bien les observations expérimentales, ceci sert donc bien aussi le propos philosophique de Galilée qui, on le rappelle, soutient que le livre de la nature est écrit en langage mathématique.

Dans les théorèmes suivants utilisant le triangle[32], cette figure n'est plus utilisée comme diagramme explicatif pour représenter un raisonnement métrique entre distance, vitesse et temps comme dans les deux premiers théorèmes. Le triangle est maintenant utilisé par Galilée comme schéma du dispositif physique du plan incliné et comme figure géométrique dont les propriétés permettent les raisonnements déductifs.

Les théorèmes IV, V et VII, qui utilisent aussi le triangle comme description du dispositif physique et comme base pour les raisonnements déductifs, sont liés entre eux. Ces trois théorèmes sont écrits par Galilée à partir d'un dispositif selon lequel le mobile au départ de sa chute, part de hauteurs différentes et tombe le long de plans d'inclinaisons différentes.

Nous pouvons résumer ces trois théorèmes comme suit :

Théorème IV	Si les plans sont de hauteur différente et de même longueur.	Si leurs inclinaisons sont différentes.	Alors, les *temps de mouvement* du mobile *sont entre eux* dans un rapport inverse des racines carrées des hauteurs.
Théorème V	Si les plans sont de hauteur différente et de longueur différente.	Si leurs inclinaisons sont différentes.	Alors, les *temps de descente sont entre eux* dans un rapport égal au produit du rapport des longueurs par la racine carrée du rapport inverse des hauteurs.
Théorème VII	Si les hauteurs des plans inclinés ont entre elles les mêmes rapports que le carré de leurs longueurs.		Alors, *des mouvements à partir du repos s'effectueront en des temps égaux*.

Dans les trois cas, les figures sont similaires. Nous les avons reproduites ci-dessous en les schématisant et en faisant ressortir les côtés de la figure

[32] Les théorèmes III à V, le théorème VII, les théorèmes IX à XVII de la partie consacrée par Galilée au mouvement naturellement accéléré.

géométrique intervenant dans le raisonnement physique et symbolisant les plans le long desquels chute le mobile.

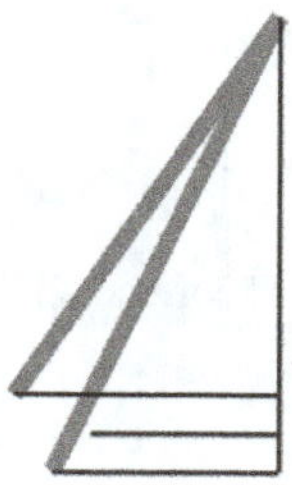

Théorème IV

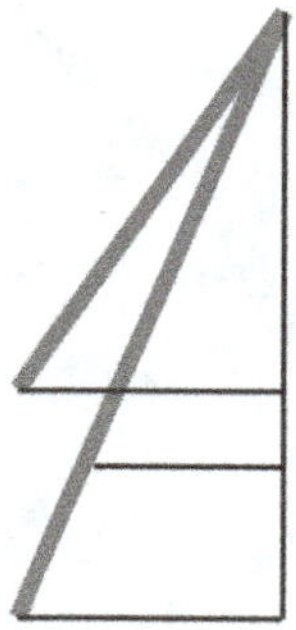

Théorème V

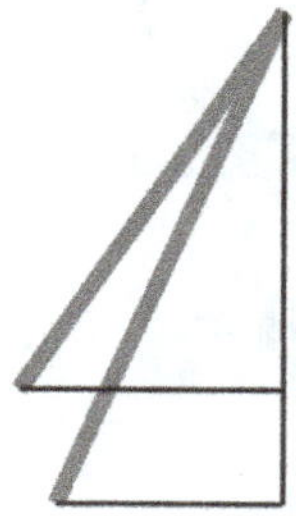

Théorème VII

Dans les théorèmes IV et V, Galilée fait varier une des dimensions géométriques (le côté du triangle représentant le plan incliné sur lequel roule le mobile), préalablement (Théorèmes I et II), Galilée a fait correspondre les temps aux distances conformément à la loi physique du mouvement naturellement accéléré, et cela permet de prévoir le comportement physique du mobile : son temps de chute. À noter que le facteur 2 que l'on retrouve ici sous forme de racine carrée est toujours celui hérité de la construction géométrique du théorème I. Ces trois théorèmes prédisant des comportements physiques procèdent d'un raisonnement déductif mathématique à partir des premiers théorèmes (I et II) et au moyen des propriétés géométriques du triangle.

Qu'en est-il des autres théorèmes physiques utilisant le triangle comme figure géométrique ? Nous rappelons que ce sont les théorèmes IX à XVII.

Les théorèmes IX, XI et XVII sont à rapprocher des théorèmes vus plus haut car Galilée y traite toujours de rapports de mouvement en ne restant que sur des plans inclinés, soit un des côtés du triangle.

Par contre, les théorèmes X et XII à XVI présentent une progression à la fois dans la considération du mouvement et dans la nature plus complexe de la géométrie utilisée : Galilée y compare le mouvement vertical et le mouvement le long de plans inclinés, ici aussi les figures sont similaires dans les quatre théorèmes. Nous les avons reproduites ci-dessous en les schématisant et en faisant ressortir les côtés de la figure géométrique intervenant dans le raisonnement physique et symbolisant les deux types de plans sur lesquels évolue le mobile.

Théorème X

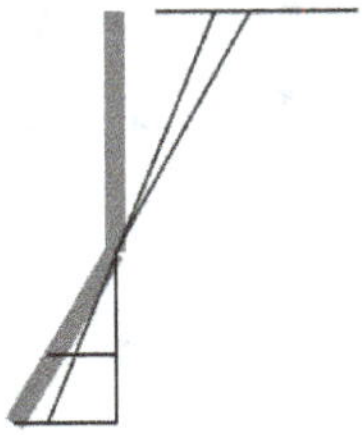

Théorème XII

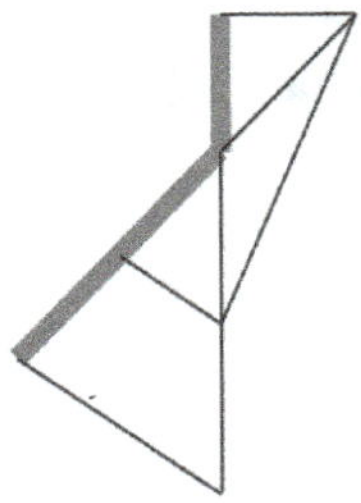

Théorème XIII

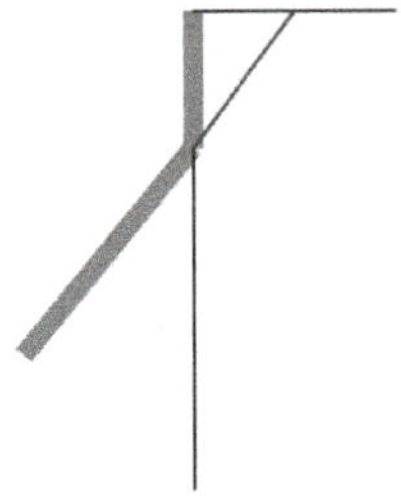

Théorème XIV

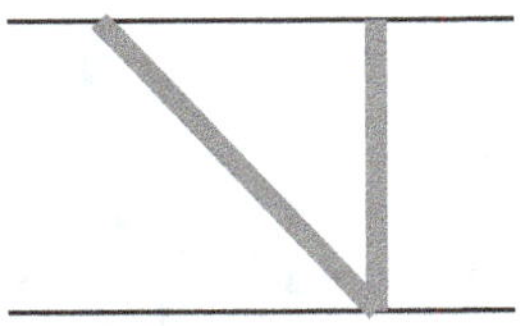

Théorème XV

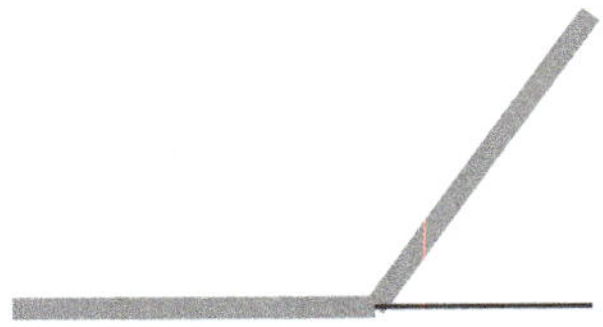

Théorème XVI

Géométriquement, elles comportent une « *perpendiculaire* » qui est en intersection avec un des côtés du triangle. Cela modélise la différence entre une chute verticale et une chute le long d'un plan incliné. Galilée passe donc progressivement, dans ces théorèmes, à une étude plus complexe du mouvement puisqu'il compare deux types de mouvement et leurs rapports.

Nous avons donc vu jusqu'à ce point (théorème XVII) que Galilée a utilisé pour décrire le phénomène physique du mouvement uniforme et du mouvement naturellement accéléré des représentations géométriques qui sont des droites et une figure géométrique principale, le triangle. Le mouvement uniforme a été étudié le long de segments de droites, le mouvement naturellement accéléré a été successivement étudié 1) le long de côtés du triangle (les plans inclinés de son dispositif physique) et 2) par une comparaison entre perpendiculaire et côtés du triangle (chute verticale combinée à la chute le long de plans inclinés). Le facteur 2 correspondant au carré des vitesses est trouvé de manière concomitante à partir d'un raisonnement purement géométrique basé sur les propriétés d'un schéma explicatif faisant correspondre trois « dimensions » qui pour Galilée sont de même nature : distance, temps et vitesse (théorèmes I et II) et ce facteur vient bien corroborer les observations expérimentales obtenues par Galilée au moyen de son dispositif de chevron de bois permettant de faire rouler une boule de bronze poli.

Les autres théorèmes de cette troisième journée du discours de Galilée sur *deux sciences nouvelles*, les théorèmes VI, VIII et XIX à XXII introduisent une nouvelle figure géométrique en plus de la droite et du triangle : le cercle.

Par comparaison avec d'autres écrits de cette époque, on rappelle que la *géométrie* de Descartes publiée en 1637, donc contemporaine du *Discours concernant deux sciences nouvelles* de Galilée composé entre 1635 et 1638, traite également en premier lieu comme l'énonce le titre de son *livre premier : des problèmes qu'on peut construire sans y employer que des cercles et des lignes droites*.

Le premier théorème de Galilée dans la partie dédiée au mouvement naturellement accéléré de sa troisième journée qui s'appuie sur une figure utilisant le cercle est le théorème VI.

On peut s'attarder un peu sur le théorème VI :

1- Ce Théorème est initialement un dérivé du théorème V, il expose aussi des rapports de mouvements sur différents plans inclinés, soit géométriquement sur un des côtés du triangle.
2- Il comprend deux figures principales : la première est purement géométrique et dérivée de la figure du théorème V. La seconde qui selon Galilée permet d'établir le théorème VI « *à l'aide de considérations mécaniques* » est la première figure de Galilée où apparaît le terme *d'arc de cercle*.
3- Ce théorème VI est intéressant, car, comme nous allons le voir à partir de l'enchaînement des différentes figures faisant intervenir le cercle, il est le point de départ de la suite de réflexions déductives[33] qui comparent les temps de descente respectifs d'un mobile sur des plans inclinés et le long d'arcs de cercle et qui fait aboutir Galilée à la conclusion que « *le mouvement le plus rapide entre deux points n'a pas lieu le long de la ligne la plus courte mais le long d'un arc de cercle* ».

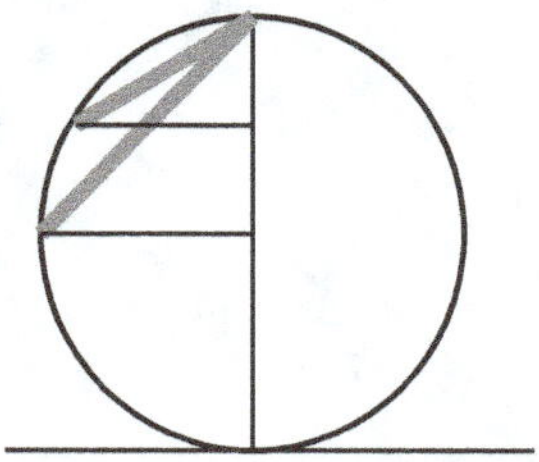

Fig. 1 du Théorème VI

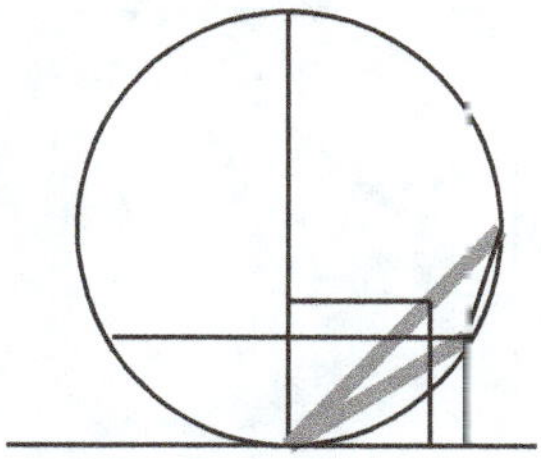

Fig. 2 du Théorème VI

Le théorème VI est en quelque sorte une transition entre des considérations purement géométriques et des considérations plus mécaniques et où Galilée introduit la notion du tracé courbe dans la considération du mouvement, comme un préliminaire à la quatrième journée de son discours où il traitera effectivement du mouvement des projectiles le long de courbes.

La première manière d'énoncer le théorème VI est dérivée de la démonstration du théorème V et se déduit de manière purement géométrique

[33] Utilisant successivement le lemme de la proposition XXXV, le théorème XXII et le Scolie de ce théorème XXII.

de la même manière que ce que nous avons décrit pour les théorèmes précédents tandis que la deuxième manière d'énoncer le théorème VI fait appel au concept physique de *moment du poids.* On peut remarquer que la figure (mécanique) utilisée dans la deuxième démonstration est une rotation à 180° de celle de la Première démonstration (géométrique).

Cette deuxième représentation inscrivant le mouvement sur des plans inclinés permet à Galilée de commencer à le comparer avec le mouvement d'un mobile le long d'un arc de cercle.

Comme dit plus haut, elle permettra au savant de débuter le raisonnement déductif pour aboutir à la conclusion que « *le mouvement le plus rapide entre deux points n'a pas lieu le long de la ligne la plus courte mais le long d'un arc de cercle* ». Ce raisonnement s'appuie sur les figures suivantes que nous avons simplifiées pour faire ressortir les côtés intervenant dans le raisonnement physique et la relation entre les cordes et les arcs de cercle.

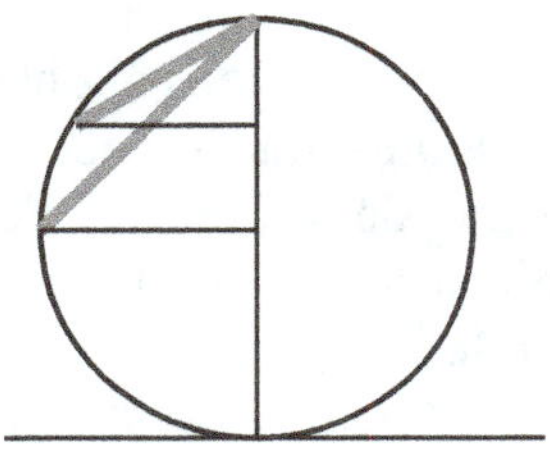

Fig. 1 du Théorème VI

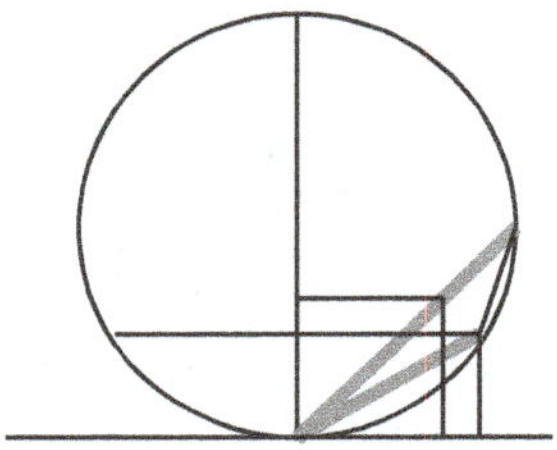

Fig. 2 du Théorème VI

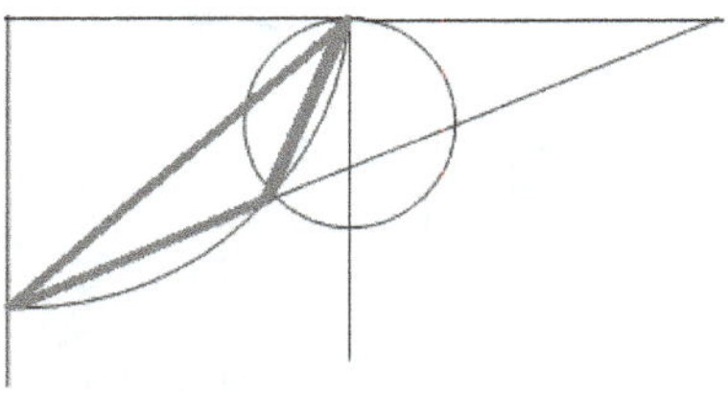

Fig. 1 du Théorème XXII

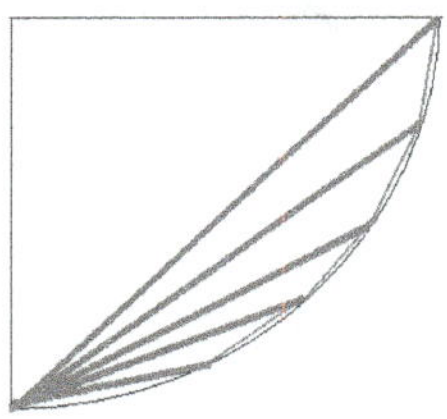

Fig. 2 du théorème XXII

On sait que cette intuition géométrique de Galilée du mouvement censé être plus rapide le long de l'arc de cercle n'a pas été vérifiée physiquement et est erronée et que le mouvement le plus rapide, ou brachistochrone, s'effectue en fait le long de l'arc de cycloïde, comme cela a été démontré plus tard par Jean Bernoulli à la fin du XVIIe siècle[34].

Nous avons donc vu, étape par étape, comment lors de la troisième journée de son *Discours sur deux sciences nouvelles*, théorème après théorème,

[34] Celui-ci avait trouvé la bonne solution et lancé en 1696 un concours public pour trouver cette courbe dite brachistochrone auquel son frère Jacob ainsi que d'autres savants tels que Leibniz ont participé et trouvé à leur tour la solution.

Galilée s'est servi de constructions géométriques de complexité croissante (triangle, intersection entre droites et côtés du triangle, intersection entre côtés du triangle et cercle, etc.) et en les combinant, le savant a ainsi progressivement mathématisé des phénomènes physiques, notamment le mouvement naturellement accéléré. Nous avons vu comment le savant a modélisé les différents cas de figure expérimentaux (chute le long de plans inclinés, chute le long de plans inclinés succédant à une chute verticale, chute le long d'arc de cercle, etc.) par des figures géométriques puis a utilisé à leur tour les propriétés de ses figures pour leur donner *a priori* des propriétés et des comportements physiques. En ces années 1630, se déroule donc une des étapes du début de la description des phénomènes physiques au moyen de méthodes mathématiques et de l'interaction entre ces deux disciplines.

On sait que Galilée fut titulaire de plusieurs chaires de mathématiques. Celle de l'université de Pise où il fut nommé en 1589, puis celle de l'université de Padoue en 1592 qu'il occupa jusqu'en 1610. Selon les spécialistes, l'essentiel des sujets du *Discours concernant deux sciences nouvelles* aurait déjà été étudiés par Galilée durant sa période à l'université de Padoue et le savant aurait été en possession de l'essentiel de sa théorie dès 1610. Galilée fut nommé ensuite à l'académie *dei Lincei* de Rome en 1611. On sait aussi que parallèlement aux recherches théoriques sur cette nouvelle science géométrisée, Galilée a réalisé de nombreux travaux techniques : sur une machine pour élever l'eau (1593), sur l'aimantation (1607-1608), sur la construction d'une lunette astronomique (1609), sur des compas de navigation (1616-1617), sur le microscope (1624) ou encore sur la construction des canaux (1631) ou les problèmes de condensation et de raréfaction (1616).

Galilée est aussi, comme on le sait, l'auteur de nombreux et très novateurs travaux et observations astronomiques. C'est dans l'un des écrits liés à l'astronomie, le *Saggiatore*, publié en 1623 que Galilée posera sa vision de l'univers. Ce paragraphe resté célèbre est en quelque sorte une allégorie dans le langage de cette époque de la notion de mathématisation :

> « *La philosophie est écrite dans ce vaste livre qui constamment se tient ouvert devant nos yeux (je veux dire l'univers) et on ne peut le comprendre si d'abord on n'apprend pas à connaître la langue et les caractères, dans lesquels il est écrit. Or, il est écrit en langue mathématique, et ses caractères sont les triangles, les cercles et autres figures géométriques, sans lesquels il est humainement impossible d'en comprendre un seul mot, sans lesquels on erre vraiment dans un labyrinthe obscur.* »

Le couplage entre la géométrie et les lois naturelles est donc central à la réflexion de Galilée comme nous l'avons bien vu plus haut dans ses différents théorèmes à propos du mouvement uniforme et accéléré.

Les positions de Galilée sur les nouvelles théories astronomiques sont à l'origine de la fameuse affaire Galilée qui lui coûta la liberté après condamnation par l'autorité ecclésiastique, cet aspect étant un des plus connus de l'histoire de Galilée, nous ne la détaillerons pas ici. Précisons seulement que le *Dialogue sur les deux grands systèmes du monde*, traité à l'origine de l'affaire Galilée, fut publié à Florence en 1631 et fut interdit de vente par les autorités religieuses dès 1632, le procès de Galilée se déroula en 1633. C'est la condamnation de Galilée à l'issu de ce procès qui dissuada Descartes de publier son *Monde ou traité de la lumière* en 1634. L'assignation à résidence de Galilée par les autorités papales lui permit malgré tout d'avoir du temps à consacrer à une œuvre moins sujette à controverse, le *Discours concernant deux sciences nouvelles*, ce traité ne fut pourtant pas publié en Italie à cause des pressions de l'église mais dans les Provinces-Unies de Hollande. En 1634 lors de la rédaction de ses *discours*, Galilée dans ses tentatives de les soustraire à la censure romaine, fut notamment en contact avec l'ambassadeur de France à Rome, un certain Monsieur de Carcavi, pour une éventuelle publication en France. C'est ce même Monsieur de Carcavi qui fut le destinataire des travaux de Pascal sur la Cycloïde dans les années 1655-1658. (les *lettres de Monsieur Dettonville à M. de Carcavi sur divers sujets de mathématiques*).

Quatrième journée du discours de Galilée *concernant deux sciences nouvelles* ou le traitement *du mouvement des projectiles*

Après avoir consacré la troisième journée de son dialogue au mouvement uniforme et au mouvement naturellement accéléré qui, comme on l'a vu, ont été modélisés par des droites, puis des triangles, puis des combinaisons de segments de droites et de côtés des triangles et enfin par l'introduction du cercle et de combinaison de cercles et de triangles, Galilée dans cette partie introduit un type de mouvement qui peut être modélisé par des lignes courbes.

Il faut remarquer que la *Géométrie* de Descartes de 1637 suit la même progression puisque s'y succèdent le livre premier traitant *des problèmes qu'on peut construire sans y employer que des cercles et des lignes droites* et le livre second traitant *de la nature des lignes courbes*.

Cette dernière journée du traité de Galilée est plus courte, elle ne comporte que quatorze propositions contre vingt-deux théorèmes pour la troisième journée, on peut remarquer que cette partie comporte également moins de figures que la troisième journée[35]. Un mouvement plus complexe, le mouvement des projectiles paraît donc à première vue comme étant traité de manière plus succincte par Galilée que le traitement de mouvements plus simples que sont les mouvements rectilignes uniformes et naturellement accélérés.

Le théorème I est le point de départ des réflexions de cette *quatrième journée*, il établit la relation entre la courbe parabolique et le mouvement

[35] 21 figures contre 64 pour la troisième journée.

d'un projectile. Les neuf autres propositions en découlent directement. À travers ce Théorème I, Galilée démontre que « *la trajectoire décrite par un mobile pesant, alors qu'il descend d'un mouvement composé d'un mouvement horizontal uniforme et d'un mouvement naturel de chute, est une demi-parabole*[36] ».

Comme nous le schématisons ci-dessous à partir des deux figures du théorème I de Galilée, celui-ci commence d'abord par décrire les propriétés géométriques de la parabole présentant un rapport entre le carré des amplitudes et les hauteurs correspondantes.

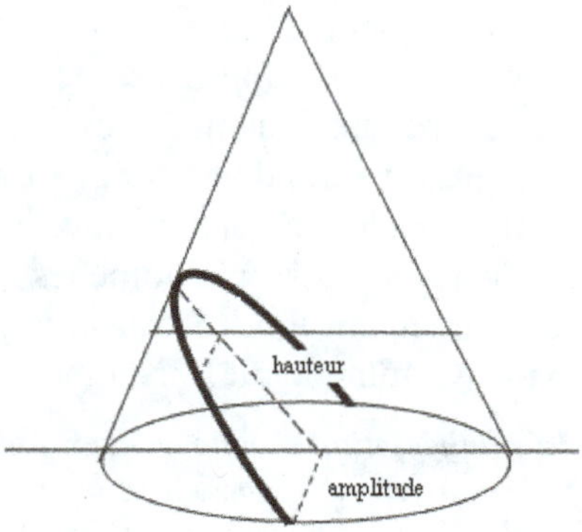

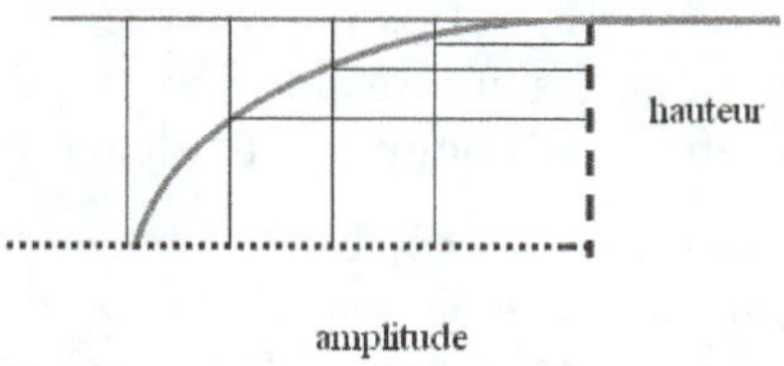

Puis dans une deuxième partie, dans un diagramme représentant[37] la combinaison de deux mouvements, le mouvement horizontal uniforme et le mouvement vertical naturellement accéléré vers le bas, Galilée établit expérimentalement la même correspondance pour les positions du mobile animé de ce mouvement composé, il retrouve ainsi dans ce mouvement les propriétés géométriques de la parabole et en déduit que la trajectoire d'un projectile affecté de la combinaison de ces deux mouvements est une demi-parabole.

On peut donc remarquer ici comme dans les parties précédentes sur le mouvement naturellement accéléré, la considération *a priori* du mouvement en adéquation avec une construction géométrique. Cette adéquation d'une construction géométrique, donc mathématique, avec le mouvement physique est en rupture avec les représentations des physiciens précédant Galilée qui considéraient que la trajectoire d'un projectile était composée de trois parties distinctes : une partie oblique rectiligne suivie d'un arc de cercle et d'une

[36] Galilée, *Discours concernant deux sciences nouvelles*, 1638, Rééditions traduction Épiméthée, PUF, 2008, p. 208.
[37] Il faut préciser que cette représentation n'est pas la position du mobile dans un repère géométrique dans le sens moderne du terme, elle est du même type de représentations que les figures des théorèmes I et II de la partie sur le mouvement naturellement accéléré qui faisaient correspondre distance, temps et vitesse.

partie rectiligne verticale. C'est notamment Tartaglia qui, au XVIe siècle, avait proposé ce type de trajectoire[38].

Nous avons donc dans cet aperçu des travaux de Galilée essayé de montrer, en suivant étape par étape certains de ses théorèmes, comment le savant au cours des troisième et quatrième journées de son *discours* se sert de figures géométriques de complexité croissante (segment, triangles, cercles, coniques) et en s'appuyant sur les propriétés de ces figures, entreprend progressivement de décrire géométriquement des phénomènes physiques de complexité croissante[39].

Ce type de recherche est considéré comme une étape très importante dans la mathématisation des phénomènes du mouvement et plus généralement dans l'émergence de la physique fondée sur une approche déductive combinée à des données expérimentales et des mesures quantitatives[40].

C'est toute une façon de voir les choses qui est refondue pour créer cette « *science nouvelle* » par rapport aux classifications de la connaissance et aux méthodes de réflexion et de compréhension des phénomènes qui, jusqu'alors, étaient très cloisonnées et essentiellement fondées sur la logique aristotélicienne comme méthode de réflexion. Comme le dit E. Namer,

> « *Alors qu'on opposait la physique à la mathématique, comme deux mondes différents, Galilée voulait justement mathématiser la nature, y introduire la mesure, la relation et la déduction sans perdre de vue l'expérimentation*[41]. »

Nous avons vu comment le savant utilise la géométrie pour premièrement donner une démarche déductive par une succession de propositions-démonstrations tout au long de l'ensemble de son raisonnement. Ensuite comment la géométrie sert aussi à établir des diagrammes[42] pour se représenter le mouvement et les relations de proportionnalité existant entre les différents aspects de ce mouvement (distance, temps, vitesse, *impeto*). Et enfin comment la méthode déductive mathématique sert à prédire des comportements physiques à partir des propriétés géométriques.

Un autre corpus de travaux de cette première moitié du XVIIe qui a une importance significative tant au niveau des méthodes de réflexions que des relations entre *mathématiques mixtes* et philosophie de la connaissance sont les écrits de Descartes de la fin datant aussi de la fin des années 1630 et donc contemporains de ceux de Galilée.

---

[38] On peut voir à ce sujet : Évelyne Barbin, *La révolution mathématique du XVIIe siècle*, 2006, p. 87-88 et Robert Signore, *Histoire de la chute des corps*, 2008, p. 53.

[39] Translation rectiligne de vitesse uniforme, mouvement accéléré, chute de corps verticalement puis le long de plans inclinés et d'arcs de cercle, trajectoires de projectiles.

[40] On peut voir aussi à ce sujet Namer, E. « L'intelligibilité mathématique et l'expérience chez Galilée », *Revue d'histoire des sciences et de leurs applications*, 1964, Tome 17, n° 4, p. 369-384.

[41] Namer, E. « L'intelligibilité mathématique et l'expérience chez Galilée », *Revue d'histoire des sciences et de leurs applications*, 1964, Tome 17, n° 4, p. 373.

[42] Notamment comme on l'a vu dans les théorèmes I et II du mouvement naturellement accéléré, et les propositions II et IV du mouvement des projectiles.

1.2. DESCARTES, APPLICATIONS DU *DISCOURS DE LA MÉTHODE* DE 1637

La *Dioptrique*

La dioptrique fait partie d'un traité comprenant également le fameux *Discours de la méthode* et la *Géométrie*[43]. L'intérêt de la *dioptrique* vient aussi du fait que ce travail comprend une partie consacrée à la construction d'une forme courbe qui posait un problème technique et intellectuel aux savants du XVIIe, l'*anaclastique*. Cette question physique est d'ailleurs citée en exemple dans la huitième des *règles pour la direction de l'esprit* de 1628-1629 de Descartes. Ce lien direct entre un travail de physique et une œuvre de philosophie nous aide à comprendre comment à cette époque la mathématisation et la méthode scientifique ont commencé d'influencer les méthodes d'acquisition de la connaissance en général.

Nous avons ainsi laissé Galilée à la fin de la quatrième journée de son *Discours et démonstrations mathématiques concernant deux sciences nouvelles* écrit entre 1635 et 1638 après que celui-ci ait, dans une géométrisation progressive du mouvement partant des segments puis passant par les triangles et les cercles, terminé son traité en introduisant les coniques, plus précisément la demi-parabole, pour décrire les trajectoires des projectiles.

Comme nous le verrons, Descartes se situe en quelque sorte dans la continuation de l'approche mathématique de Galilée, il continue, dans sa *Dioptrique* de 1637, l'usage des coniques abordé par Galilée dans les années 1635 et son travail sur l'anaclastique fait appel aux ellipses et aux hyperboles.

On peut aussi remarquer entre les deux savants une même préoccupation sur les niveaux des connaissances nécessaires pour comprendre ces *sciences nouvelles*, cette nouvelle façon mathématique d'appréhender et d'expliquer les phénomènes naturels. Ainsi, si Sagredo, un des personnages du discours de Galilée sur le mouvement des projectiles, s'inquiète de sa culture mathématique pour comprendre les raisonnements physiques :

> « *L'auteur nous invite à démontrer que la ligne décrite par le projectile est une parabole, je considère pour ma part que si nous devons traiter exclusivement de telles lignes il est tout à fait nécessaire que nous ayons une complète*

[43] Ce traité comprenant aussi les *météores* mais comme nous l'avons énoncé au début de ce travail, nous voulons nous consacrer à l'évolution des avancées de la mathématisation à travers l'étude de phénomènes physiques simples et faisant partie du quotidien (machines simples, phénomènes d'optiques, systèmes hydrauliques, etc.) l'autre partie étant à ces époques l'étude des phénomènes physiques macroscopiques faisant partie de ce qui a longtemps été appelé les « *systèmes du monde* » par les savants de ces époques (système solaire, rotation de la Terre, écoulement des rivières, régimes des marées, vents, etc.) à laquelle se rattacherait plus *Les météores* de Descartes.

intelligence, sinon de toutes les propriétés qu'Apollonius a établies à leur propos, du moins de celles qui sont exigées par la présente recherche[44]. »

De la même manière, Descartes tient à préciser concernant les mathématiques qu'il emploiera dans sa *Dioptrique* :

> « *Il est besoin que j'explique auparavant les figures que doivent avoir les superficies des corps transparents pour plier et détourner les rayons de la lumière en toutes les façons qui peuvent servir à mon dessein. En quoi si je ne me puis rendre assez clair et intelligible pour tout le monde, à cause que c'est une matière de géométrie un peu difficile, je tâcherai au moins de l'être assez pour ceux qui auront seulement appris les premiers éléments de cette science. Et d'abord afin de ne les tenir point en suspens je leur dirai que toutes les figures dont j'ai ici à leur parler ne seront composées que d'ellipses, et de cercles ou de lignes droites*[45]. »

Pour ces deux penseurs, une certaine culture mathématique devient donc indispensable pour comprendre les phénomènes naturels ce qui n'était pas le cas dans la philosophie scolastique.

La partie de la *Dioptrique* à laquelle nous allons nous intéresser est le *discours huitième.* Ce chapitre est l'un des plus mathématiques de la *Dioptrique*.

Discours huitième : Des figures que doivent avoir les corps transparents pour détourner les rayons par réfraction en toutes les façons qui servent à la vue

Cette partie est intéressante d'un point de vue historique et épistémologique car Descartes y présente la forme du dioptre permettant de générer l'anaclastique, soit selon ses termes, la ligne « *dans laquelle les rayons parallèles se réfractent de telle sorte que tous après la réfraction aient un seul point d'intersection* »[46]. Ce problème intriguait les savants et les techniciens du XVIIe siècle.

La démarche de Descartes est la suivante : il procède premièrement à une construction géométrique : il construit une ellipse de manière empirique mais géométriquement exacte. Cette construction donne un rapport entre l'axe principal de l'ellipse et la distance entre ces deux foyers (qu'il appelle *points brûlants*). Puis il rappelle une loi physique, qu'il a énoncée dans la deuxième partie de la Dioptrique, la loi de réfraction donnant pour un matériau transparent choisit un indice de réfraction particulier. Dans la suite de sa présentation, Descartes engage à faire correspondre l'indice de réfraction du matériau transparent dans lequel on veut façonner le dioptre

---

[44] Galilée, *Discours concernant deux sciences nouvelles*, 1638, Rééditions traduction Épiméthée, PUF, 2008, p. 206.

[45] Descartes, *Discours de la méthode et essais*, partie Dioptrique, discours VIII, 1637, p. 165-166.

[46] Descartes, *Règles pour la direction de l'esprit*, règle VIII.

avec le rapport obtenu par construction géométrique entre l'axe principal de l'ellipse et la distance entre ces deux foyers. Ceci lui permet d'obtenir la bonne forme elliptique permettant de faire converger tous les rayons parallèles entre eux et parallèles au grand axe du dioptre vers un de ses foyers et ainsi d'obtenir l'*anaclastique* recherchée. Descartes explique cette construction (que nous avons représentée plus bas en schématisant sa figure) dans ces termes :

> « *Si bien que si pour tracer l'ellipse DBK, on donne aux lignes DK et HI, la proportion qu'on aura connue par l'expérience être celle qui sert à mesurer la réfraction de tous les rayons qui passent obliquement de l'air dans quelques verres, ou autre matière transparente qu'on veut employer : et qu'on fasse un corps de ce verre qui ait la figure que décrirait cette ellipse si elle se mouvait circulairement autour de l'essieu DK ; les rayons qui seront dans l'air, parallèles à cet essieu comme AB, ab, entrant dans ce verre, s'y détourneront en telle sorte qu'ils iront tous s'assembler au point brûlant I*[47]. »

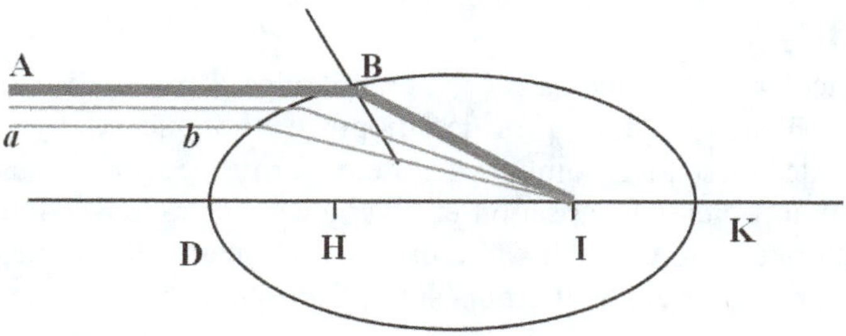

Les propriétés géométriques d'une conique, l'ellipse, étudiée *a priori*, permettent donc quand elles sont associées ensuite à une propriété physique déterminée expérimentalement (l'indice de réfraction de la matière du dioptre) de faire varier la géométrie du rayon optique et d'obtenir le résultat physique recherché.

La suite de l'exposé de Descartes faisant correspondre mathématique (les coniques) et physique (loi de réfraction) est aussi constituée autour d'une construction géométrique préliminaire, celle d'une hyperbole. Comme pour l'ellipse plus haut, les propriétés géométriques de l'hyperbole sont ensuite combinées à l'indice de réfraction du matériau utilisé et donnent une autre manière d'obtenir l'anaclastique (cf. ci-dessous figure schématique de la construction de Descartes).

> « *Et ensuite que si on donne la figure de cette hyperbole à un corps de verre dans lequel les réfractions se mesurent par la proportion qui est entre les lignes DK et HI, elle fera que tous les rayons qui seront parallèles à son essieu dans ce verre, iront s'assembler au-dehors au point I, au moins si ce verre est convexe ;*

[47] Descartes, *Discours de la méthode et essais*, partie Dioptrique, discours VIII, 1637, p. 210.

et s'il est concave, qu'ils s'écarteront çà et là comme s'ils venaient de ce point I[48]. »

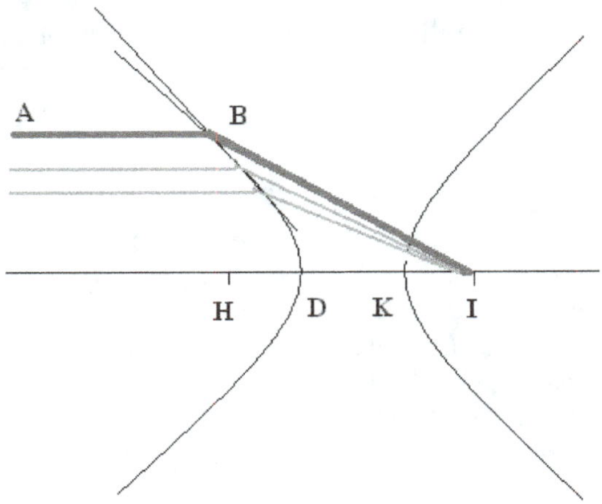

Descartes présente donc dans cette première partie de ce discours VIII les propriétés physico-géométriques des dioptres elliptiques et hyperboliques. Dans la suite, Descartes combine les deux formes géométriques exposées plus haut pour obtenir focalisation et divergence des rayons selon différents dispositifs optiques de complexité croissante. Descartes fait le lien entre ces dispositifs physiques et son discours sur la *Géométrie*.

« *Au reste les mêmes changements de ces rayons que je viens d'expliquer premièrement par deux verres elliptiques et après par deux hyperboliques, peuvent aussi être causés par deux dont l'un soit elliptique et l'autre hyperbolique. Et de plus, on peut encore imaginer une infinité d'autres verres qui fassent comme ceux-ci, que tous les rayons qui viennent d'un point ou tendent vers un point, ou sont parallèles, se changent exactement de l'une en l'autre de ces trois dispositions. Mais je ne pense pas avoir ici besoin d'en parler à cause que je les pourrai plus commodément expliquer ci-après en la Géométrie*[49]. »

Descartes montre aussi le lien entre la complexité croissante du dispositif physique et celle des constructions géométriques nécessaires pour les modéliser :

« *Les figures des uns sont beaucoup plus aisées à tracer que celles des autres : et il est certain qu'après la ligne droite, la circulaire, et la parabole, qui seules ne suffisent plus pour tracer aucun de ces verres, ainsi que chacun pourra le voir, s'il l'examine, il n'y en a point de plus simples que l'ellipse et l'hyperbole. En sorte que la ligne droite étant plus aisée à tracer que la circulaire ; et l'hyperbole ne l'étant pas moins que l'ellipse, ceux dont les figures sont composées d'hyperboles et de lignes droites, sont les plus aisés à tailler qui*

[48] *Ibid.*, p. 216.
[49] *Ibid.*, p. 219.

puisse être. Puis ensuite ceux dont les figures sont composées d'ellipses et de cercles ; en sorte que toutes les autres que je n'ai point expliquées le sont moins[50]. »

On retrouve ici à la fois dans les dispositifs physiques des combinaisons de dioptres puis dans la complexité croissante des constructions géométriques un exemple *physico-mathématique* direct d'une idée centrale de la *méthode* cartésienne : celle partant des idées simples pour aller vers les constructions intellectuelles plus complexes. Descartes expose aussi cette idée dans ses *Règles pour la direction de l'esprit,* comme, par exemple, dans la règle V :

« *Toute la méthode consiste dans l'ordre et l'arrangement des objets sur lesquels il faut faire porter la pénétration de l'intelligence pour découvrir quelque vérité. Nous y resterons soigneusement fidèles, si nous ramenons graduellement les propositions compliquées et obscures à des propositions plus simples, et ensuite si, partant de l'intuition de celles qui sont les plus simples de toutes, nous tâchons de nous élever par les mêmes degrés à la connaissance de toutes les autres.* »

Nous avons donc, en cette première moitié du XVIIe siècle, dans la *Dioptrique* de Descartes un bon exemple de l'interaction entre construction mathématique *a priori* et expérimentations physiques en lien avec les nouvelles méthodes de réflexion et d'organisation des connaissances prônées par Descartes.

La *Géométrie*

La *Géométrie* de Descartes est un traité qui a marqué l'histoire des idées en science. Pour les savants français des XVIIe et XVIIIe siècles notamment, ce traité fait figure de référence. Dans l'évolution des idées, on peut citer à ce sujet, ce qu'en dit, par exemple, Guillaume de l'Hospital[51] en 1716 :

« *Tel fut l'état des mathématiques et surtout de la philosophie jusqu'à Monsieur Descartes, ce grand homme poussé par son génie et par la supériorité qu'il se sentait, quitta les anciens pour ne suivre que cette même raison que les anciens avaient suivie, cette heureuse hardiesse qui fut traitée de révolte nous valut une infinité de vues nouvelles et utiles sur la physique et sur la géométrie, alors on ouvrit les yeux et l'on s'avisa de penser. Pour ne parler que des mathématiques [...] M. Descartes commença où les anciens avaient fini et il débuta par la solution d'un problème où Pappus dit qu'ils étaient tous demeurés. On sait jusqu'où il a porté l'Analyse et la Géométrie et combien l'alliage qu'il en a fait*

[50] *Ibid.*, p. 219.

[51] On rappelle que Guillaume de l'Hospital était une des têtes de file des mathématiciens français qui ont diffusé le calcul différentiel en France au début du XVIIIe. Notamment à travers son ouvrage principal *Analyse des infiniment petits pour l'intelligence des lignes courbes* de 1696.

rend facile la solution d'une infinité de problèmes qui paraissaient impénétrables avant lui[52]. »

Et encore près d'un demi-siècle plus tard, dans l'article GÉOMÉTRIE de l'*Encyclopédie* rédigé par d'Alembert vers 1750 :

« *À la renaissance des lettres, on se borna presque uniquement à traduire et à commenter les ouvrages de Géométrie des anciens ; et cette science fit d'ailleurs peu de progrès jusqu'à Descartes : ce grand homme publia en 1637 sa géométrie, et la commença par la solution d'un problème où Pappus dit que les anciens mathématiciens étaient restés. Mais ce qui est plus précieux encore que la solution de ce problème, c'est l'instrument dont il se servit pour y parvenir, et qui ouvrit la route à la solution d'une infinité d'autres questions plus difficiles. Nous voulons parler de l'application de l'Algèbre à la Géométrie ; application dont nous ferons sentir le mérite & l'usage dans la suite de cet article : c'était là le plus grand pas que la Géométrie eût fait depuis Archimède ; et c'est l'origine des progrès surprenants que cette science a faits dans la suite.* »

Comme le reste du traité de Descartes dont elle fait partie (*discours de la méthode*, *dioptrique* et *météores*) la *Géométrie* a été rédigée en français et non en latin comme c'était souvent le cas pour les ouvrages de philosophie de l'époque. Sa diffusion dans le milieu des mathématiciens français de l'époque a créé des tensions entre Descartes et Fermat, ce dernier ayant eu, dans le domaine de la géométrie analytique, des idées similaires à celles de Descartes mais n'ayant rien publié sur ce sujet avant lui. En 1659, La *Géométrie* a été traduite en latin par le mathématicien hollandais Van Schooten, c'est cette traduction latine qui a été lue notamment par Isaac Newton.

Avant de voir quelques exemples tirés de la *Géométrie*, rappelons le chemin déjà parcouru entre études des phénomènes physiques et formalisme mathématique en cette période du XVIIe qui est celle des initiateurs de la mathématisation de la physique :

Nous avons vu chez Galilée comment l'échange entre phénomènes/dispositifs physiques et construction géométrique s'est opéré :

a. segments de droites pour représenter la vitesse, la distance et le temps.
b. triangles pour représenter les plans inclinés permettant d'utiliser la géométrie du triangle pour décrire et prédire des comportements physiques avec la rigueur déductive des mathématiques.
c. intersection entre segments (chute verticale) et face du triangle (plan incliné) pour étudier la combinaison de deux mouvements.
d. utilisation du cercle : par comparaison du glissement d'un mobile le long d'un arc de cercle et son glissement le long d'une succession de plans inclinés.

---

[52] De l'Hospital, G., 1696, *Analyse des infiniment petits pour l'intelligence des lignes courbes*. p. 6-7.

e. puis finalement, utilisation d'une conique, la parabole, pour étudier la trajectoire d'un projectile affecté d'un mouvement dans deux dimensions : horizontal uniforme et vertical accéléré se traduisant par une demi-parabole.

Après Galilée, nous avons vu dans le discours VIII de la *Dioptrique* la continuation de l'utilisation des coniques par Descartes pour étudier la réfraction et notamment l'interaction d'une droite (rayon de lumière) et d'une ellipse et une hyperbole (surface de la lentille ou du miroir). Cette image physique du rayon interagissant avec une surface courbe est très étroitement liée avec certains des développements mathématiques de la *Géométrie.*

Recherche de la relation entre le droit et la courbe, construction d'une normale à un ovale en lien avec la réfraction dans les lentilles d'optique chez Descartes

Dans le livre II de la *Géométrie*, Descartes affirme que *pour trouver toutes les propriétés des lignes courbes, il suffit de savoir le rapport qu'ont tous leurs points à ceux des lignes droites et la façon de tirer d'autres lignes qui les coupent en tous ces points à angle droit.* Après l'énoncé du problème, le savant souligne l'importance de cette question :

> « *C'est ceci le problème le plus utile et le plus général, non seulement que je sache mais que j'ai jamais désiré de savoir en Géométrie*[53]. »

Ce problème consiste donc à construire la normale à une courbe quelconque en un point quelconque. Il s'y emploie dans cette partie de la *Géométrie* en calculant le moyen de positionner le point *P* dans la figure suivante.

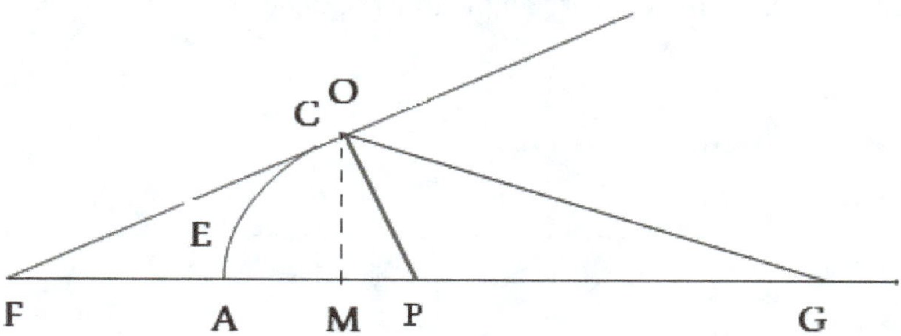

Soit pour schématiser et faire ressortir les tracés ayant une importance mathématique : courbe, tangente et normale :

---

[53] Descartes, *Géométrie*, réédition des œuvres complètes de Descartes, T. III, p. 449.

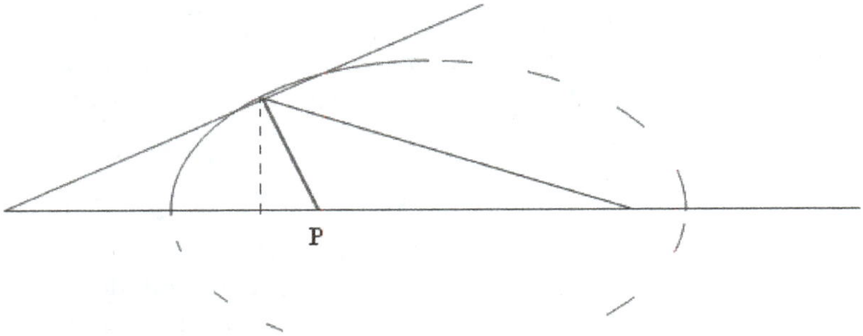

Cette figure est l'extraction des propriétés géométriques du problème physique que Descartes a rencontré au sujet de la réfraction et de la détermination de la courbe anaclastique comme nous l'avons vu plus haut. Ceci est une illustration concrète de la déclaration d'intention de Descartes dans une de ses lettres au père Mersenne : « *Il n'y a rien dans ma physique qui ne soit dans ma Géométrie* ». Cette figure est donc à mettre en parallèle avec le dispositif optique de l'arrivée d'un rayon sur une lentille ovale tel qu'il apparaît dans la *Dioptrique.*

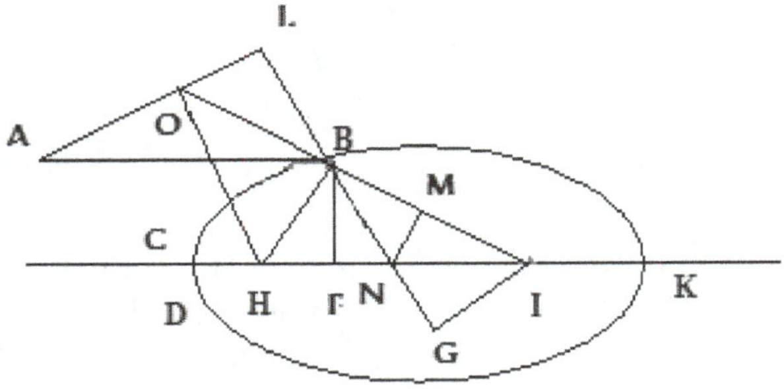

Soit pour simplifier en marquant le trajet optique et la normale :

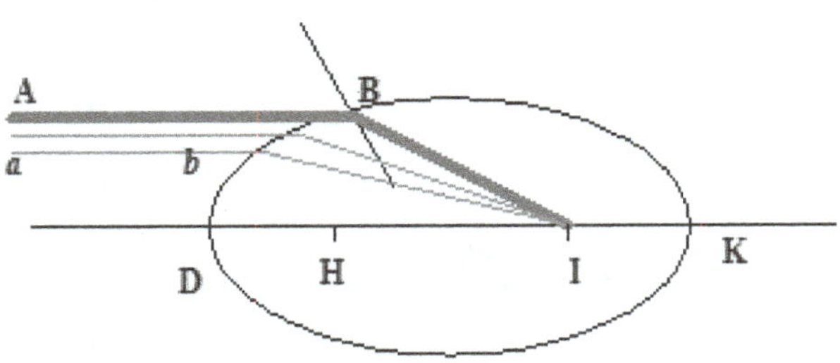

La démonstration pour positionner *P* et par là trouver la normale est relativement longue et les calculs assez lourds et pour la simplicité du propos, nous n'allons pas la remettre ici[54]. Cependant, elle est intéressante

[54] Pour ceux qui veulent approfondir cet aspect plus technique, les démonstrations et calculs de Descartes sont très bien expliqués de manière actuelle dans les notes sur la *Géométrie* de la

car elle nous montre que Descartes utilise dorénavant extensivement la nouvelle méthode de géométrie analytique. Les distances géométriques permettant de positionner le point recherché sont les inconnues d'une construction géométrique traduite en une équation algébrique.

D'un point de vue physico-mathématique, on a ici un exemple typique de mathématisation d'un phénomène physique et inversement de stimulation de la réflexion mathématique par des objets et problèmes physiques :

La possibilité de positionner le point *P*, pied de la normale, au moyen des procédures de la géométrie algébrique permet d'obtenir la normale à une conique et plus particulièrement, en application physique pour les dioptres, ceci permet de déterminer la forme des lentilles et donc de mettre au point un appareil pour les tailler convenablement. Comme le dit Évelyne Barbin « *l'intérêt cartésien pour les normales est directement lié aux problèmes de réfraction, de manière plus précise les problèmes optiques et en particulier la taille de verre, ont amené Descartes à introduire l'idée et le terme de courbure.* »[55] Ainsi d'un point de vue mathématique, la nouvelle méthode de Descartes pour déterminer la normale à une courbe est plus générale que celle de ses prédécesseurs, c'est aussi le début de la représentation paramétrique des courbes.

Du point de vue des textes, les liens entre la *Dioptrique* et la *Géométrie* sont forts et il existe un constant va-et-vient entre les deux traités. Ainsi, pour la résolution de problèmes de *dioptrique*, les ovales de Descartes sont le résultat de « *l'explication de 4 nouveaux genres d'ovales qui servent à l'optique* »[56] données dans la *Géométrie*. Ailleurs dans la *Géométrie*, Descartes rappelle encore ce lien : « *Il faut maintenant que je satisfasse à ce que j'ai omis en la Dioptrique*[57]. » Aussi à propos des différentes combinaisons de lentilles qu'il évoque dans la *Dioptrique*, Descartes renvoie à la *Géométrie :* « *Mais je ne pense pas avoir ici besoin d'en parler à cause que je les pourrai plus commodément expliquer ci-après en la Géométrie*[58] ». De même, d'autres publications posthumes de Descartes telles que les parties X et XI des *Excerpta Mathematica*, montrent encore d'autres réflexions de Descartes sur le sujet mathématique de la tangente à une courbe en lien avec l'optique géométrique.

Qu'en est-il maintenant du lien entre ce problème physico-mathématique et la philosophie de la connaissance de Descartes ? Autrement dit, comment l'aspect spéculatif mathématique en lien avec le phénomène physique influe-t-il sur sa manière d'organiser un raisonnement pour acquérir la connaissance ? Dans la huitième de ses *règles pour la direction de l'esprit,*

---

réédition des œuvres complètes de Descartes, sous la direction de Jean Marie Bessade, T. III, discours de la méthode et essais, Gallimard, Paris.

[55] Barbin, E. 2006, « La révolution mathématique du XVIIe siècle », p. 137.

[56] Descartes, *Géométrie*, réédition des œuvres complètes de Descartes, T III, p. 458.

[57] *Ibid.*, p. 466.

[58] Descartes, *Discours de la méthode et essais*, partie Dioptrique, discours VIII, 1637, p. 219.

par exemple, Descartes explique que pour résoudre certains types de problèmes, il arrive que l'approche choisie soit dans l'impasse et qu'il devienne nécessaire de faire appel à une autre approche pour résoudre le problème. L'aspect physico-mathématique du problème de l'anaclastique sert ici de propos de Descartes, aussi dans cette règle VIII énonce-t-il :

« *Ainsi supposons que quelqu'un cherche en s'adonnant aux seules mathématiques, cette ligne qu'en dioptrique on appelle anaclastique c'est-à-dire dans laquelle les rayons parallèles se réfractent de telle sorte que tous, après la réfraction, aient un seul point d'intersection. Il remarquera certes facilement d'après les règles cinquième et sixième*[59], *que la détermination de cette ligne dépend du rapport que gardent les angles de réfraction avec les angles d'incidence ; mais, comme il ne sera pas capable de rechercher minutieusement ce rapport qui regarde non la Mathématique, mais la Physique, il sera forcé de s'arrêter ici sur le seuil*[60]. »

L'approche purement géométrique étant donc insuffisante à elle seule, Descartes recommande de faire appel à un autre corps de connaissances et de se tourner vers l'expérimentation :

« *Si d'autre part, quelqu'un qui ne s'adonne pas aux seules mathématiques, mais qui suivant la première règle, désire chercher la vérité en tout ce qu'il rencontre, tombe sur la même difficulté, il trouvera de plus que le rapport entre les angles d'incidence et les angles de réfraction dépend de leur changement par suite de la diversité des milieux ; qu'à son tour ce changement dépend de la manière dont le rayon pénètre à travers tout le corps diaphane [...] cela fait il cherchera de quelle manière le rayon pénètre à travers tout le corps diaphane et il traitera ainsi par ordre de tout le reste, jusqu'à ce qu'il parvienne à l'anaclastique elle-même*[61]. »

Par là, nous voyons donc bien que pour Descartes, la philosophie de la connaissance qui suit les *règles pour la direction de l'esprit* s'inspire directement de la méthode physico-mathématique de la *Dioptrique* et de la *Géométrie*[62].

Quelques années après Descartes, à la fin des années 1650 un autre grand philosophe-mathématicien a lui aussi utilisé des systèmes physiques comme base pour des développements mathématiques. En 1658, Blaise Pascal propose à la communauté des mathématiciens une série de problèmes liés à la courbe cycloïde et dans ce cadre, il fait des développements mathématiques assez poussés et théoriques. Un de ceux-ci part d'un système physique plus simple que la cycloïde : Pascal utilise comme point de départ la modélisation du fonctionnement de la balance romaine pour proposer une *méthode générale pour tous les centres de gravité de toutes sortes de lignes, de surfaces et de solides*.

---

[59] Il se réfère ici aux *règles pour la direction de l'esprit*.
[60] Descartes, *Règles pour la direction de l'esprit*, règle VIII, 1628, p. 393-394.
[61] *Ibid.*, p. 395.
[62] Sur le lien entre la *géométrie* et les *règles pour la direction de l'esprit*, voir aussi Israel, G. « Des Regulae à la Géométrie », *Revue d'histoire des sciences*, 1998, T. 51, n° 2-3, p. 183-236.

1.3. Pascal, 1658 : Balance romaine, sommes triangulaires, et centre de gravité

Dans la lettre d'Amos Dettonville (le pseudonyme que Pascal utilisait pour certains de ses écrits mathématiques) à Monsieur de Carcavy datant de la fin de 1658, Pascal s'inspire donc du système physique de la balance romaine et de la répartition des poids sur cette balance pour introduire ce qu'il appelle les *sommes triangulaires*.

Voyons le modèle donné par Pascal : soit la balance à bras suivante dont les bras sont divisés en sections égales, toutes liées à un poids (A, B, C…).

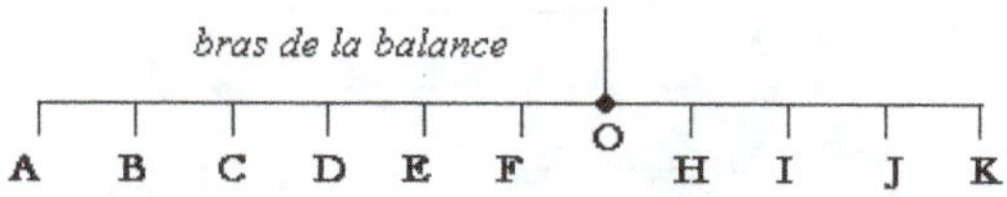

Le point O sera le centre de gravité et la balance ne sera en équilibre que si les *sommes triangulaires* des poids affectés à chaque point des deux bras sont égales.

C'est-à-dire si :

ABCDEF		
ABCDE		
ABCD		HIJK
ABC		IJK
AB		JK
A		K
6A + 5B + 4C + 3D + 2E + F	=	H + 2I + 3J + 4K

C'est une forme arithmétique de système de pondération ou l'importance de chaque point est fonction de sa masse et de sa distance au centre de gravité.

Selon Pascal, l'idée de la somme triangulaire lui a été donnée par ce dispositif physique et il décide ensuite d'appliquer l'idée générale qui en dérive pour travailler sur *toutes sortes de grandeurs.*

> « *Comme toutes les choses que je viens de démontrer sur le sujet des poids d'une balance doivent s'appliquer à toutes sortes de grandeurs, c'est-à-dire aux lignes courbes, aux surfaces planes et courbes, et aux solides, il me semble à propos, pour faciliter cette application, de donner quelques exemples de la manière dont on doit prendre les sommes triangulaires dans ces grandeurs*[63]. »

[63] Pascal, « Lettres de A. Dettonville contenant quelques-unes de ces inventions de géométrie », 1658. Dans *Œuvres complètes de Pascal*, Tome II, p. 387.

Dans la suite du texte, Pascal laisse de côté le modèle physique et passe à la mathématisation, il en avertit clairement son lecteur :

> « *Vous voyez, Monsieur, que je suis entré dans le style géométrique, et pour le continuer je ne vous parlerai plus que par propositions, corollaires, avertissements, etc.*[64] »

Pascal procède en plusieurs temps, premièrement il travaille sur une courbe et un *triligne rectangle*[65] :

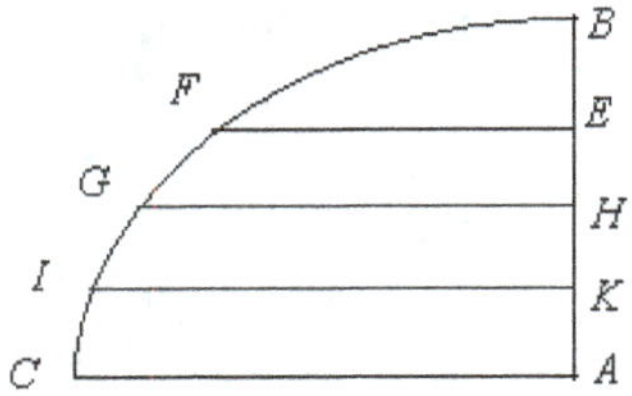

La somme triangulaire pour la ligne quelconque BC étant (comme il en était plus haut pour la balance) :

BF FG GI IC
FG GI IC
GI IC
IC

____
BF + 2FG + GI + 4IC

---

[64] *Ibid.*, p. 383.

[65] La définition du triligne rectangle est donnée comme suit par François Russo dans « Pascal et l'analyse infinitésimale », *Revue d'histoire des sciences et de leurs applications*, 1962, Tome 5, p. 303-320 : « *Par triligne rectangle, Pascal entend une courbe monotone comprise entre deux segments rectangulaires, l'un horizontal, la base AC = a, l'autre verticale, l'axe AB = b. Les segments parallèles à l'axe et limités par la courbe et la base sont appelés ordonnées à la base ou encore sinus sur la base (on remarquera donc cet usage du terme sinus qui ne correspond pas au sens moderne) ou encore distance à la base ; de même, les segments parallèles à la base et limités par la courbe et l'axe sont appelés ordonnées, sinus sur l'axe, distance de l'axe* ».

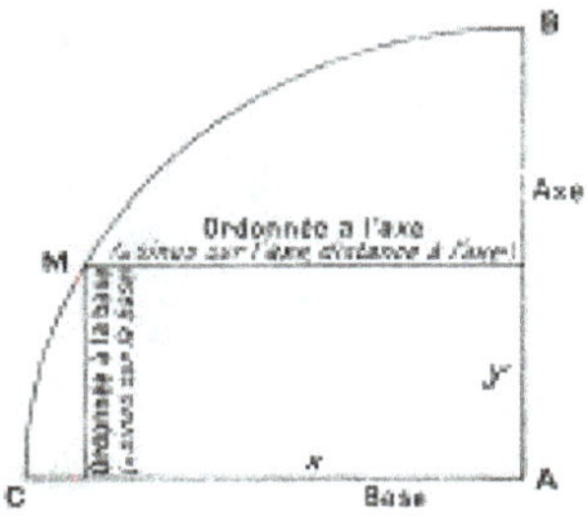

La somme triangulaire pour les surfaces du triligne quelconque CAB étant :

CIKA IGHK GFEH FBE
IGHK GFEH FBE
GFEH FBE
FBE

____
CIKA + 2IGHK + 3 GFEH + 4 FBEH

Puis Pascal procède comme suit :

« *Soit entendue une multitude indéfinie de plans parallèles entre eux et également distants (c'est-à-dire que la distance du premier au second soit égale à la distance du second au troisième, et à celle du troisième au quatrième, etc.), lesquels plans coupent toute la grandeur proposée en une multitude indéfinie de parties comprises chacune entre deux quelconques de ces plans voisins*[66]. »

Méthode géométrique, qu'il combine avec son modèle de la balance pour trouver le centre de gravité :

« *Maintenant si de tous les plans on en considère principalement trois, savoir les deux extrêmes, qui comprennent la grandeur proposée, et celui qui passe par le centre de gravité de la grandeur proposée, et qu'on entende qu'une droite quelconque menée perpendiculairement d'un des plans extrêmes à l'autre, rencontre le plan du centre de gravité, lequel la divise en deux portions ; cette droite entière qui mesure la distance d'entre les plans extrêmes sera appelée la balance de la grandeur proposée ; et ses deux portions qui mesurent la distance entre le centre de gravité de la grandeur proposée et les plans extrêmes s'appelleront les bras de la balance. Je dis qu'un des bras est à l'autre (c'est-à-dire que la distance entre le centre de gravité de la figure et l'un des plans extrêmes est à la distance entre le même centre de gravité et l'autre plan extrême) comme la somme triangulaire de toutes les portions de la figure à commencer par le premier plan extrême, à la somme triangulaire de ces mêmes portions à commencer par l'autre plan extrême*[67]. »

---

[66] *Ibid.*, p. 389.
[67] *Ibid.*, p. 380.

Nous avons schématisé ceci comme suit :

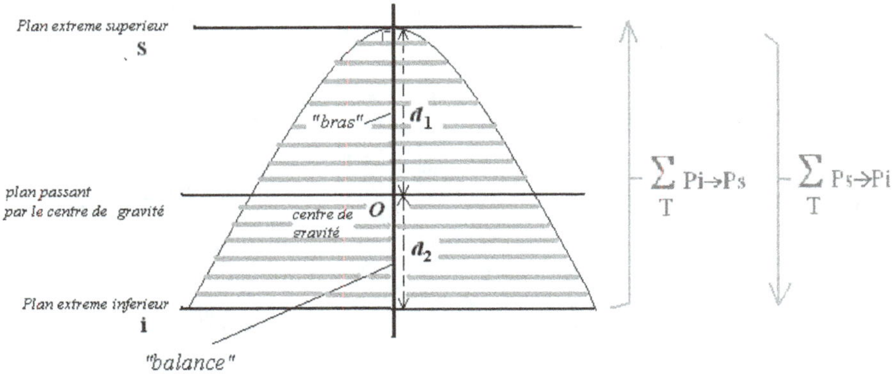

d1/d2 proportionnel à ΣT Pi→Ps / ΣT Ps→Pi
Avec :
d : Longueur des « bras » de la balance.
ΣT Pi→Ps : « *somme triangulaire de toutes les portions de la figure à commencer par le premier plan extrême* » du plan inférieur vers le plan supérieur.
ΣT Ps→Pi : Somme triangulaire de toutes les portions de la figure à commencer par le plan supérieur.

Nous voyons donc que, comme dans le cas de la balance unidimensionnelle vu au début, le centre de gravité de la *grandeur proposée* est positionné par une relation algébrique faisant intervenir une pondération (due aux sommes triangulaires dans lesquelles le « poids » dans l'équation de chaque *portion* de la *grandeur proposée* est proportionnel à sa distance au centre de gravité) et la taille des bras de la balance. En comparant avec les méthodes modernes[68], on voit que Pascal aboutissait déjà au type de relation où la position du centre de gravité est fonction de la distance et de la masse des parties élémentaires de la figure.

Cette question des sommes triangulaires appliquées comme méthode pour trouver le centre de gravité d'une figure quelconque est aussi intéressante d'un point de vue historique et épistémologique. C'est l'un des sujets de travail de Pascal qui a retenu l'attention de Leibniz lors de ses débuts en Mathématiques, il a été commenté en 1673 par le mathématicien-philosophe

[68] Par exemple, pour trouver les coordonnées du centre de gravité d'un demi-disque, la méthode consiste aussi à diviser le disque en n parties élémentaires de masse ***dm*** et à passer par une intégrale de surface fonction de la masse, de l'unité d'aire ρ, et du rayon R :

$$\int_{(s)} y\,dm = 2\rho\left[\frac{2}{3}(R^2-y^2)^{\frac{3}{2}}\right]_0^R = \frac{2}{3}\rho R^3$$

dans un de ses premiers travaux mathématiques. Dans cet écrit[69], Leibniz arrive d'ailleurs aux mêmes résultats que Pascal en 1658.

Nous avons donc eu sans ce début de la mathématisation un aperçu du mouvement traité mathématiquement par Galilée dans sa *science nouvelle*, des problèmes *foyers brûlants* et de courbes chez Descartes dans sa *Dioptrique* et sa *Géométrie* vers les années 1630 et vu un petit aspect du traitement par Pascal vers les années 1650 d'un problème physique fondamental comme le centre de gravité d'un solide.

Du point de vue des institutions, durant cette période, l'Europe savante se développe et se structure, des *Académies* scientifiques sont créées en Angleterre, en France, en Prusse et en Russie dans les années 1660. Si une grande partie des échanges scientifiques continue de se faire par relation épistolaire, comme à l'époque du père Mersenne, ces académies publient désormais des actes qui consignent toutes les présentations et les résultats de travaux des principaux savants.

Sur un ton plus léger mais en restant dans l'esprit de l'époque, en 1672, Molière lui aussi écrivait sur le centre de gravité. Il le faisait pour tourner en dérision cette mode des sciences en vogue dans le Paris des savants et des nouvelles *académies*, évoquons cette tirade des *femmes savantes* :

PHILAMINTE, à Lépine.
– Allons petit garçon, vite de quoi s'assoir.
(le laquais tombe avec sa chaise.)
Voyez l'impertinent ! Est-ce que l'on doit choir,
Après avoir appris l'équilibre des choses ?
BELISE
– De ta chute, ignorant ne vois-tu pas les causes,
Et qu'elle vient d'avoir du point fixe écarté
Ce que nous appelons centre de gravité ?
LÉPINE
– Je m'en suis aperçu, madame, étant par terre.

Dans ce Paris des années 1670, celui de Molière, Corneille et Racine, c'est principalement le mathématicien Christiaan Huygens qui personnalise le savant, acteur de la révolution scientifique qui se met en place dans la continuation de l'avènement de la *science nouvelle* de Galilée.

1.4. CHRISTIAAN HUYGENS

Huygens est une personnalité intellectuelle de très grande envergure pour la physique en général et pour le développement de la physique rationnelle

[69] Voir à ce sujet Child, J.M. *The early manuscripts of Leibniz*, 1920, p. 223-227.

au XVIIe siècle en particulier[70]. Ayant vécu de 1629 à 1695, Huygens est un contemporain du XVIIe siècle dans sa quasi-entièreté et sa carrière s'étend sur toute la période dite de la révolution scientifique de ce siècle. Né dans les Provinces unies qui connaissent leur apogée politique et économique dans les années 1650, Huygens est élevé dans un paysage intellectuel marqué par de nouvelles idées venant des parutions scientifiques et philosophiques qui bénéficiaient du climat politique libéral qui régnait à cette époque dans ces provinces unies. Comme on l'a vu, certains écrits de Galilée et de Descartes notamment, mal acceptés par certains pouvoirs politiques et religieux dans le reste de l'Europe, seront publiés chez des éditeurs hollandais, Huygens y aura accès et sera un lecteur précoce de ces traités. Le savant hollandais est au début de son activité intellectuelle très influencé par Descartes dont il dira qu'il a lu les *Principes de la philosophie « vers 15-16 ans »*. De plus, son père, Constantijn Huygens correspondait avec Descartes et celui-ci qui résidait alors dans les Provinces-Unies le sollicitait pour la fabrication de lentilles d'optique. Il n'est cependant pas confirmé que Christiaan Huygens ait rencontré Descartes.

Huygens, avec pour point de départ les écrits de Galilée et Descartes, travailla sur les grandes questions de l'époque notamment la « *force de pesanteur* » et le mouvement « *dans la rencontre des corps* ». À Paris, lors de son activité à l'académie royale des sciences de 1666 à 1680, Huygens y introduisit Leibniz et le conseilla dans ses recherches en mathématiques notamment en l'orientant vers les travaux de Pascal (son *traité de la roulette* de 1658) et en lui expliquant ses propres travaux. Huygens était aussi en contact régulier avec le philosophe anglais John Locke (également proche de Newton) qui était alors en exil politique dans les Provinces Unies. On sait aussi que Huygens lut les *Principes mathématiques de la philosophie naturelle* de Newton dès sa parution en 1687 et rencontra Newton à plusieurs reprises au cours de l'été 1689 lors d'un séjour en Angleterre. La même année, il fit parvenir au savant anglais son *Traité de la lumière* qui contient aussi son *discours sur les causes de la pesanteur.* Huygens a donc travaillé sur tous les grands problèmes de *mathématiques mixtes* et il a été au centre des interactions scientifiques de son époque.

---

[70] Sur Huygens on peut voir notamment de Chareix, F., « Experientia ac Ratio : l'œuvre de Christiaan Huygens », *Revue d'histoire des sciences*, 2003, T. 56 n° 1, p. 5-13 et « La découverte des lois du choc par Christiaan Huygens », *Revue d'histoire des sciences*, 2003, T. 56, n° 1, p. 15-58. Speiser, D. « Le Horologium oscillatorium et les principia », *Revue philosophique de Louvain*, quatrième série, T. 86, n° 72, 1988, p. 485-504. de Vilain, C. « La loi galiléenne et la dynamique des Huygens », *revue d'histoire des mathématiques*, 1996, vol. 2, p. 95-117 et « Descartes correspondant scientifique de Constantyn Huygens », *Revue d'histoire des sciences*, 1998, T. 52, nos 2-3, p. 373-380 et Snelders, H.A.M., « Christiaan Huygens and newton's theory of gravitation », Notes and records of the royal society of London, vol. 43, n° 2, July 1989, p. 209-222.

Huygens et les premières démonstrations *more geometrico* en 1669 de l'invariance des lois du mouvement dans des repères en mouvements uniformes

Les travaux de Huygens sur le choc des corps[71] sont consignés dans plusieurs écrits. Certains des écrits sur ce sujet, qui remonteraient à 1652, ont été utilisés et remaniés pour la publication dans ses œuvres posthumes en 1703. Le deuxième groupe d'écrits de Huygens sur le choc des corps daterait de 1669 : cette année le savant envoya, mais trop tard, à la Royal Society de Londres un mémoire sur *les règles du mouvement dans la rencontre des corps*. Ses idées non publiées en Angleterre furent tout de même diffusées cette année-là en France dans le *Journal des sçavans* sous une forme résumée en sept règles.

Le travail de Huygens « *sur le mouvement des corps par percussion* »[72] a un intérêt épistémologique particulier qui n'a peut-être pas toujours été suffisamment mis en avant : la plupart des démonstrations partent du principe suivant : pour Huygens, il est indifférent que les expériences soient réalisées dans un référentiel immobile ou dans un référentiel en mouvement uniforme.

On sait que les idées de Galilée et Descartes constituent le point de départ de Huygens pour ses réflexions sur le choc des corps. Ses deux précurseurs avaient déjà réfléchi sur les notions de mouvement absolu et de mouvement relatif, notamment en s'aidant de l'image d'un navire en mouvement.

Galilée fait, par exemple, cette réflexion dans les années 1630 :

> « *Remarquez-le : le mouvement est mouvement et agit comme mouvement pour autant qu'il est en rapport avec des choses qui en sont dépourvues ; mais pour toutes choses qui y participent également, il n'agit pas, il est comme s'il n'était pas. Les marchandises dont un navire est chargé se meuvent que pour autant que partant de Venise, elles passent par Corfou, Candie, Chypre et s'en vont à Alep : Venise, Corfou, Candie, etc. demeurent et ne se meuvent pas avec le navire mais pour ce qui est des balles de marchandises, des caisses et autres colis dont le navire est chargé et rempli par rapport au bateau lui-même, leur mouvement de Venise vers la Syrie est comme nul, rien ne modifie leur relation avec le navire : le mouvement en effet leur est commun à tous, tous y participent également. Mais que parmi les objets qui sont dans le navire, une balle s'éloigne d'une caisse d'un doigt seulement, ce doigt à lui tout seul, sera pour elle un mouvement plus*

[71] Voir Chareix, F., « La découverte des lois du choc par Christiaan Huygens », *Revue d'histoire des sciences*, T. 56, n° 1, 2003, p. 15-58.

[72] Nous considérerons ici le texte de 1703 qui, comme on l'a dit, est un texte assemblé pour une publication posthume mais les écrits qui le constituent et notamment les idées présentant géométriquement le principe d'invariance entre deux repères de mouvement uniforme ont bien été écrits par Huygens. Voir là-dessus Chareix, F. « La découverte des lois du choc par Christiaan Huygens », *Revue d'histoire des sciences*, 2003, T. 56, n° 1, p. 15-58 et l'« aperçu général de la genèse du traité » de motu corporum expercussione en avertissement de ce traité dans les œuvres complètes de Huygens publiés par l'académie des sciences de Hollande.

important, par rapport à la caisse, que tout le voyage de 2 000 milles qu'elles auront fait ensemble[73]. »

Descartes exprimait aussi les idées suivantes dans les années 1640 :

« *Car celui, par exemple, qui est assis à la poupe d'un vaisseau que le vent fait aller croit se mouvoir, quand il ne prend garde qu'au rivage duquel il est parti et le considère comme immobile et ne croit pas se mouvoir quand il ne prend garde qu'au vaisseau sur lequel il est, pour ce qu'il ne change point de situation au regard de ses parties*[74]. »

Pourtant, aucun des deux savants n'avait représenté et démontré géométriquement ces faits physiques.

Dans la plupart des propositions de son écrit sur le choc des corps, Huygens reprend lui aussi le modèle du bateau comme système en mouvement uniforme dans lequel des expériences sont réalisées ; pour Huygens, ces expériences doivent être considérées comme équivalentes à ce qui se passerait si le lieu des expériences était immobile. Ceci permet à Huygens de préciser les idées de Galilée et Descartes et d'exposer ce principe d'invariance dès les premières hypothèses.

« *Hypothèse III : Le mouvement des corps, et les vitesses égales ou inégales doivent être entendus respectivement comme ayant égard à leur relation avec d'autres corps qui sont supposés comme étant en repos, quoique, peut-être, ceux-ci comme ceux-là soient sujets à quelques autres mouvements qui leur sont communs. Par conséquent lorsque deux corps se rencontrent quoique les deux ensembles éprouvent quelque autre mouvement égal, ils n'agiront pas autrement l'un sur l'autre par rapport à celui qui est entraîné par le même mouvement commun que comme si ce mouvement accessoire fut absent de tous.*

Ainsi, lorsque quelqu'un transporté par un bateau qui s'avance d'un mouvement uniforme fait entrechoquer deux boules égales animées d'égale vitesse, savoir par rapport à lui-même et aux parties du vaisseau, nous disons que chacune d'elles devra rejaillir avec égale vitesse, par rapport au même navigateur, tout à fait comme il arriverait si dans un bateau en repos ou sur la terre ferme il fit entrer en collision les mêmes boules avec des vitesses égales[75]. »

---

[73] Galilée, 1632, *Dialogue sur les deux grands systèmes du monde*, deuxième journée, p. 227-228.

[74] Descartes, 1644, *Principes de la philosophie*, seconde partie : *des principes des choses matérielles*, chapitre 25 : *ce que c'est que le mouvement pris selon le sens commun*, p. 75.

[75] Huygens, *Sur le mouvement des corps par percussion*, Hypothèse III. Christiaan Huygens, *Œuvres complètes.* Tome XVI. Percussion, réédition de 1929, J. A. Vollgraff, Martinus Nijhoff, Den Haag, p. 32.

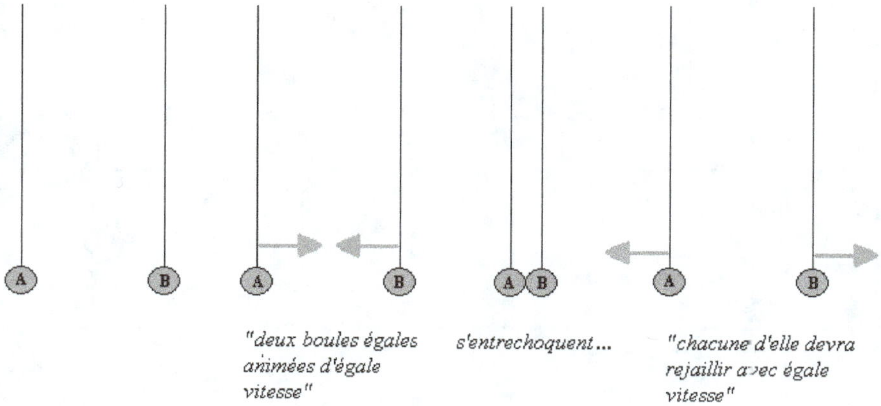

Puis dans la *proposition première* Huygens pose que :

« *Lorsqu'un corps en repos est rencontré par un autre, qui lui est égal, après le contact, ce dernier entrera bien en repos, mais celui qui était en repos acquerra la même vitesse qui était dans le corps poussant* ».

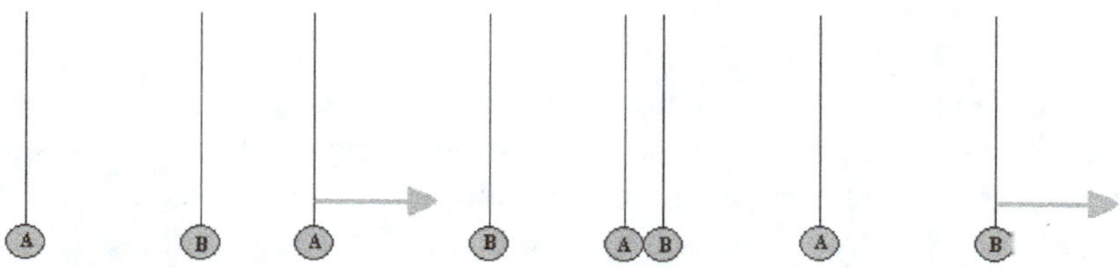

Pour démontrer cette première proposition, Huygens reprend *l'hypothèse III* que nous avons citée plus haut et la met en place dans un bateau qui est animé d'une vitesse constante égale à la vitesse de la boule B mais de direction opposée. Un observateur sur la berge fixant la boule B la croira immobile tandis qu'il verra la boule A animée de la combinaison de deux vitesses : la sienne et celle du bateau. (Cf. la résultante des mouvements dans notre schéma) donc pour l'observateur sur la berge, après le choc, la boule B s'éloignera bien de la même vitesse que celle qu'il a héritée de A tandis que A devient à son tour immobile et donc par là, Huygens retrouve la *proposition première*.

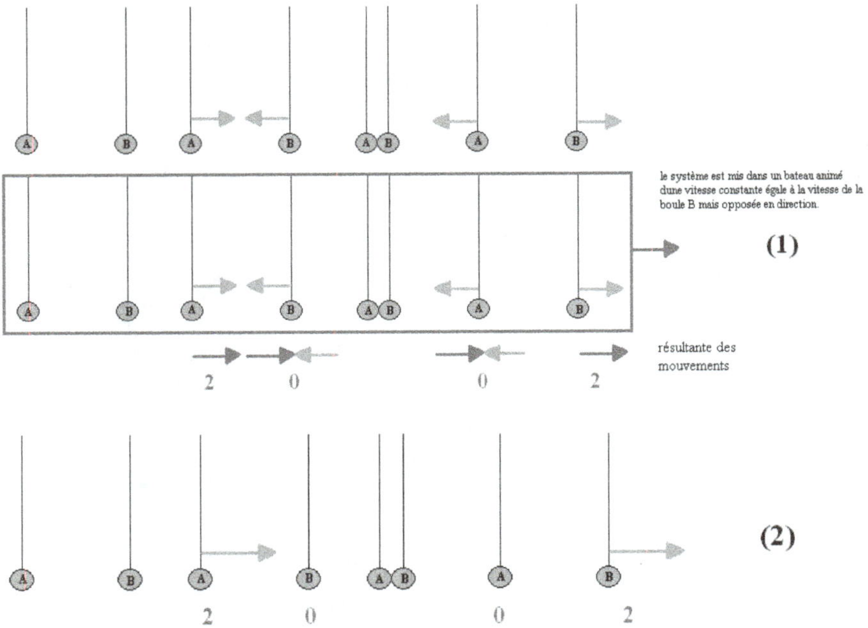

En montrant avec l'utilisation de deux référentiels que les deux phénomènes **(1)** et **(2)** ci-dessus sont en fait les mêmes, Huygens considère que sa *proposition première* est un cas particulier de l'hypothèse III : c'est le cas de figure où le corps B est en repos donc mu d'une vitesse nulle. Donc la vitesse du bateau est nulle (la vitesse du bateau étant fixée comme la vitesse de B).

Donc la vitesse du bateau peut varier de 0 à celle qu'on voudra (pourvu qu'elle soit uniforme), l'expérience du choc des corps se déroulera de même manière sur la berge ou sur le bateau. Huygens démontre ainsi que le phénomène est le même, qu'il se déroule dans un repère immobile ou dans un repère animé d'un mouvement uniforme.

Le savant insistera plusieurs fois sur ce principe important de la physique :

> « *Il est certain que ce qui arrive aux corps se rencontrant dans un bateau en mouvement doit arriver en dehors du bateau de la même manière partout ailleurs* ». (*Proposition IV*)[76]

Ou encore :

> « *En effet lorsque nous aurons montré que ces évènements se passent ainsi dans un navire qui est emporté avec une vitesse uniforme, il sera certain qu'ils arriveront de la même façon pour celui qui se trouve à terre* » *(Proposition IX)*[77]

---

[76] *Ibid.*, p. 44.
[77] *Ibid.*, p. 66.

Cette insistance du savant sur ce modèle viendrait en réponse aux controverses en cours à l'Académie royale des sciences de Paris dont il faisait partie. Le système des deux référentiels (le bateau en mouvement uniforme et la rive) utilisé pour la *proposition première* aurait été pensé par Huygens dans le but de convaincre ses pairs, comme il l'écrit en 1669 à un de ses correspondants :

> « *Leurs contradictions et disputes m'ayant obligé de chercher toutes sortes de biais pour les convaincre et la méthode de la première proposition est celle où ils ont trouvé le moins à redire*[78]. »

Quelques années après ses travaux sur les chocs des corps, le savant hollandais se consacra à un autre système de mathématique mixte mêlant un mécanisme innovant d'horlogerie et des nouvelles idées sur la nature des courbes.

L'Horologium oscillatorium de Huygens (1673)

L'intérêt particulier du traité *Horologium Oscillatorium* vient du fait que chez Huygens, on retrouve dans le même ouvrage des considérations techniques, physiques et mathématiques étroitement liées entre elles. On retrouve aussi bien un schéma technique de la construction d'une horloge à pendule que des considérations sur la chute des graves ou la recherche du centre d'oscillation et des constructions géométriques avec une dimension mathématique plus profonde ayant trait notamment à l'introduction de l'idée de *développée*. Par ces aspects, ce texte est typique de la *mathématique mixte* du XVIIe siècle[79].

Étude d'un système physique permettant des avancées mathématiques

Comme Galilée, Descartes et Pascal, Huygens part d'un système physique simple qu'il rattache aux connaissances mathématiques de l'époque et dont il note aussi la particularité de périodicité qui peut avoir un intérêt technique :

> « *La ligne courbe qu'un clou fixé à la circonférence d'une roue qui tourne trace par la rotation continue de la roue a été appelée cycloïde par les géomètres, et nombreuse de ses propriétés ont été étudiées. Comme nous l'avons dit, nous avons considéré cette courbe du fait de sa capacité de mesurer le temps, et nous avons appris qu'elle était très fiable et qu'il y a beaucoup à faire de cette propriété de répétition présente dans cette courbe*[80]. »

---

[78] Correspondance citée dans l'« aperçu général de la genèse du traité », *idem*. p. 12.
[79] Le texte traduit en anglais et contenant l'ensemble des figures est disponible à http://www.17centurymaths.com/contents/huygenscontents.html
[80] Huygens, 1673, *Horologium Oscillatorium*, introduction, p. 2.

Comme l'*anaclastique* vue dans la *Dioptrique* et la *Géométrie* de Descartes, la *cycloïde* est une autre de ces courbes « historiques » sur laquelle travaillent de nombreux savants au XVIIe. Pascal a même écrit en 1658 à son sujet une « *histoire de la roulette appelée autrement trochoïde où cycloïde ou l'on rapporte par quels degrés on est arrivés à la connaissance de la nature de cette ligne* ». La définition qu'il en donne est aussi simple que celle de Huygens.

> « *Ce n'est autre chose que le chemin que fait en l'air le clou d'une roue quand elle roule de son mouvement ordinaire, depuis que ce clou commence à s'élever de terre jusqu'à ce que le roulement continu de la roue l'ait rapporté à terre après un tour entier achevé : supposant que la roue soit un cercle parfait, le clou un point dans sa circonférence et la terre parfaitement plane*[81]. »

Comme aurait pu le dire Descartes, extrayons la *Géométrie* de la *Mécanique* de ce système physique : la roue physique devient le cercle géométrique, le clou devient un point de la circonférence de ce cercle et la terre le plan géométrique sur lequel évolue le cercle. Le dispositif physique est donc modélisé géométriquement par la figure suivante :

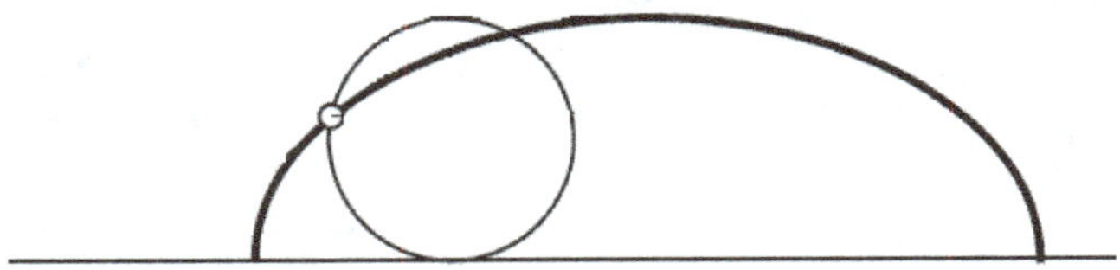

Dès l'introduction de son ouvrage, Huygens précise que son travail technique l'a amené à des travaux plus théoriques :

> « *Au reste, afin qu'on pût rapporter cette propriété [*la périodicité de la cycloïde*] à l'usage des pendules, il nous a fallu établir une nouvelle théorie des lignes courbes, savoir la théorie des courbes qui par leur évolution en engendrent d'autres. Ceci conduit à la comparaison de la longueur des lignes courbes et des lignes droites entre elles que j'ai poursuivie au-delà de ce que mon sujet demandait. Je l'ai fait à cause de la beauté et de la nouveauté apparente de cette théorie*[82]. »

La cycloïde, état des lieux historiques avant le traité de Huygens

Selon Pascal, la cycloïde était absente du répertoire des courbes héritées de la géométrie classique et ce serait le père Mersenne « *le premier qui la remarqua environ en l'an 1615 en considérant le roulement des roues, ce fut pourquoi il l'appela la roulette* ». Puis tour à tour, Roberval, Fermat et Descartes travaillèrent sur cette courbe à l'incitation du père Mersenne.

[81] Pascal, 1658, *Histoire de la roulette appelée autrement trochoïde ou cycloïde où l'on rapporte par quels degrés on est arrivés à la connaissance de la nature de cette ligne*, p. 1.
[82] Huygens, 1673, *Horologium Oscillatorium*, introduction.

Roberval la renomma *Trochoïde* dans les années 1630 et travailla notamment sur les tangentes à la courbe « *l'invention des touchantes de cette ligne par une méthode qu'il trouva alors et qu'il divulgua incontinent, laquelle est si générale qu'elle s'étend aux touchantes de toutes les courbes ; elle consiste en la composition des mouvements.* » Puis, toujours selon Pascal, une querelle opposa Torricelli à Roberval sur la primauté des travaux sur les propriétés de cette courbe qui avait pris le nom de *cycloïde* dans les travaux de Torricelli. Puis Pascal s'empara de l'étude de cette courbe et proposa[83] comme nous l'avons vu un concours aux *géomètres* de l'Europe pour mieux en préciser les propriétés. À l'époque de ce concours en 1658, Pascal résume ainsi la connaissance de cette courbe : il cite Huygens mais reconnaît la primauté aux travaux des acteurs suivants : le premier qui a « *remarqué cette courbe dans la nature* » est le père Mersenne, celui qui en a « *connu la nature* » (et notamment trouvé les tangentes) est Roberval, et *le premier « qui en a mesuré la ligne courbe a été M. Wren.* »[84]

Une nouvelle courbe de *mathématique mixte* base de développements théoriques et techniques

La cycloïde permet de nouveaux développements mathématiques notamment sur la question des tangentes. Dans le cas de l'anaclastique, la détermination de la tangente à un ellipsoïde est abordée par Descartes par le problème de la construction de la normale (en lien, comme nous l'avons vu, avec le problème physique de la réfraction) :

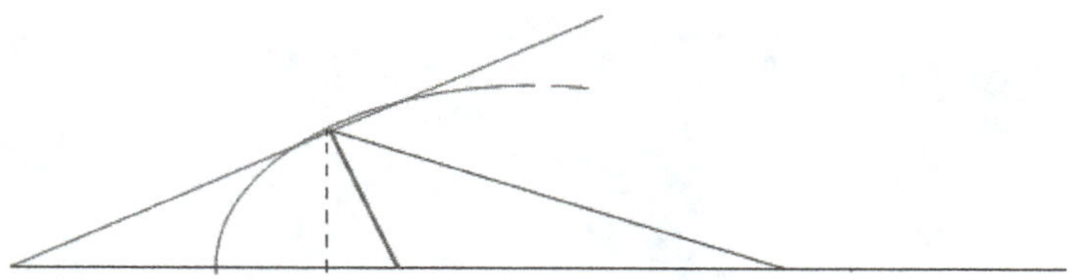

Chez Huygens, dans le cadre de l'étude sur la cycloïde, le problème général de la construction d'une tangente à une courbe sera abordé au moyen d'une autre méthode qu'il présente dès la première définition de la troisième partie de son traité, partie purement géométrique : sur « *l'évolution et de la dimension des lignes courbes* » :

> « *Définition I : Appelons ligne courbée vers un seul côté une ligne que toutes ses tangentes touchent du même côté. Que si la ligne a quelques parties droites, les prolongements de celles-ci seront considérés comme des tangentes.* »

---

[83] Sous le pseudonyme d'Amos Dettonville.

[84] Pascal, 1658, *Histoire de la roulette appelée autrement trochoïde ou cycloïde où l'on rapporte par quels degrés on est arrivés à la connaissance de la nature de cette ligne*, p. 2.

Comme dans le cas de Descartes qui, comme on l'a vu plus haut, travaillait sur des objets physiques que sont les lentilles ellipsoïdales de verre, Huygens construit ses *développées* à partir d'un système physique simple permettant faire correspondre, à l'aide de fils, le tracé de la développante à sa courbe d'origine : c'est la définition III de cette partie du traité « *l'évolution et de la dimension des lignes courbes* » :

« *Définition III : si l'on considère un fil, ou une ligne flexible, enroulé sur une ligne courbée vers un seul côté, et qu'une extrémité du fil demeurant attachée à la courbe, l'autre en est écartée de telle manière que la partie libre du fil reste toujours tendue, il est manifeste qu'une certaine autre courbe est décrite par cette extrémité du fil. Donnons-lui le nom de développante.* »

Puis la correspondance entre la *développante* construite par ce système de fil et la *développée*, qui permettra la construction de la tangente est posée par Huygens dans la définition IV et la *Proposition I* de cette partie :

« *Définition IV : et que celle sur laquelle le fil est enroulé portera le nom de développée, dans la figure qui précède ABC est la développée et ADE la développante correspondante de sorte que, lorsque l'extrémité du fil passe de A en D, la partie tendue du fil est la droite DB, le reste BC étant encore enroulée sur la courbe ABC, il est manifeste que DB touche la développée en B.* »

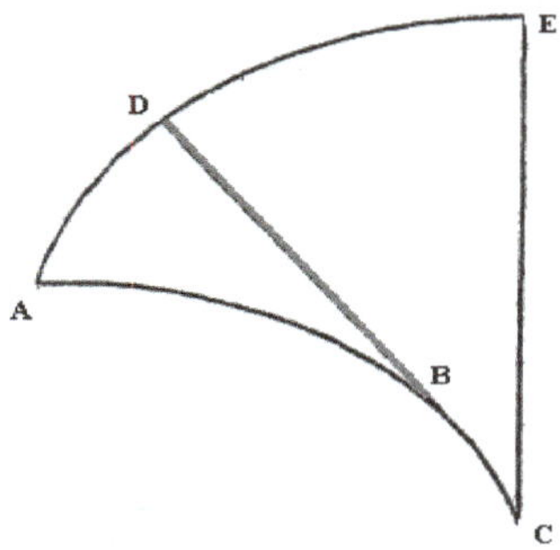

Et

« *Proposition I : toute tangente à la développée rencontrera la développante à angle droit* ».

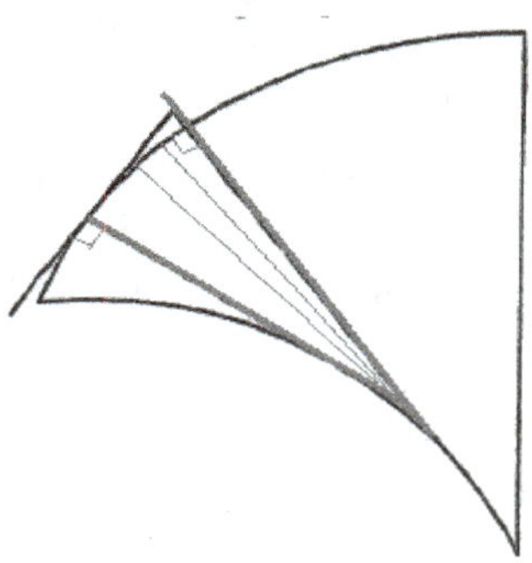

Plus loin, après avoir donné plusieurs corollaires théoriques liés à cette nouvelle technique de construction de la tangente, Huygens montre que la développée d'une cycloïde est elle-même une cycloïde.

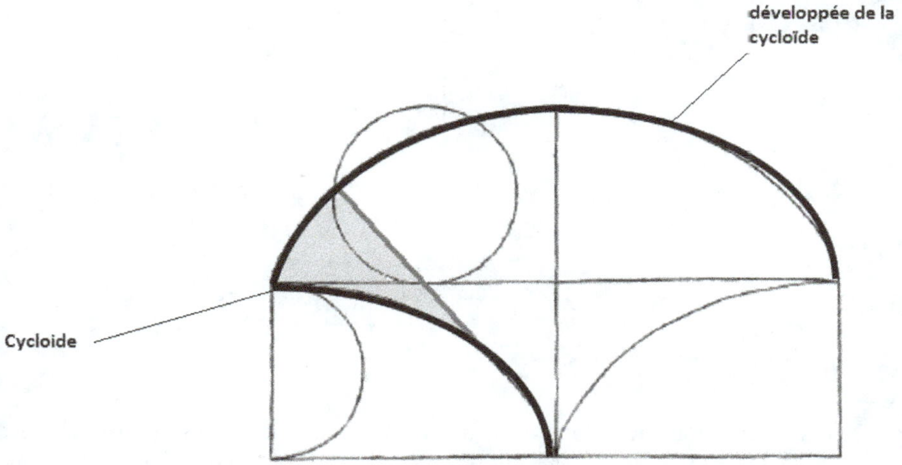

Huygens en déduit que la périodicité de la courbe se conserve. En appliquant le principe de *ligne flexible enroulé sur une ligne courbée vers un seul côté,* dans ce cas un fil qui suivrait la forme de la cycloïde comme la tangente par rapport à la développée, ce fil devrait avoir un mouvement plus régulier qu'un pendule ordinaire.

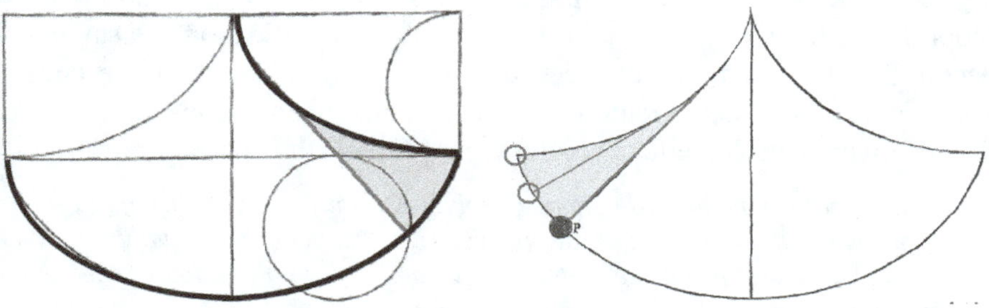

Le travail théorique sur les développées d'une part et sur les arcs de cycloïde et leurs propriétés liées à la périodicité de cette courbe d'autre part, permet donc à Huygens de déterminer la forme optimale de plaques qui devront accompagner la course du pendule dans le nouveau mécanisme d'horlogerie, à la régularité améliorée, qu'il va mettre au point.

Huygens établit ainsi cette correspondance : « *Si les courbes sont décrites par les points AOQSV et ANPRT, celles-ci seront la partie de la cycloïde recherchée entre laquelle le pendule doit être fixé*[85]. » Cf. la figure de Huygens :

[85] Huygens, 1673, *Horologium Oscillatorium*, p. 13.

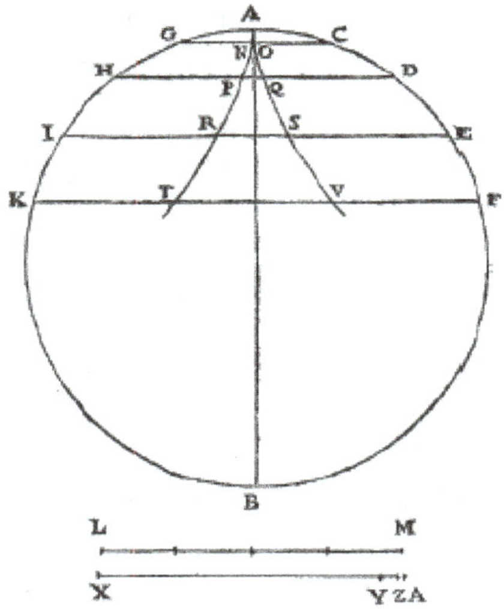

Nous avons donc ici, dans ce traité de Huygens de 1673 sur l'horloge à pendule, un autre exemple typique des *mathématiques mixtes* de cette époque où une nouvelle méthode simple de visualiser et de construire la tangente à une courbe ouvre un sujet mathématique en même temps que des possibilités physiques et techniques.

Par ces quelques exemples tirés des traités de Galilée, Descartes, Pascal et Huygens, nous avons donc essayé d'illustrer comment, en l'espace de quelques décennies, entre 1630 et 1670 environ, les mathématiques et les sciences fondées sur cette discipline, qui étaient encore très minoritaires au début du XVIIe siècle, comme on l'a vu dans la classification des savoirs de Bacon de 1605, ont été utilisées de manière grandissante pour décrire, expliquer et faire des prédictions sur certains phénomènes naturels. La science mathématisée, telle que définie par Michel Blay, par exemple :

> « *Une science pour laquelle chaque problème relatif aux sciences de la nature est transformé sur la base de principes et de concepts quantitativement exprimables en un problème mathématique appelant une solution mathématique pouvant être ensuite confrontée à l'observation*[86]. »

Cette science mathématisée commence donc à émerger et à constituer un corps de savoirs nouveaux. Elle crée aussi une nouvelle méthodologie, une nouvelle manière de penser. Cette combinaison entre mathématiques et physique présente deux aspects principaux : l'utilisation de raisonnements de géométrie et de combinaisons algébriques sur des grandeurs physiques et inversement l'utilisation de l'observation physique comme base pour des nouveaux développements et de nouvelles idées en mathématiques.

La première science pour laquelle la mathématisation commence est la science du mouvement : mouvement uniforme ou accéléré, trajectoire de

[86] Blay, M. *Penser avec l'infini*, 2010, p. 118.

projectiles, chute et choc des corps, mouvements pendulaires, etc. Après avoir vu ces quelques exemples de mathématisation où la *durée* (temps) et l'*étendue* (espace) commencent à être considérées comme des variables physiques mesurables et combinables algébriquement, il est intéressant de voir les réflexions sur ces idées de temps et d'espace dans des textes contemporains mais n'étant pas classés comme textes scientifiques à strictement parler.

2. Paysage philosophique entourant le processus de mathématisation dans le courant du XVIIe siècle

2.1. Les représentations de l'espace et du temps

Trois traités de philosophie sont intéressants à ce sujet : *Les Principes de la Philosophie* de Descartes de 1644, le traité *De corpore* de Hobbes de 1655 et les écrits de Gassendi rassemblés et publiés en 1658. Ces écrits sont contemporains des travaux de *mathématiques mixtes* de Galilée, Descartes, Pascal et Huygens abordés plus haut.

Composition de ces trois traités : nous avons classé par couleur les parties des traités qui ont des contenus analogues.

Descartes, ***Principes de la philosophie*** ***(1644)***	**Hobbes,** ***De corpore*** ***(1655)***
Première partie : **Des principes des connaissances humaines.**	*Part first:* **or logic.**
76 chapitres Descartes y expose sa théorie des idées, 20 chapitres ont des références d'ordre théologiques.	6 chapitres : Of philosophy, of names, of proposition, of Syllogism, of errings, falsity and captions, of method.
Seconde partie : **Des principes des choses matérielles**	*Part Second:* **Or the first ground of Philosophy.**
64 chapitres Traité notamment de l'espace (*lieu intérieur, lieu extérieur*, chapitres 10 à 15 traités plus bas) et des lois du mouvement (loi de l'inertie, vitesse, lois du choc des corps).	8 chapitres : Comprend notamment les chapitres : – *Of place and time.* – *Of body and accident.* – *Of quantity.* – *Of cause and effect.* – *Of strait and crooked, angle and figure.*
Troisième partie : **du monde visible**.	Part third: **of the proportions of motions and magnitudes.**
157 chapitres Partie principalement dédiée à l'astronomie et au système solaire. Comprend la théorie des tourbillons de Descartes.	9 chapitres : Partie essentiellement mathématique mais aussi sur le mouvement, le centre de gravité, la réfraction et la réflexion.

Quatrième partie : **de la terre**.	Part fourth: **of physics, or the phenomena of nature.**
207 chapitres Partie très variée et très longue mais principalement autour de ce qu'on appellerait maintenant les sciences de la matière, la géologie, la météorologie et la physiologie.	5 chapitres : – *Of sense and animal motion.* – *Of the world and of the stars.* – *Of light, heat and colours.* – *Of cold, wind hard, ice, restitution of bodies bent, diaphanous, lightning and thunder, and of the heads of rivers.* – *Of sound, odour, savour and touch.* – *Of Gravity.*

Gassendi *Abrégé de philosophie* (composé de 8 tomes, nous n'avons détaillé que ceux qui intéressent notre sujet).

Gassendi, *Abrégé de philosophie (1658)*
Tome 1 : Physique et Métaphysique
Contient deux livres : 1. Livre premier : **des premiers principes**, 19 chapitres. Traite notamment de l'espace, du temps, de l'essence de la matière, etc. 2. Livre second : **du mouvement**, 6 chapitres. Traite notamment de l'accélération, pesanteur, mouvement des pendules, angles d'incidence et réfraction, etc.
Tome 2 : des qualités de la génération et de la corruption
Contient notamment une partie sur la grandeur et la figure (chapitre IV).
Tome 3 : De la logique en général
Contient quatre parties : 1. De la simple imagination des choses en XVIII règles. 2. De la proposition en XVI règles. 3. Du syllogisme en XX règles. 4. De la méthode en XIV règles.
Tome 4 : de l'astronomie en général
Contient cinq parties : 1. De la sphère. 2. De la théorie des planètes. 3. Du système de Copernic et de Tycho Brahé. 4. De la nature et des propriétés des cieux et des astres. 5. De l'astrologie judiciaire.
Tome 5
Contient huit livres, 620 pages : *1. Des choses terrestres.* *2. Des météores.* *3. Des pierres et des métaux.* *4. Des plantes.* *5. Des animaux.* *6. De l'âme.* *7. De la génération des animaux.* 8. *De la nutrition, du pouls, de la respiration.*

Tome 6
Contient quatre livres, 650 pages : *1. Du sentiment en général.* *2. Des sens en particulier.* *3. De la fantaisie ou imagination.* 4. *De **l'entendement** ou de l'âme raisonnable.*

L'espace et le temps dans les réflexions philosophiques des années 1620 à 1650 chez Descartes, Hobbes et Gassendi

L'espace chez Galilée

Galilée dans son *dialogue sur les deux grands systèmes du monde* de 1632 passe assez rapidement sur la notion d'espace, il en reste à une construction géométrique et aux trois dimensions marquées par trois droites perpendiculaires :

> « *Si donc vous choisissez un point comme origine et terme des mesures et que vous faites partir de là une ligne droite pour déterminer la première mesure, celle de la longueur, il faut de toute nécessité que la ligne qui définira la largeur parte à angle droit de la première et que celle qui marque la hauteur ou troisième dimension forme avec les deux autres en ce même point des angles non pas obliques mais droits ainsi avec ces trois perpendiculaires autrement dit trois lignes uniques, biens définies, les plus courtes aurez-vous déterminé les trois dimensions, la longueur AB, la largeur AC et la hauteur AD*[87]. »

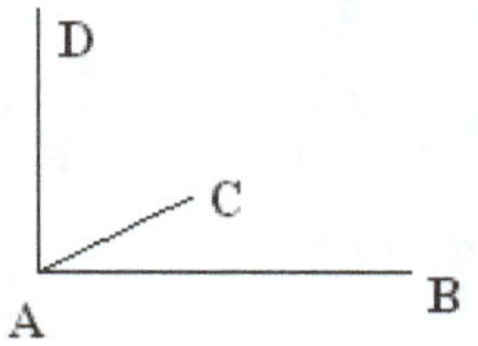

Par l'intermédiaire de Salviati qui est pourtant le personnage défendant ses propres thèses contre les thèses aristotéliciennes, Galilée est pour une fois et pour l'essentiel d'accord avec Aristote, dont il explique les idées sur le *monde* :

> « *C'est un corps doté de longueur, de largeur et de profondeur ; puisqu'il n'y a pas plus de trois dimensions et qu'il en possède trois, il les possède toutes ; puisqu'il les possède toutes, il est parfait. Avec la seule longueur, on obtient cette grandeur qui est la ligne, si on y ajoute la largeur, on obtient la surface et puis, avec la hauteur ou profondeur, on obtiendrait le corps*[88]. »

[87] Galilée, 1632, *Dialogue sur les deux grands systèmes du monde*, traduction française, Seuil 1992, p. 95.
[88] *Ibid.*, p. 96.

On sait que cette notion de corps définie par rapport à l'étendue est aussi celle de Descartes telle qu'il la présente dans la seconde partie *des principes des causes matérielles* de ces *principes de la philosophie* de 1644 :

« *Nous saurons que la nature de la matière, ou du corps pris en général ne consiste point en ce qu'il est une chose dure ou pesante, ou colorée, ou qui touche nos sens de quelque autre façon, mais seulement en ce qu'il est une véritable substance étendue en longueur, largeur et profondeur*[89]. »

L'espace chez Descartes dans les *Principes de la philosophie* de 1644

Contrairement à Galilée, Descartes a dans les *Principes de la philosophie* un développement plus long sur l'espace. Les chapitres 10 à 15 de la seconde partie du traité sont intéressants à cet égard. Ils portent sur une description de l'espace et d'autres considérations liées : « *ce que c'est que l'espace ou le lieu intérieur* », « *ce que c'est que le lieu extérieur* », « *quelle différence il y a entre lieu et espace* », etc. Dans ces chapitres, Descartes discourt sur plusieurs aspects de ce que nous appellerions maintenant l'espace et il utilise un vocabulaire varié pour essayer d'appréhender cette notion : il parle de *lieu intérieur, lieu extérieur, étendue, extension, superficie, figure* et *situation.* La notion de position relative et de mouvement relatif par rapport à d'autres corps joue aussi son rôle, ainsi que la manière dont cette notion d'espace est vue « *par notre pensée* » ce qui nous ramène là au rôle aussi de *l'entendement*.

Espace et *lieu intérieur*

Pour Descartes *espace* et corps peuvent tous deux être définis par un élément commun, l'*étendue* :

« *La même étendue en longueur, largeur et profondeur qui constitue l'espace constitue le corps* »[90]

---

[89] Descartes, 1644, *Principes de la philosophie*, p. 65.

[90] Descartes, 1644, *Principes de la philosophie*, livre II chapitre 10 *ce que c'est que l'espace ou lieu intérieur* p. 68.

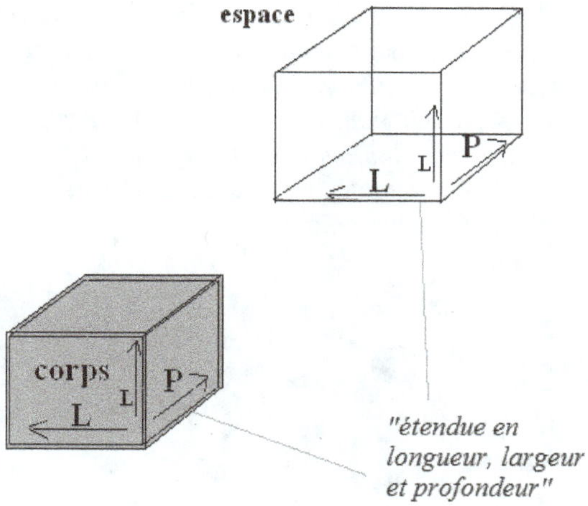

Selon lui, l'esprit humain conçoit deux sortes d'espace : une notion générale d'espace et une notion liée à la dimension des corps. Il détaille ceci de la manière suivante[91] : la distinction que nous faisons vient du fait que nous pensons que le corps a son étendue propre (« *particulière* ») tandis que nous pensons que l'espace a une étendue *générale et vague*.

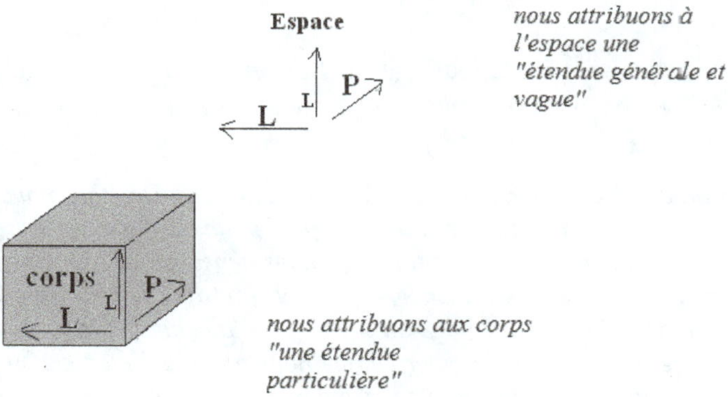

La différence entre les deux notions d'espace apparaît quand le corps se déplace, selon Descartes, nous pensons que son étendue particulière se déplace avec lui tandis que nous pensons aussi que l'étendue de l'espace qu'occupait le corps demeure inchangée et que l'espace existe indépendamment du corps qui l'occupait et ceci par rapport à d'autres corps environnants.

> « *L'espace ou le lieu intérieur, et le corps qui est compris en cet espace ne sont différents aussi que par notre pensée. Car, en effet la même étendue en longueur, largeur et profondeur qui constitue l'espace, constitue le corps ; et la différence qui est entre eux ne consiste qu'en ce que nous attribuons au corps une étendue*

[91] Descartes, 1644, *Principes de la philosophie*, livre II chapitre 10 : *ce que c'est que l'espace ou lieu intérieur*, p. 68.

particulière que nous concevons changer de place avec lui toutefois et quand il est transporté et que nous en attribuons à l'espace une si générale si vague qu'après avoir ôté d'un certain espace le corps qui l'occupait, nous ne pensons pas avoir aussi transporté l'étendue de cet espace, à cause qu'il nous semble que la même étendue y demeure toujours pendant qu'il est de même grandeur, de même figure, et qu'il n'a point changé de situation au regard des corps de dehors par lesquels nous le déterminons[92]. »

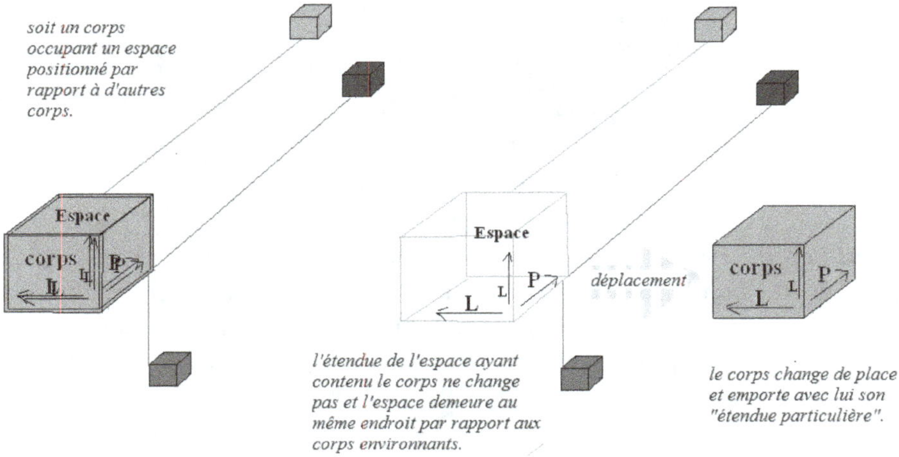

Cette idée d'espace il l'appelle aussi *lieu intérieur* : il peut subsister des espaces sans corps dont l'étendue peut rester vide, ou être comblés par d'autres corps (eau, bois, air, etc.)

« *Car si on a ôté une pierre de l'espace ou du lieu où elle était, nous entendons qu'on en a ôté l'étendue de cette pierre, pour ce que nous les jugeons inséparables l'une de l'autre : et toutefois nous pensons que la même étendue du lieu où était cette pierre est demeurée, nonobstant que le lieu qu'elle occupait auparavant ait été rempli de bois, ou d'eau, ou d'air, ou de quelque autre corps, ou que même il paraisse vide, pour ce que nous prenons l'étendue en général, et qu'il nous semble que la même peut être commune aux pierres, au bois, à l'eau, à l'air, et à tous les autres corps*[93]. »

Selon la représentation de Descartes, on peut concevoir l'espace comme une espèce d'enveloppe quasi confondue avec le corps et dans lequel le corps laisse un *lieu intérieur* comme une empreinte. L'espace « général » reste inchangé par rapport aux corps qui servent de repère, il est défini par trois dimensions longueur, largeur et profondeur. Des corps définis aussi par leurs dimensions propres (*étendue particulière*) se déplacent dans cet espace.

---

[92] Descartes, 1644, *Principes de la philosophie*, seconde partie : *des principes des choses matérielles*, chapitre 10.
[93] Descartes, 1644, *Principes de la philosophie*, seconde partie : *des principes des choses matérielles*, chapitre 12.

Espace et *lieu extérieur*

Dans les chapitres 13 et 14, Descartes précise que par rapport au *lieu intérieur* qui était plus l'empreinte du corps comme contenu dans le contenant qu'est l'espace, le *lieu extérieur* est plutôt la position du corps dans l'espace et par rapport à d'autres corps :

« *Dont la raison est que les mots de lieu et d'espace ne signifient rien qui diffère véritablement du corps que nous disons être en quelque lieu et nous marquent seulement sa grandeur, sa figure et comment il est situé entre les autres corps*[94] »

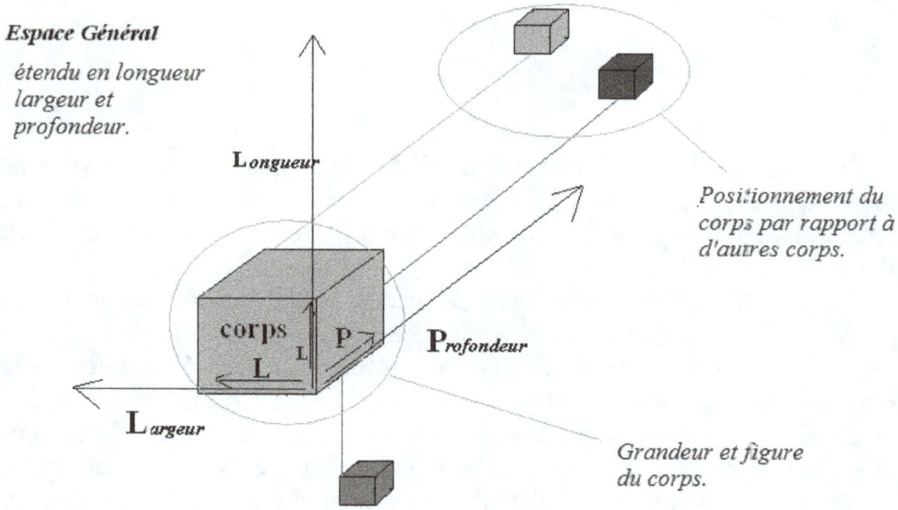

Ou encore Descartes de préciser :

« *Toutefois, lieu et espace sont différents en leurs noms, pour ce que le lieu nous marque plus expressément la situation, que la grandeur ou la figure et qu'au contraire nous pensons plutôt à celles-ci lorsqu'on nous parle de l'espace*[95] »

---

[94] Descartes, 1644, *Principes de la philosophie*, seconde partie : *des principes des choses matérielles*, chapitre 13 : *ce que c'est que le lieu extérieur*, p. 70.
[95] *Ibid.*, p. 70.

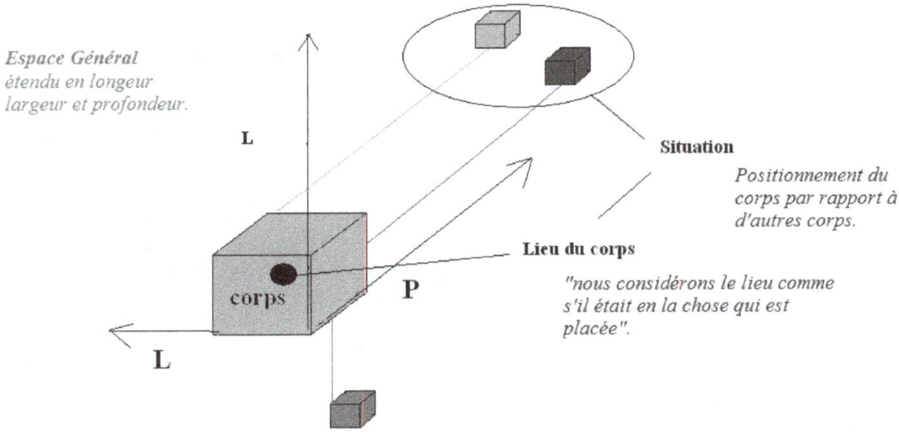

La notion de lieu est donc assez détaillée : le lieu, comme on l'a vu, peut être *intérieur* (lié à l'espace) ou *extérieur* (plus en relation avec des corps extérieurs, mais qui peut être conçu comme à l'intérieur du corps, cf. figure plus haut).

De plus, le *lieu extérieur,* donc en lien avec ce qu'on pourrait décrire comme la face extérieure du corps, peut être confondu avec la *superficie* du corps. Et cette superficie peut elle-même se décliner de deux manières soit « *la superficie qui environne immédiatement la chose qui est placée* » soit la superficie « *en général* » qui ne dépend pas des corps mais qui est analogue à l'espace *général et vague* vu plus haut. On retrouve donc pour la superficie la même distinction que pour l'étendue : distinction entre *particulier* (propre au corps) et *général.*

> « *Ainsi nous ne distinguons jamais l'espace d'avec l'étendue en longueur, largeur et profondeur ; mais nous considérons quelquefois le lieu comme s'il était en la chose qui est placée et quelquefois aussi comme s'il était dehors. L'intérieur ne diffère en aucune façon de l'espace, mais nous prenons quelquefois l'extérieur ou pour la superficie qui environne immédiatement la chose qui est placée (il est à remarquer que par la superficie, on ne doit entendre aucune partie du corps qui environne, mais seulement l'extrémité qui est entre le corps qui environne et celui qui est environné, qui n'est rien qu'un mode ou une façon) ou bien pour la superficie en général, qui n'est point partie d'un corps plutôt que d'un autre et qui semble toujours la même, tant qu'elle est de même grandeur et de même figure*[96]. »

[96] Descartes, 1644, *Principes de la philosophie*, seconde partie : *des principes des choses matérielles*, chapitre 15 : *comment la superficie qui environne un corps peut être prise pour son lieu extérieur*, p. 71.

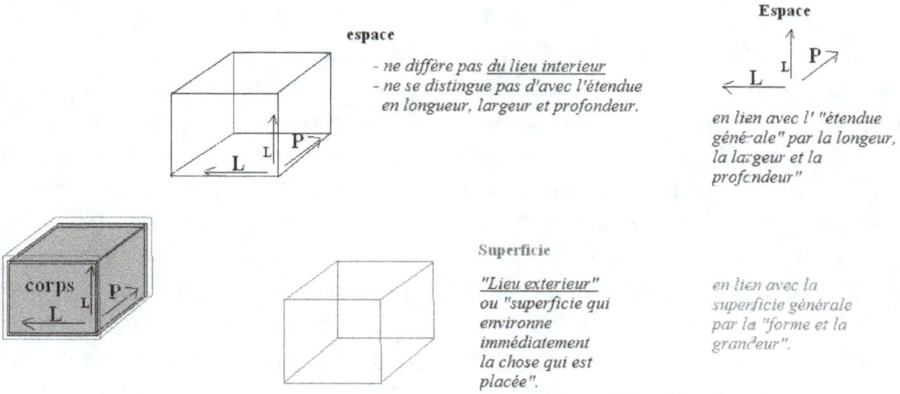

Finalement, on peut résumer les particularités entre *lieu intérieur/espace* et *lieu extérieur/superficie* comme suit :

- La *superficie* est plutôt liée à la *figure* et la *grandeur* tandis que l'espace est lié aux trois dimensions de longueur, largeur et profondeur.
- La *superficie* est bien extérieure au corps comme un contenant « *qui environne* ».
- L'*espace/lieu intérieur* se confond avec le corps par son étendue alors que la *superficie* est clairement séparée « *il est à remarquer que par la superficie, on ne doit entendre aucune partie du corps qui environne, mais seulement l'extrémité qui est entre le corps qui environne et celui qui est environné, qui n'est rien qu'un mode ou une façon* ».

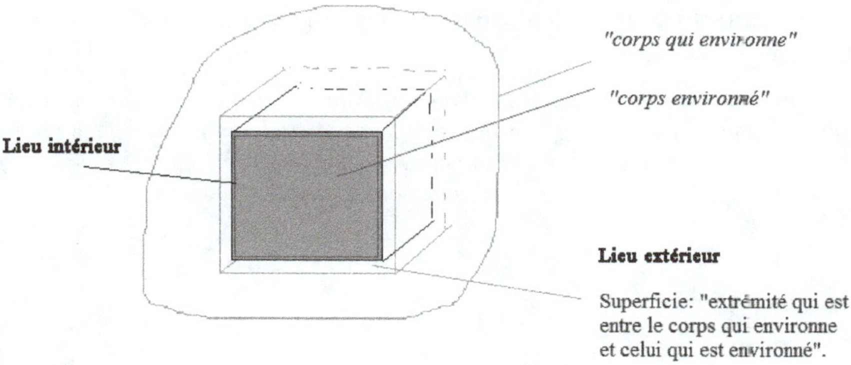

- *Superficie* et *étendue* existent en mode *particulier* (en lien avec le corps) ou en mode *général*. Pour la superficie comme pour l'étendue, la différence entre particulier et général étant mise en évidence par un *déplacement*.

Pour la superficie dans le chapitre 15 : « *ou bien pour la superficie en général, qui n'est point partie d'un corps plutôt que d'un autre, et qui semble toujours la même tant qu'elle est de même grandeur et de même figure. Car encore que nous voyons que le corps qui environne un autre corps, passe ailleurs avec sa superficie, nous n'avons pas coutume de dire que celui qui en était environné ait pour cela changé de place, lorsqu'il demeure en la même situation à l'égard des autres corps que nous considérons comme immobiles*[97]. »

Il en était de même pour l'étendue dans le chapitre 10 : « *car en effet la même étendue en longueur, largeur et profondeur, qui constitue l'espace, constitue le corps et la différence qui est entre eux ne consiste qu'en ce que nous attribuons au corps une étendue particulière que nous concevons changer de place avec lui toutes fois et quand il est transporté*[98]. »

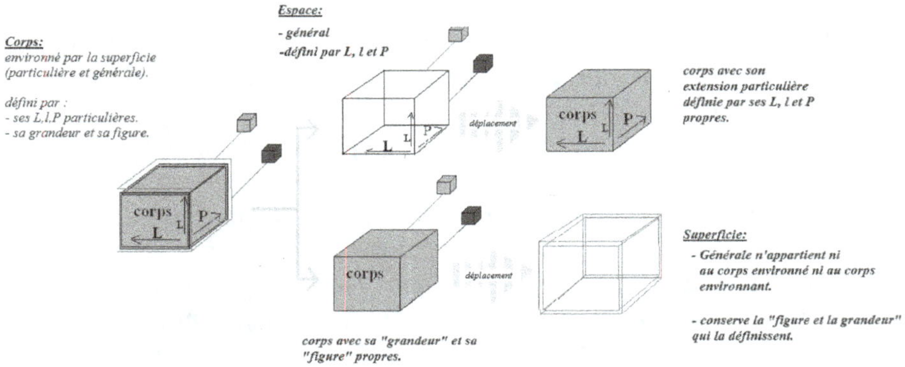

Et Descartes de donner un exemple concret pour illustrer cette notion de *superficie* :

> « *Ainsi nous disons qu'un bateau qui est emporté par le cours d'une rivière, mais qui est repoussé par le vent d'une force si égale qu'il ne change point de situation à l'égard des rivages demeure en même lieu, bien que nous voyions que toute la superficie qui l'environne change incessamment*[99]. »

---

[97] *Ibid.*, p. 71.

[98] Descartes, 1644, *Principes de la philosophie*, seconde partie : *des principes des choses matérielles*, chapitre 10 : *ce que c'est que l'espace ou le lieu intérieur*, p. 68.

[99] Descartes, 1644, *Principes de la philosophie*, seconde partie : *des principes des choses matérielles*, chapitre 15 *comment la superficie qui environne un corps peut être prise pour son lieu extérieur*, p. 71.

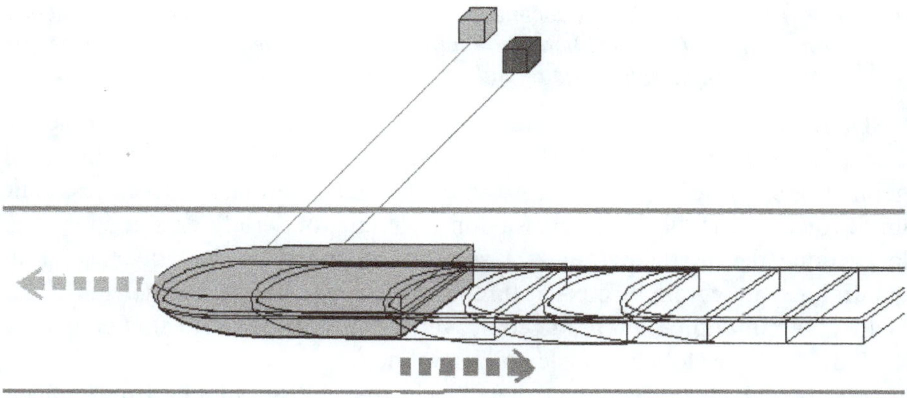

Voilà brièvement ce qu'il en est pour les notions liées à l'espace dans les *Principes de la philosophie* de Descartes, traité écrit dans la première moitié de la décennie 1640.

À la même époque, en Angleterre, un autre philosophe tente de rendre compte de la perception et des représentations de l'espace et du temps. Thomas Hobbes de Malmesbury est surtout connu pour ses écrits sur la philosophie politique, notamment le *Léviathan.* Il est par contre moins connu que Hobbes s'est aussi beaucoup intéressé à la certitude qu'apportait la *géométrie* et aux représentations et explications des phénomènes physiques, ce que Descartes classait, comme on l'a vu, en *principes des choses matérielles*.

Le philosophe anglais posera même ces *principes des choses matérielles* comme *premiers fondements de la philosophie (the first ground of Philosophy*) dans son traité *De Corpore* de 1655. Hobbes correspondit d'ailleurs avec Descartes sur ces sujets :

> « *En 1641 par l'intermédiaire de Marin Mersenne, il entama une correspondance avec le très fameux René Descartes où l'on disputa subtilement de part et d'autre de la nature et des lois du mouvement, tant direct que réfléchi et d'autres arguments touchant à la dioptrique*[100]. »

Hobbes fut aussi un proche de Bacon à la fin de sa vie, il aurait également rencontré Galilée lors d'un voyage en Italie effectué de 1634 à 1636 et il a aussi correspondu avec le philosophe français Gassendi.

Contrairement à celles de Descartes, les compétences en mathématiques de Hobbes sont assez controversées ; Hobbes explique dans son court texte autobiographique qu'il ne commença à étudier Euclide que vers quarante ans lors d'un voyage en France en 1629 :

[100] Richard Blackburn, *Supplément à la vie de Hobbes*, 1681, texte disponible dans Terrel, J. *Hobbes vie d'un philosophe*, p. 193.

« *Au cours de ce voyage, il commença à se plonger dans les éléments d'Euclide et, prenant plaisir à sa méthode, non tant à cause des théorèmes eux-mêmes que de l'art de raisonner, il les lut à fond de bout en bout*[101]. »

Dans sa considération de cette science, Hobbes donnait une prééminence à la géométrie classique et considérait que l'application de l'algèbre à la géométrie selon les nouvelles approches de Viète, Fermat et Descartes, était un dévoiement. Hobbes s'intéressa donc, comme tout érudit de son époque, à la pratique des mathématiques et se lança même dans des travaux sur la quadrature du cercle. Ceux-ci furent réfutés par le mathématicien John Wallis, ce qui donna lieu à une controverse entre les deux savants et acheva de décrédibiliser Hobbes dans cette discipline.

Pourtant, Hobbes reconnaît dans ces écrits philosophiques l'importance des mathématiques et des sciences qui lui sont reliées. Il déplore notamment, dans la dédicace de son traité *De cive* de 1641, le fait que la philosophie morale et politique ne puisse progresser de manière aussi sûre que la science des *géomètres* :

« *Et certes les géomètres ont administré leur province de manière remarquable, car tout le secours que la vie humaine reçoit de l'observation des astres, de la description des terres, de la notation du temps et des voyages lointains, tout ce qui a de beau dans les édifices, solide dans les fortifications, admirable dans les machines, tout ce qui enfin distingue le temps d'aujourd'hui de la barbarie passée est presque entièrement un bienfait de la géométrie ; car ce que nous devons à la physique, la physique le doit à cette même géométrie. Si les philosophes moraux s'étaient acquittés de leurs tâches avec une égale félicité, je ne vois pas ce que l'industrie des hommes aurait pu leur apporter de plus pour leur félicité en cette vie*[102]. »

La controverse politique déclenchée par le *Léviathan* dans les années 1640 poussa apparemment Hobbes à prendre de la distance avec la philosophie politique vers le dernier tiers de sa vie (il vécut jusqu'à l'âge de quatre-vingt-onze ans) et de revenir aux principes premiers de la philosophie, comme il le relate :

« *C'est pourquoi avec sa fortune modeste et l'immense réputation de sa doctrine, il se tint toujours, pendant tout le reste de sa vie caché au domicile de son maître, le Comte de Devonshire, s'adonnant à l'étude de la géométrie et de la philosophie naturelle ; déjà vieux il publia un livre qu'il intitula De Corpore, qui contenait les fondements de la logique, de la géométrie et de la physique (tant sublunaire que céleste), déduisant une certaine logique à partir de la signification des dénominations, mais la géométrie et la physique à partir des générations des figures et des effets naturels*[103]. »

---

[101] Hobbes, « Vie de Thomas Hobbes de Malmesbury par l'auteur lui-même » 1681, dans Terrel, J. *Hobbes vie d'un philosophe*, p. 172.

[102] Hobbes, 1641, dédicace de *De cive*.

[103] Hobbes, « Vie de Thomas Hobbes de Malmesbury par l'auteur lui-même » 1681 dans Terrel, J. *Hobbes vie d'un philosophe*, p. 172.

L'espace et le temps chez Hobbes dans le traité *De Corpore* de 1655

Comme nous l'avons vu dans le sommaire de son traité *De corpore* de 1655, Hobbes classe l'espace et le temps dans les *premiers fondements de la philosophie*[104]. Chez Hobbes il est difficile de séparer les notions d'espace, temps, corps, de celle de l'entendement. En effet toutes les définitions qu'il donne de ces notions sont par rapport à l'entendement.

> *"Space is the phantasm of a thing existing without the mind simply."*[105]

> *"Now by space I understand an idea or phantasm of a body."*[106]

> *"Body is that, which having no dependance upon our thought is coincident or coextended with some part of space."*[107]

Et Hobbes pose deux notions qui sont entre l'entendement et les phénomènes physiques, la notion d'*accident* et de *Phantasm.*

Le *Phantasm* est proche de la notion d'idée mais elle est particulière à Hobbes, et est défini dans l'expérience de pensée de Hobbes, qui est son point de départ de l'étude de la philosophie naturelle. Dans cette expérience de pensée, Hobbes pose l'hypothèse d'une annihilation du monde et demande quelles seraient les idées du monde qui resteraient à un homme survivant à cette annihilation :

> *"I say therefore there would remain to that man ideas of the world and of all such bodies as he had before their annihilation, seen with his eyes or perceived by any other sense; that is to say the memory and imagination of magnitudes, motions, sounds, colours, etc. all which things, though they be nothing but ideas and phantasms, happening internally to him that imagines, yet they will appear as if they were external and not at all depending upon any power of the mind."*[108]

Pour Hobbes d'une manière générale, pour celui qui en prend connaissance, les choses peuvent être considérées sous trois aspects : 1) comme des idées 2) comme des apparences 3) comme des choses réelles existant par elles-mêmes sans relation avec un quelconque observateur :

> *"Now things may be considered, that is be brought into account, either as internal accidents of our mind, in which manner we consider them when the question is about some faculty of the mind ; or as species of external things not as really existing, but appearing only to exist, or to have a being without us."*[109]

On voit donc que chez Hobbes la question du rôle de l'entendement par rapport aux phénomènes physiques et à la prise de connaissance de ces

---

[104] The first grounds of philosophy.
[105] Hobbes, 1655, *De corpore*, "part II the first grounds of philosophy, chap. VII of place and time". Édition de 1839, *The English works of Thomas* Hobbes, p. 94.
[106] *Ibid.*, p. 108.
[107] *Ibid.*, p. 102.
[108] *Ibid.*, p. 92.
[109] *Ibid.*, p. 92.

phénomènes physiques, est centrale. Il faut, selon lui, faire la part des choses et distinguer entre ce qui, dans l'observation de la nature, vient de l'entendement de l'observateur et ce qui est une propriété des choses observées :

> *"I desire they would suspend their judgement for the present, and expect a little, till it be found by ratiocination, whether these very accidents are not also certain motions of the mind of the perceiver, or of the bodies themselves which are perceived; for in the search of this, a great part of natural philosophy consists."*[110]

Nous allons donc nous attarder un peu sur ces interactions entre l'espace et l'entendement qui sont très fortes chez Hobbes.

L'entendement par rapport à l'espace chez Hobbes

Comme nous l'avons déjà évoqué, la philosophie naturelle commence par l'expérience de pensée selon laquelle l'entendement conserve les idées des caractéristiques du monde après que ce monde ait disparu. Par exemple, l'idée de dimension ou de mouvement. Hobbes appelle cette réminiscence *phantasm*. C'est l'idée que se forge l'entendement d'une chose comme extérieure à lui :

> *"All which things though they be nothing but ideas and phantasms, happening internally to him that imagines, yet they will appear as if they were external, and not at all depending upon any power of the mind."*[111]

L'espace par rapport à l'entendement chez Hobbes rentre donc dans cette catégorie d'entité existant par elle-même[112], réellement et en dehors de l'entendement et laissant dans l'entendement une idée, une empreinte (*phantasm* ou réminiscence du monde détruit selon l'expérience de pensée de Hobbes). C'est donc une idée qui persistera de tout temps et même dans les observations des phénomènes physiques, c'est à cette idée que nous faisons appel :

> *"If we do but observe diligently what it is we do consider and reason, we shall find, that though all things be still remaining in the world yet we compute nothing but our own phantasms. For when we calculate the magnitude and motions of heaven or earth, we do not ascend into heaven that we may divide it into parts, or measure the motion thereof, but we do it sitting still in our closet or in the dark."*[113]

Pour Hobbes les corps font partie de l'espace, eux aussi existent par eux-mêmes indépendamment de l'entendement. Ce qu'il appelle ensuite *accident*

---

[110] Hobbes, 1655, *De corpore*, "part II the first grounds of philosophy, chap VIII of body and accident". Édition de 1839 *The English works of Thomas Hobbes*, p. 104-105.
[111] Hobbes, 1655, *de corpore*, p. 92.
[112] Cf. les trois catégories vues plus haut.
[113] Hobbes, 1655, *De corpore*, p. 92.

est plus difficile à cerner mais a son importance dans la description de l'espace par Hobbes. L'*accident* est défini comme "*the manner of our conception of body*[114]" ou encore "*an accident is that faculty of any body by which it works in us a conception of itself*[115]". Les diverses explications de l'espace par Hobbes sont une interaction à trois entre l'entendement, le corps et l'espace. En effet les termes comme étendue, dimension, lieu, grandeur, figure, espace réel, se définissent comme suit.

La dimension *(magnitude)* d'un corps lui est propre et existe indépendamment de l'entendement. Le lieu *(place)* est l'espace imaginaire qui coïncide avec la dimension d'un corps.

Selon Hobbes, la dimension et le lieu diffèrent sur quatre aspects :

1. Lors du mouvement, le lieu d'un corps change mais pas sa dimension.
2. Le lieu est la représentation par l'entendement (*phantasm)* de la place qu'occupe un corps de grandeur et de forme donnée.
3. Le lieu relève donc de l'entendement tandis que la dimension est propre au corps et existe même si l'entendement ne s'en occupe pas. Mais la dimension peut laisser une image du corps dans l'entendement "*magnitude is the peculiar accident of every body*[116]".
4. Le lieu ne peut pas être mobile, seuls les corps sont mobiles.

Le temps chez Hobbes

En ce qui concerne le temps, il est défini par Hobbes par rapport au mouvement d'un corps comme l'espace était défini par rapport à la dimension (*magnitude)* de ce corps, mais tous deux sont des *phantasm,* comme en quelque sorte des empreintes laissées dans l'entendement :

> *"As a body leaves a phantasm of its magnitude in the in the mind, so also a moved body leaves a phantasm of its motion, namely and idea of that body passing out of one space into another by continual succession. And in this idea, or phantasm, is that which (without receding much from the common opinion, or from Aristotle's definition) I call Time*[117]*."*

Comme il le dit lui-même, Hobbes abonde dans le sens de la définition aristotélicienne du temps comme mesure du mouvement, et Hobbes ne développe pas plus sur cette grandeur physique.

« *Je ne connais pas d'écrivain qui examine un argument avec autant de profondeur* » c'est dans ces termes qu'en 1646, un autre philosophe loue Hobbes pour la qualité de ses raisonnements. Ce philosophe est Pierre Gassendi qui fait alors déjà partie de l'élite savante de son époque, il vient d'être nommé titulaire de la chaire de mathématique du tout jeune *Collège*

---

114 *Ibid.*, p. 103.
115 *Ibid.*, p. 103.
116 *Ibid.*, p. 105.
117 Hobbes, 1655, *De corpore*, "part II the firs grounds of philosophy, chap VII of place and time". Édition de 1839 *The English works of Thomas* Hobbes, p. 94.

de France par le cardinal de Richelieu, il correspond aussi avec la reine Christine de Suède qui veut le faire venir à sa cour. Il a une relation épistolaire également avec Galilée à propos d'astronomie et le savant Pisan lui fait parvenir une copie de ses *Dialogues concernant deux sciences nouvelles* et une de ses meilleures lunettes d'astronomie pour l'aider dans ses travaux d'observation. Gassendi est aussi connu pour la vive controverse qu'il eut avec Descartes à la suite de la publication des *Méditations métaphysiques,* apparemment les deux philosophes se réconcilièrent en 1648. Voltaire fait dire à Newton dans *Ces éléments de la philosophie de Newton* « *qu'il regardait Gassendi comme un esprit très juste et très sage et qu'il faisait gloire d'être entièrement de son avis dans toutes les choses dont on vient de parler : l'espace, la durée, les atomes* ».

L'espace chez Gassendi (écrits des années 1650)

Pour Gassendi l'espace est l'un des *premiers principes* de la philosophie, il le traite dans le premier chapitre du tome I de son abrégé de Philosophie sur la *Physique et la métaphysique.* Pour Gassendi « *L'espace est infiniment étendu de toutes parts, en longueur, en largeur, et en profondeur* » et il faut considérer l'espace « *comme le lieu général de tout ce qui a été produit.* »[118]

En lien avec l'espace, Gassendi définit deux sortes d'étendues ayant chacune des caractéristiques :

L'Étendue corporelle	*L'Étendue incorporelle*
Matérielle	*Immatérielle*
Impénétrable	*Pénétrable*
Attribuée à tous les corps	*Attribuée uniquement à l'espace*
	Spatiale, locale

L'étendue incorporelle est celle que « *nous concevons être toujours* » et « *une pure capacité à recevoir les corps*[119] ». L'étendue incorporelle est donc comme une sorte de contenant général défini dans les trois dimensions et dans lequel des corps ayant aussi leurs dimensions « *propres et particulières* » viennent se placer.

---

[118] Gassendi, 1658, Tome I, p. 7.
[119] *Ibid.*, p. 12.

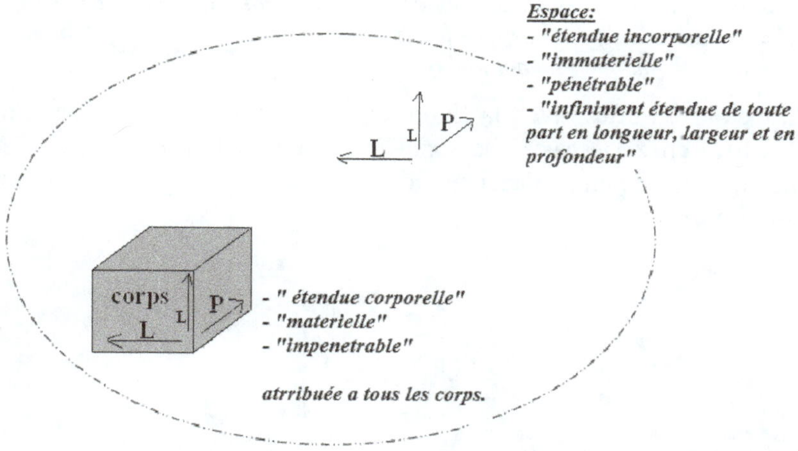

Pour Gassendi d'autre part, « *l'espace existe, qu'on y pense ou qu'on n'y pense pas* »[120] et il est « *un principe clair et évident par soi* » qui ne nécessite pas qu'on essaie de le définir plus, car selon lui :

> « *Dans les demandes qu'on fait il y a de certaines bornes au-delà desquelles on ne doit point pousser un philosophe, car après avoir été bien pressé, il a enfin dit ce qui est le plus connu et ce qui est supposé comme un principe clair et évident par soi, il ne doit ni ne peut faire autre chose qu'un cercle*[121]. »

Dans le cadre de ses réflexions sur l'espace, comme Descartes et Hobbes, Gassendi discute aussi du *lieu* et de la *superficie*. Pour Gassendi le *lieu* est en lien avec les corps :

> « *Le lieu n'est autre chose que l'espace même qui est appelé vide quand il est privé de tout corps et lieu quand il est rempli*[122]. »

Ce *lieu* où est un corps doit être immobile, et cette immobilité est sa caractéristique principale. Cette caractéristique faisant que, selon Gassendi, on ne peut à la manière de Descartes, confondre le *lieu* et la *superficie du corps environnant* puisque celle-ci liée au corps peut se déplacer avec lui :

120 *Ibid.*, p. 20.

121 Gassendi, 1658, Tome I, p. 22-23. On peut remarquer que cette approche de Gassendi des réflexions sur l'espace est annonciatrice pour ainsi dire, d'une séparation progressive entre l'espace traité dans la philosophie de type métaphysique et l'espace vu au travers de la philosophie de type *philosophie naturelle-physique*. Cette conception se retrouvera aussi chez d'Alembert qui a une approche similaire dans son *Essai sur les éléments de philosophie* : « *quoi qu'il en soit de cette discussion sur l'espace et sur le temps, nous ne saurions trop insister qu'elle est absolument étrangère et inutile à la mécanique. Cette science ne suppose autre chose que les notions naturelles de l'espace et du temps telles qu'elles sont dans tous les hommes, notions très simples et très nettes par elles-mêmes, et que la Philosophie seule a le privilège d'obscurcir et d'embrouiller* » d'Alembert, 1759, Chap. 16 des *Éclaircissements sur différents endroits des éléments de philosophie*.

122 Gassendi, 1658, Tome I, p. 26.

« *Nous tenons que la superficie du corps environnant, de l'air, par exemple, de l'eau, ou autre, ne peut pas être le véritable lieu des choses parce qu'elle n'est pas immobile, ou que l'immobilité ne lui convient pas*[123]. »

Rappelons en effet (avec la figure ci-dessous) que comme nous l'avons vu plus haut chez Descartes, la *superficie environnante* était effectivement définie en lien avec un déplacement alors que le corps restait fixe par rapport à d'autres corps.

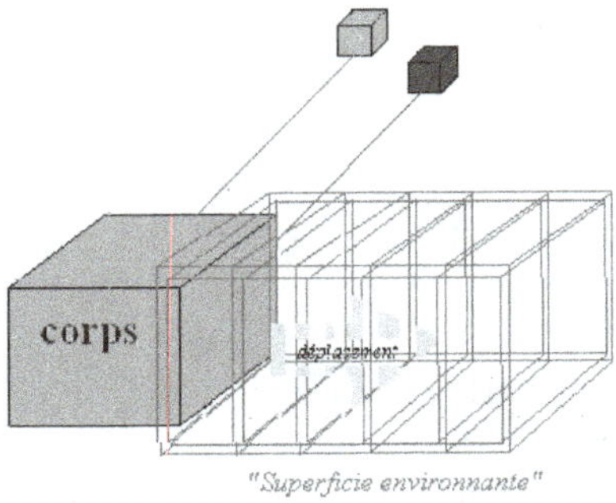

Ainsi pour Gassendi le seul *lieu* important est l'espace qui est « *le lieu du monde*[124] » et cet espace est immobile.

« *Il est évident que nous répondrons aisément à toutes ces questions, en supposant que l'espace, ou les diverses parties d'espace qu'occupent les corps sont immobiles*[125]. »

Et le mouvement des corps se fait d'un lieu à l'autre, c'est-à-dire d'un endroit immobile de l'espace à l'autre,

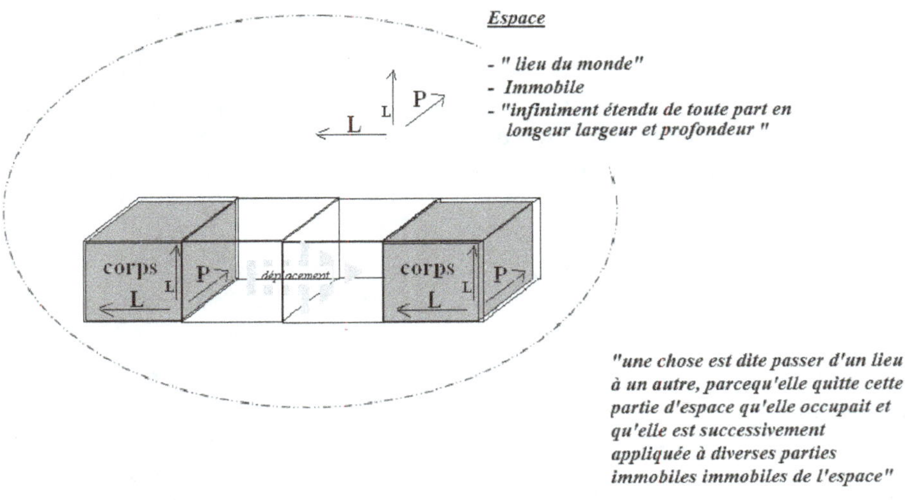

---

[123] *Ibid.*, p. 27.
[124] *Ibid.*, p. 34.
[125] *Ibid.*, p. 29.

Et il est intéressant de noter que pour Gassendi l'*espace* et la *durée* sont des entités analogues, l'espace est la *nature du lieu* et la durée est la *nature du temps* :

> « *Comme il y a un Espace incorporel, qui bien qu'il soit appelé imaginaire, est néanmoins ce en quoi consiste uniquement la nature du lieu, ainsi il semble qu'il y a une certaine durée incorporelle ou indépendante des corps qui bien qu'elle soit appelée imaginaire est néanmoins ce en quoi consiste uniquement la nature du Temps*[126]. »

« *Parallélisme de l'espace et du temps* » chez Gassendi

Le temps est principalement traité par Gassendi dans le chapitre III « Du temps, inséparable du lieu et de l'éternité », du Livre I *Des premiers principes* du tome I de son traité sur *La physique et la métaphysique*. La classification des différentes caractéristiques du temps et de l'espace faite par Gassendi est la suivante[127] :

choses corporelles	quantité permanente	grandeur
	quantité successive	mouvement

choses incorporelles	quantité permanente	Lieu/espace	étendue incorporelle
			immobile
			on peut y désigner de la longueur de la largeur et de la profondeur
			est le lieu de quelque chose que ce soit
	quantité successive	durée/temps	étendue incorporelle
			coulante
			on peut y désigner le présent, le passé et le futur
			est le temps de toute chose

On voit donc que cette classification est détaillée, possède une logique interne cohérente et qu'il y a un système de correspondance étroit et précis entre le temps et l'espace.

Dans *Les premiers principes de la physique et de la métaphysique*, d'autres endroits de la réflexion de Gassendi font encore cette analogie entre durée/temps et lieu/espace[128] :

---

[126] Gassendi, 1658, Tome I, p. 34.
[127] *Ibid.*, p. 35.
[128] *Ibid.*, p. 43-44.

Les deux entités sont infinies et continues :

« *Comme le lieu considéré selon toute son étendue n'a ni bornes, ni limites ainsi le temps considéré selon toute la sienne, n'a ni commencement ni fin* ».

« *Comme le lieu ne peut être interrompu par aucune force, mais demeure immobilement continu et toujours le même ainsi le temps ne peut être arrêté et pour ainsi dire suspendu par aucune force mais demeure toujours immobilement continu et toujours le même.* »

Le temps ne change pas en fonction du lieu et inversement :

« *Comme chaque moment de temps quel qu'il puisse être est le même partout et en tous les lieux ; ainsi chaque portion de lieu quelle qu'elle soit demeure toujours la même en tout temps ou correspond à tous les temps.* »

Le lieu et le temps sont en quelque sorte comme des contenants qui demeurent constants par rapport aux éléments qu'ils contiennent :

« *Le lieu demeure toujours immobilement le même soit qu'il y ait quelque chose dedans ou qu'il n'y ait rien ; ainsi le temps coule toujours de même teneur, soit qu'il y ait quelque chose qui dure dans ce temps ou qu'il n'y ait rien soit que cette chose se repose ou se meuve, ou qu'elle se meuve plus vite ou plus lentement.* »

Pour conclure ce résumé des idées de Gassendi sur l'espace et le temps, on peut rajouter quelques remarques :

Gassendi ne souscrit pas à la formule aristotélicienne selon laquelle le temps est le nombre ou la mesure du mouvement, pour lui le temps est :

« *un flux indépendant et du mouvement et du repos et auquel un nombre innombrable de mouvements différents peuvent correspondre* »[129] et qu'il « *n'est pas quelque chose de postérieur au mouvement mais seulement qu'il est indiqué par le mouvement comme la chose mesurée l'est par la mesure*[130]. »

Il y a chez Gassendi une analogie intéressante liée au continu. Il existait chez Galilée à propos des fluides une réflexion sur le continu en lien avec la matière :

« *Lorsque nous brisons un solide en nombreuses parties puis le réduisons en une poudre légère jusqu'à le diviser en une infinité d'atomes eux-mêmes indivisibles pourquoi ne pourrions-nous pas dire que ce solide est redevenu un continu d'un seul tenant, voire un fluide comme l'eau, le mercure ou ce même métal liquéfié ?* »[131]

Gassendi, lui, utilise la comparaison de la flamme comme image du *continu d'un seul tenant* :

---

[129] *Ibid.*, p. 41.

[130] *Ibid.*, p. 46.

[131] Galilée, *Discours concernant deux sciences nouvelles*, 1638, Rééditions traduction Épiméthée, PUF, 2008, p. 36.

« *Comme chaque petite flamme présente étant conjointe avec celle qui précède immédiatement et avec celle qui suit immédiatement après, il se fait une continuation du tout, de même chaque moment de temps ayant aussi connexion avec celui qui précède immédiatement et celui qui suit immédiatement après, il se forme de là une succession continue du tout*[132]. »

Enfin, en remarque finale, Gassendi veut préciser que malgré l'analogie poussée qui peut être faite entre temps et espace, ce dernier demeure plus tangible et plus facile à comprendre que le temps :

« *Encore que le parallélisme de l'espace et du temps que notre auteur vient de faire soit quelque chose d'admirable, il semble néanmoins que le temps nous demeure toujours beaucoup moins connu que l'espace, comme si l'espace avait quelque chose de plus réel et de plus effectif ou de moins imaginaire que le temps*[133]. »

Par l'étude de ces quelques textes de Descartes, Hobbes et Gassendi, nous avons donc essayé de montrer la manière dont les réflexions sur le temps et l'espace étaient présentées dans les traités de philosophie de la première moitié du XVIIe. Il est important de noter que l'exposition de ces idées sur le temps et l'espace avait aussi sa propre logique et n'était pas dénuée d'une certaine forme de rigueur. Il faut considérer que toutes ces réflexions coexistaient encore étroitement avec cette *science nouvelle* qui commençait pendant cette même période à associer systématiquement symboles et raisonnements mathématiques avec la *philosophie naturelle*. Cette *science nouvelle* dans laquelle le temps et l'espace devenaient des quantités traitables de manière algébrique.

Après avoir étudié le paysage philosophique entourant la mathématisation via les notions de temps et d'espace, notions appartenant à la fois à la *mécanique* et à la philosophie, et conformément à notre ligne directrice donnée plus haut selon l'exemple de d'Alembert :

« *Nous n'avons fait jusqu'ici que fixer en général les différents objets qui appartiennent à des éléments de philosophie. Examinés plus en détail, ces objets peuvent se réduire à quatre, l'espace, le temps, l'esprit et la matière*[134]. »

Il est maintenant intéressant de se tourner vers l'autre lien entre la mathématisation et la philosophie de la connaissance et qui a trait aux méthodes de raisonnement, à la conception des idées, donc à l'*entendement* en général.

Comment la nouvelle façon mathématique de percevoir, d'expliquer, de se représenter la nature et les phénomènes physiques a-t-elle coexisté et interagi avec la notion de connaissance ? De quelle manière ces nouvelles

[132] Gassendi, 1658, Tome I, p. 38.
[133] *Ibid.*, p. 49.
[134] D'Alembert, *Essai sur les éléments de philosophie*, 1759, chap. IV « Méthodes générales que l'on doit suivre dans des éléments de philosophie », p. 25 de l'Édition Fayard, 1986.

méthodes ont-elles influencé les réflexions sur les *idées*, ou, en termes de l'époque, sur le fonctionnement *l'entendement* ?

2.2. *L'ENTENDEMENT*

Les méthodes de *L'entendement* influencées par les processus de mathématisation

Pour cet aspect, nous nous proposons de voir quelques textes significatifs qui ont jalonné le XVIIe siècle. Parmi ceux-ci sont les écrits de Bacon *De la dignité et de l'accroissement des sciences* de 1605, le *Novum organum* de 1620 puis les textes de Descartes tels que les *Règles pour la direction de l'esprit* de 1629 et les *Principes de la philosophie* de 1644. La suite de l'évolution des idées en France dans ce domaine s'illustre notamment dans *L'esprit géométrique* de Pascal de 1655 et dans les écrits d'Antoine Arnauld et de Malebranche des années 1660-1670.

La réflexion autour de l'impact des mathématiques sur la connaissance en général se retrouve généralement sur deux grandes lignes :

- La volonté de classification de la connaissance.
- La détermination des meilleures méthodes pour l'acquisition de la connaissance :

Bacon au début du XVIIe

Comme nous l'avons déjà rapidement évoqué au début, l'interaction entre la *science de la nature* et l'*entendement* est l'un des thèmes des écrits de Bacon consacrés à la méthode d'étude des phénomènes naturels et sur la classification des sciences.

Classification des sciences

REPARTITION UNIVERSELLE DES SCIENCES SUIVANT BACON.

1° Mémoire.

- HISTOIRE
  - NATURELLE
    - Narrative
      - Nature libre
        - Histoire des corps célestes.
        - — des régions de l'air, météores, comètes, etc.
        - — des terres, mers, montagnes, fleuves, etc.
        - — des éléments.
        - — des espèces.
    - Inductive
      - Nature dans ses écarts.
      - Nature enchaînée, ou des arts mécaniques.
  - CIVILE
    - Ecclésiastique
      - Spéciale.
      - Prophétique.
      - Providentielle.
    - Civile proprement dite
      - pure
        - Mémoires.
        - Histoire complète
          - Chroniques.
          - Vies.
          - Relations.
      - mixte
        - Antiquités.
    - Littéraire, ou histoire des lettres et des arts.
  - Appendices à l'histoire civile
    - Harangues.
    - Epitres.
    - Apophthegmes.

2° Imagination.

- POESIE
  - NARRATIVE.
  - DRAMATIQUE.
  - PARABOLIQUE.

3° Raison.

- PHILOSOPHIE.
  - THÉOLOGIE SACRÉE.
  - SCIENCE DES AXIOMES.
  - PHILOSOPHIE PROPREMENT DITE.
    - SCIENCE DE DIEU.
      - Science de Dieu proprement dite, ou théologie naturelle.
      - Science des anges ou esprits.
    - SCIENCE DE LA NATURE.
      - Spéculative
        - Physique particulière
          - Science des principes des choses.
          - — de la forme des choses.
          - — de la variété des choses.
        - Appendices
          - Mesure des mouvements.
          - Problèmes naturels.
          - Sentiments des anciens philosophes.
        - Métaphysique
          - Science des formes.
          - — des causes.
      - Pratique
        - Mécanique.
        - Magie naturelle.
      - Appendices.
    - Appendice de la science de la nature.
      - Mathématiques
        - pures
          - Géométrie.
          - Arithmétique.
          - Algèbre.
        - mixtes
          - Perspective.
          - Mécanique.
          - Astronomie.
          - Cosmographie.
          - Architecture.
          - Art des machines.
    - SCIENCE DE L'HOMME.
      - Science de l'homme en lui-même.
        - Science de l'homme en général.
          - Science de l'individu homme.
          - Science de l'alliance du corps et de l'âme.
        - Science du corps de l'homme.
          - Médecine.
          - Cosmétique.
          - Athlétique.
          - Voluptuaire
            - Peinture.
            - Sculpture.
            - Musique.
        - Science de l'âme de l'homme.
          - Science de l'âme sensible
            - Science des mouvements volontaires.
            - Science de la sensation.
          - Science de l'âme raisonnable ou divine
            - Substance.
            - Facultés.
              - Usage et objet des facultés
                - LOGIQUE.
                  - Art d'inventer
                    - Invention des choses.
                    - Invention des arguments.
                  - Art de juger
                    - par induction.
                    - par syllogismes.
                  - Art de retenir
                    - Science de ce qui peut aider la mémoire, etc.
                    - Science de la mémoire.
                  - Art de communiquer
                    - Science de l'instrument du discours
                      - Science générale des signes.
                      - Grammaire
                        - littéraire.
                        - philosophique.
                    - Appendices de la rhétorique.
                    - Appendices de l'art de communiquer.
                    - Science de la méthode du discours.
                    - Science des ornements du discours, ou rhétorique.
                - MORALE.
                  - Science de l'objet que l'âme doit se proposer.
                    - Le bien simple
                      - individuel.
                      - social
                    - Le bien comparé.
                  - Science de la culture des mœurs, ou géorgique de l'âme, etc.
                  - Appendice à la géorgique de l'âme.
      - Science de l'homme en société.
  - CONDITION DES ÊTRES.

On rappelle que Bacon divise les connaissances sur la base des trois facultés humaines : l'*imagination*, la *mémoire* et la *raison*. Celle qui nous intéressera ici est la *raison*. Le corps de connaissances lié à la raison est la philosophie, qui se divise elle-même en trois sciences dont deux nous intéressent ici : la *science de la nature* et la *science de l'homme*[135].

La *science de la nature* est appelée aussi *philosophie de la nature* et elle englobe les sciences faisant des avancées à cette époque en matière de mathématisation des phénomènes physiques notamment la *physique particulière*, la mécanique et ce que Bacon appelle le *grand appendice de la philosophie naturelle,* à savoir les mathématiques.

Les mathématiques elles-mêmes sont subdivisées en 2 catégories où nous retrouvons les sciences étudiées plus haut :

- Les *mathématiques mixtes*, c'est-à-dire mathématiques appliquées à la nature et aux techniques.
- Les *mathématiques pures* (géométrie et arithmétique).

La première partie de ce travail sur la mathématisation de la physique dans les travaux de Galilée, Descartes, Huygens, etc. trouve donc sa place dans cette branche de la classification de Bacon qu'est la *science de la nature* ou *philosophie naturelle*.

Ce terme de *philosophie naturelle,* comme on le verra, sera d'ailleurs longtemps interchangeable[136] avec *physique* et il est en quelque sorte l'ancêtre principal de notre terme actuel de « sciences physiques ».

Les interactions entre mathématiques et physique mises en œuvre dans le processus de mathématisation des phénomènes (chute des graves, force centrifuge, réfraction de la lumière, lois des chocs, etc.) dépendent donc bien du grand domaine de la *raison* qui se retrouve dans l'objet d'étude qu'est la *nature*. Les philosophes de cette époque sont conscients de l'importance de cette nouvelle approche pour l'acquisition des connaissances. Le philosophe hollandais Spinoza, par exemple, débute ainsi son court traité de 1663, *Les principes de la philosophie de Descartes démontrés selon la méthode géométrique* :

> « *La méthode des mathématiciens dans la découverte et l'exposé des sciences c'est-à-dire la démonstration des conclusions par définition, postulats et axiomes est la meilleure et la plus sûre pour chercher la vérité et l'enseigner*[137]. »

Il en allait déjà de même pour Bacon en 1605 :

> « *Si nous voulons mesurer chaque chose sur son degré d'importance, nous trouverons que les sciences rationnelles sont les clefs de toutes les autres ; et de*

---

[135] La troisième science dépendant de la philosophie étant la science de Dieu.

[136] Au moins jusqu'à la première moitié du XIXe siècle.

[137] Spinoza, 1663, *Les principes de la philosophie de Descartes démontrés selon la méthode géométrique*, Préface.

même que "la main est l'instrument des instruments" et que "l'âme est la forme des formes" de même aussi les sciences dont nous parlons sont les arts de tous les arts[138]. »

Ainsi que pour Descartes en 1637 dans le *discours de la méthode* :

« *Je me plaisais surtout aux mathématiques, à cause de la certitude et de l'évidence de leurs raisons ; mais je ne remarquais point encore leur vrai usage, et, pensant qu'elles ne servaient qu'aux arts mécaniques, je m'étonnais de ce que leurs fondements étant si fermes, on n'avait rien bâti dessus de plus élevé.* »

La classification des sciences de Bacon reflète cette combinaison de science purement rationnelle (dépendant de l'homme et de son *entendement*) et les phénomènes naturels (par l'observation des *opérations de la nature*, objet d'étude *de la science de la nature*) qui est l'approche adoptée progressivement dans les travaux scientifiques du XVIIe, comme nous l'avons vu plus haut à travers les quelques exemples tirés des traités de Galilée, Descartes, Huygens et Pascal.

D'ailleurs, dès 1605, Bacon est conscient, dans son panorama des connaissances humaines de l'importance que prendra ce nouveau type de réflexions que nous avons décrites plus haut en parlant de mathématisation. Avant même la parution des traités de Galilée, Descartes, Huygens, etc. Bacon prédit un bel avenir aux *mathématiques mixtes.*

« *Qu'il y en aura beaucoup par la suite, pour peu que les hommes ne demeurent point oisifs. Car à mesure que la physique, croissant de jour en jour, produira de nouveaux axiomes, il faudra bien tirer de nouveaux secours des mathématiques ; d'où naîtront différents genres de mathématiques mixtes*[139]. »

Méthodologie pour l'acquisition des connaissances

Bacon a été retenu par l'histoire des idées comme un des fondateurs de l'approche empirique et il expose les sept procédés de cette méthode en 1605 dans *De la dignité et de l'accroissement des sciences : variation de l'expérience, prolongation de l'expérience, renversement de l'expérience, compulsion de l'expérience, application de l'expérience, copulation de l'expérience et enfin hasards de l'expérience.* Remarquons un des exemples cités par Bacon en 1605 pour sa similarité avec les études ultérieures de Galilée : la *variation de l'expérience* en lien avec la quantité de matière et la vitesse de chute d'un corps :

« *Une balle de plomb d'une livre, qu'on laisse tomber du haut d'une tour, emploie un certain temps à descendre, supposons celui de dix battements de pouls ; une balle de deux livres (balle ou cette force, ce mouvement qu'on qualifie de naturel, doit être double) frappera-t-elle la terre après cinq battements de pouls ? Non, le temps de sa chute sera presque égal à celui de la*

[138] Bacon, 1605, *De la dignité et de l'accroissement des sciences*, p. 281.
[139] Bacon, 1605, *De la dignité et de l'accroissement des sciences*, p. 242.

première, et son mouvement ne sera nullement augmenté en raison de l'augmentation de sa masse[140]. »

Aussi Galilée fait-il dire à Sagredo, dans son *Discours concernant deux sciences nouvelles* de 1638 que nous avons vu plus haut :

« *Mais moi qui en ai fait l'essai, seigneur Simplicio, je vous assure qu'un boulet d'artillerie pesant cent ou deux cents livres, ou même davantage, ne précédera même pas d'une palme, en touchant terre, une balle de mousquet dont le poids n'excède pas une demi-livre, et cela près une chute commune de deux cents coudées*[141]. »

Tableau résumé des sept « *procédés de l'expérience* » chez Bacon :

Procédés de la méthode expérimentale	Sous procédés/ complément de définition.	Remarque, problème cité par Bacon.	Domaine/science.
Variation de l'expérience	– Changer de matière : – Changer la *cause efficiente* : – Lien entre matière et *vertu*.	Fabrication du papier. Différentes sortes de chaleur. Chute des corps (matière en rapport avec la vitesse).	Chimie, botanique. calorique et magnétique. Mécanique.
Prolongation de l'expérience	– *Par répétition.* – *Par extension.*	– Double distillation pour augmenter le degré d'un alcool. – Distillation, fonctionnement des boussoles.	Phénomènes chimiques. Phénomènes chimiques et magnétiques.
Translation de l'expérience	– *De la nature ou du hasard dans l'art.* – *D'un art ou d'une pratique dans un autre art ou une autre pratique.* – *De telle partie d'un certain art dans une partie différente de ce même art.*	– Observation des processus naturels pour les adapter et les répliquer (fermentation, distillation). – Croisement de techniques dépendant de corps de métier différents. – Croisement des différentes méthodes d'une même science.	Phénomènes chimiques. Médecine, chimie. Médecine.
Renversement de l'expérience	*Lorsqu'un fait étant constaté par l'expérience on cherche la preuve du contraire.*	Les miroirs augmentent l'intensité de la chaleur. Augmentent-ils l'intensité du froid ?	Physique.
Compulsion de l'expérience	*Pousser l'expérience jusqu'au point d'anéantir ou d'en faire disparaître la vertu.*	Observer le comportement des matériaux en conditions extrêmes. Utiliser les instruments aux limites de leur domaine d'utilisations, etc.	Physique.

[140] *Ibid.*, p. 290.
[141] Galilée, 1638, *Discours concernant deux sciences nouvelles*, p. 106.

Application de l'expérience	*Ingénieuse traduction par laquelle on la transporte à quelque chose d'utile.*	Mesure des mélanges par comparaison des densités de masse ; masses par densité comparée (or/argent, eau/vin).	Physique.
Copulation de l'expérience	*Enchaînement d'applications qui a lieu lorsque telles choses qui seules ne sont pas utiles, sont rendues telles par leur réunion.*	Combinaison empirique de différentes actions.	Botanique, Chimie.
Hasards de l'expérience	Tenter une expérience uniquement parce que rien de tel n'a été tenté.		

La dualité de la méthode où l'*entendement* guide l'observation des faits de la nature et des phénomènes physiques est centrale dans l'œuvre de Bacon, comme il le déclare dès la préface du *Novum Organum* de 1620 :

> « *Pour que nous soyons mieux compris et pour que nos idées se présentent plus familièrement à l'esprit au moyen de noms qui les rappellent, nous nommons d'ordinaire la première de ces méthodes anticipation de l'intelligence et la seconde interprétation de la nature.* »

Voilà donc ou se rencontrent chez Bacon *l'entendement* et la *science de la nature, l'a priori* et l'observation expérimentale : dans une nouvelle approche, une nouvelle façon de penser, analogue à la mathématisation et à la montée en puissance des *mathématiques mixtes* dans lesquelles, comme nous l'avons vu par les différents exemples plus haut, la démarche rationnelle mathématique interagit et structure de plus en plus étroitement l'observation et la description des phénomènes physiques.

Chronologiquement, les écrits intéressant notre sujet et qui suivent directement ceux du chancelier Bacon sont ceux de Descartes[142] dans la même décennie, celles des années 1620.

Descartes, des règles d'inspiration mathématiques pour la direction de l'entendement (années 1630-1640)

Parmi les plus connus de ces écrits sont :

- Les *Règles pour la direction de l'esprit*, publié en 1629.
- Le traité publié en 1637 qui a déjà été vu plus haut à propos de la mathématisation qui comprend notamment *la géométrique* et *la dioptrique* et dont l'introduction est restée à la postérité comme le *discours de la méthode*.

[142] Sur le lien entre Bacon et Descartes voir notamment Gontier, T. « Mathématiques et science universelle chez Bacon et Descartes », *Revue d'histoire des sciences*, 2006, Tome 59-2, p. 285-312. Mc Rae, R. "The unity of the sciences Bacon, Descartes, Leibniz", *Journal of the history of ideas*, vol. 18, n° 1, January 1957, p. 27-48.

– Puis est publié en 1644 le traité sur les *Principes de la philosophie* que nous avons déjà vu plus haut à propos des notions de temps et d'espace.

Les mathématiques et les sciences mathématisées comme modèles de méthode pour guider l'entendement

Les trois œuvres citées plus haut sont les plus connues et les plus diffusées, elles ont été maintes fois étudiées et fait l'objet de très nombreux écrits. Elles sont à l'origine du cartésianisme, courant de pensée qui a été très puissant, au XVIIe et XVIIIe siècle, on parlait même de « *sectateurs de Descartes* ».

Chronologiquement, le premier de ces écrits, les *règles pour la direction de l'esprit* aurait été composé par Descartes à l'hiver 1627-1628. Comme rapidement décrit dans le tableau ci-dessous la presque totalité de ces vingt et une règles[143] de la méthode de Descartes pour « *diriger l'esprit de manière à ce qu'il porte des jugements solides et vrais sur tout ce qui se présente à lui*[144] » font explicitement au moins une référence à des sujets, des méthodes ou des exemples de mathématique ou de physique.

Règles pour la direction de l'esprit	Références aux sciences.
Deuxième	Arithmétique et géométrie.
Quatrième	Arithmétique, géométrie, « *analyse des anciens* ». Mathématiques comme « *enveloppe d'une méthode plus générale* ».
Cinquième	Mécanique, physique.
Sixième	Arithmétique, rapports de grandeurs.
Septième	Rapports de grandeurs en lien avec l'*énumération* et *l'induction.*
Huitième	Mathématique, physique (optique : exemple de l'étude de l'anaclastique[145]).
Neuvième	Physique : « *mouvement local des corps* ».
Dixième	Arithmétique.
Onzième	Rapports entre l'*intuition* et l'*énumération* : exemple des rapports de grandeurs.
Douzième	Exemple de la figure, de l'étendue, du mouvement, de la durée.
Treizième	Physique : exemple de la vibration d'une corde variant selon sa grosseur.
Quatorzième	Mathématique : arithmétique, géométrie, dimensions physiques (vitesse, *dimension du mouvement,* pesanteur).
Seizième	Utilité des représentations algébriques pour les problèmes de géométrie.
Dix-septième	Équation entre termes connus et inconnus.

[143] Toutes sauf les règles 1, 3, 15 et 17.
[144] Règle Première.
[145] Cf. Les parties plus haut traitant de cet exemple dans la *dioptrique* et la *géométrie.*

Dix-huitième	Arithmétiques : les quatre opérations
Dix-neuvième[146]	Suite sur la notion d'équation.
Vingtième	Suite sur la notion d'équation.
Vingt et unième	Système de plusieurs équations.

Chronologiquement après les *règles pour la direction de l'esprit*, vient chez Descartes le *Discours de la méthode pour bien conduire sa raison et chercher la vérité dans les sciences* publié en 1637 et dont la *dioptrique*, *les météores* et *la Géométrie* que nous avons vus plus haut étaient pour Descartes *des essais de cette méthode*.

La deuxième partie de ce discours, celle consacrée selon Descartes spécifiquement aux *principales règles de la méthode que l'auteur a cherchées*[147] est celle qui fait plus explicitement référence au modèle intellectuel que représentent les mathématiques. Dans sa recherche de bases saines pour distinguer le vrai du faux, pour rechercher la vérité et pour acquérir la connaissance, Descartes estime que les mathématiques ont le degré de certitude nécessaire, comme il le dit à la fin de la deuxième règle :

> « *De tout ceci il faut conclure, non que l'arithmétique et la géométrie soient les seules sciences qu'il faille apprendre mais que celui qui cherche le chemin de la vérité ne doit pas s'occuper d'un objet dont il ne puisse avoir une connaissance égale à la certitude des démonstrations arithmétiques*[148]. »

Descartes dit encore dans le *Discours de la méthode* de 1637 :

> « *Car enfin la méthode qui enseigne à suivre le vrai ordre et à dénombrer exactement toutes les circonstances de ce qu'on recherche contient tout ce qui donne de la certitude aux règles de l'arithmétique*[149]. »

Ces démonstrations arithmétiques sont le modèle de raisonnement à utiliser. Celui-ci doit partir d'une intuition, une *idée claire et distincte* et amorcer ce que Descartes décrit aussi dans *le discours de la méthode* comme :

> « *Ces longues chaînes de raisons toutes simples et faciles dont les géomètres ont coutume de se servir pour parvenir à leurs plus difficiles démonstrations*[150]. »

Selon Descartes, en partant de cette intuition évidente puis en suivant la succession de *déductions nécessaires* qui sont comme les anneaux d'une chaîne, on aboutit nécessairement à la connaissance d'une nouvelle vérité.

---

[146] Cette règle 19 et les deux suivantes ne pas complètes, elles ne sont qu'énoncées sans être expliquées par Descartes.

[147] Descartes, 1628, Règles pour la direction de l'esprit p. 81 de l'édition des *œuvres de Descartes* de Victor Cousin 1826. C'est toujours cette édition qui sera citée pour cette œuvre de Descartes.

[148] *Ibid.*, p. 209.

[149] Descartes, 1637, *Discours de la méthode et essais*, partie II du discours, p. 95.

[150] *Ibid.*, p. 93.

Les mathématiques sont donc le modèle à utiliser pour bien guider l'entendement et mener toute sorte de raisonnements et notamment en ce qui concerne les sciences de la nature, comme Descartes le dit dans la quatrième règle :

> « *J'ai découvert que toutes les sciences qui ont pour but la recherche de l'ordre et de la mesure, se rapportent aux mathématiques, qu'il importe peu que ce soit dans les nombres, les figures, les astres, les sons ou tout autre objet qu'on cherche cette mesure*[151]. »

La sixième des *règles pour la direction de l'esprit* est intéressante à propos du lien entre les règles de Descartes et les idées de la géométrie de l'époque. Face à une question complexe, Descartes recommande de reconnaître *quelle est la chose la plus simple.* L'élément le plus simple est aussi absolu ou indécomposable, l'élément plus complexe est relatif à cet élément simple, il est d'autant plus complexe qu'il est séparé de l'élément simple de départ par un nombre croissant de rapports de déduction. Descartes cite pour exemple d'absolu le *simple* et pour relatif *le composé, l'oblique*.

> « *J'appelle absolu tout ce qui est l'élément simple et indécomposable de la chose en question, comme, par exemple, tout ce qu'on regarde comme indépendant, cause, simple, universel, un, égal, semblable, droit, etc. [...] j'appelle relatif ce qui est de la même nature ou du moins y tient par un côté par où l'on peut le rattacher à l'absolu, et l'en déduire. Mais ce mot renferme encore certaines autres choses que j'appelle les rapports, tel est tout ce qu'on nomme dépendant, effet, composé, particulier, multiple, inégal, dissemblable, oblique, etc.*[152] »

On retrouvera plus loin ce type de classification dans la mathématisation à propos du mouvement *simple* et du mouvement *composé* en mécanique. Ou encore, à propos de l'étude des courbes (*l'oblique*) par rapport aux droites (*le droit*) : on se rappelle de la partie de la *géométrie* étudiant le problème suivant :

> « *Que pour trouver toutes les propriétés des lignes courbes, il suffit de savoir le rapport qu'ont tous leurs points à ceux des lignes droites et la façon de tirer d'autres lignes qui les coupent en tous ces points à angles droits*[153]. »

Dans la huitième règle[154], c'est une référence à l'optique et à l'utilisation conjointe de la physique et de la géométrie pour construire la courbe anaclastique qui permet à Descartes d'arguer du bien-fondé de sa méthode pour la recherche de la connaissance en général.

La seizième règle est aussi intéressante en ce qui concerne le lien entre mathématique et méthode pour l'acquisition de la connaissance. Descartes y

---

[151] Descartes, 1628, *Règles pour la direction de l'esprit* p. 223.

[152] *Ibid.*, p. 227.

[153] Descartes, 1637, *Discours de la méthode et essais*, partie Géométrie, p. 449.

[154] Que nous avons déjà vu plus haut dans la partie sur la *géométrie* et à propos de mathématisation.

présente l'application de l'algèbre à la géométrie que lui, ses contemporains et ses prédécesseurs[155] ont introduite avec succès pour travailler sur des sujets mathématiques plus complexes que ceux traités par les *anciens* avec la seule géométrie. C'est notamment la méthode de notation de grandeurs géométriques par des lettres, pour les combiner ensuite algébriquement. Dans la *Géométrie* Descartes décrit ce processus comme suit :

« *et je ne craindrai pas d'introduire ces termes d'arithmétique en la géométrie afin de me rendre plus intelligible.* »

« *souvent on n'a pas besoin de tracer ainsi ces lignes sur le papier et il suffit de les désigner par quelques lettres, chacune par une seule*[156] »

« *au reste, afin de ne pas manquer à se souvenir des noms de ces lignes, il en faut toujours faire un registre séparé, à mesure qu'on les pose ou qu'on les change, écrivant, par exemple :*

AB~t, c'est-à-dire AB égal à t.

GH~a

BC~b, etc.[157] »

Par exemple, pour trouver une distance particulière dans une construction géométrique, Descartes la pose en inconnue dans une équation algébrique en relation avec d'autres distances de la figure géométrique qui sont, elles, connues.

« *Ainsi voulant résoudre quelque problème, on doit d'abord le considérer comme déjà fait et donner des noms à toutes les lignes qui semblent nécessaires pour le construire, aussi bien à celles qui sont inconnues qu'aux autres. Puis sans considérer aucune différence entre ces lignes connues et inconnues, on doit parcourir la difficulté selon l'ordre qui montre le plus naturellement de tous en quelle sorte elles dépendent mutuellement les unes des autres jusqu'à ce qu'on ait trouvé un moyen d'exprimer une même quantité en deux façons : ce qui se nomme une équation*[158]. »

La résolution de l'équation algébrique par rapport à ces autres distances connues donnait la distance recherchée et permettait ainsi de construire la figure. Dans la quatorzième des *règles pour la direction de l'esprit*, Descartes reprend le même procédé en l'expliquant en des termes plus généraux :

« *Il faut dresser une table pour y écrire les termes de la question, telle qu'elle aura été proposée la première fois, ensuite nous indiquerons comment on les abstrait, et par quels signes on les représente, afin que, quand les signes mêmes*

[155] Les plus connus étant Viète et Fermat.
[156] Descartes, 1637, *Discours de la méthode et essais*, partie Géométrie, p. 4.
[157] Descartes, 1637, *Géométrie*, p. 6.
[158] *Ibid.*, p. 6-7.

nous auront donné la solution, nous puissions l'appliquer sans aucun secours de notre mémoire au sujet particulier[159]. »

Ainsi, l'application de l'algèbre à la géométrie est bien un modèle de règle pour la « *direction de l'esprit* », elle aide à simplifier les raisonnements et permet donc de travailler sur des problèmes de complexité croissante :

« *Par ce moyen, non seulement nous économiserons les mots, mais encore, ce qui est capital nous présenterons les termes de la difficulté tellement nus et tellement dégagés, que même en n'oubliant rien d'utile, nous y laisserons cependant rien qui soit superflu, et qui occupe en vain la capacité de notre esprit quand il lui faudra embrasser plusieurs choses à la fois*[160]. »

Les cinq dernières *règles pour la direction de l'esprit* sont du même type que la seizième et présentent aussi des rapports entre choses connues et inconnues, comme une mise en équation de grandeurs connues et inconnues, pour résoudre un problème donné :

« *Tout l'art en ce lieu doit consister à pouvoir en supposant ce qui est connu de ce qui ne l'est pas, nous munir d'un moyen facile et direct de recherche même dans les difficultés les plus embarrassées*[161]. »

Après avoir vu ces quelques exemples du rôle des mathématiques pour la direction de l'esprit, il faut faire mention de l'idée de *mathesis universalis* de Descartes[162].

On sait qu'une des nombreuses ambitions de Descartes était de créer une science plus générale encore que les mathématiques dont, comme il l'explique notamment dans la quatrième et la quatorzième des règles citées plus haut, les mathématiques ne seraient que « *l'enveloppe*[163] ». Ce savoir, il le nomme *mathesis universalis* et selon lui, les *anciens* en connaissaient déjà une certaine forme, « *différente de celle de notre âge* »[164] une sorte de « *mathématique véritable* »[165]. L'ensemble des *règles pour la direction de l'esprit* ne seraient selon Descartes qu'une partie seulement de cette méthode plus globale qui dépasse les mathématiques et « *n'a pas été inventée pour résoudre les problèmes mathématiques, mais plutôt que les mathématiques ne doivent être apprises que pour exercer à la pratique de cette méthode*[166]. »

Comme nous venons de le voir à travers ces exemples tirés des *règles pour la direction de l'esprit* et du *discours de la méthode*, la méthode choisie par Descartes pour la direction de l'*entendement* est donc presque

[159] Descartes, 1628, *Règles pour la direction de l'esprit*, p. 318.
[160] *Ibid.*, p. 314.
[161] *Ibid.*, p. 321.
[162] Voir sur ce sujet Paty, M. « Mathesis universalis et intelligibilité chez Descartes », 1997.
[163] Descartes, 1628, *Règles pour la direction de l'esprit* p. 218.
[164] *Ibid.*, p. 220.
[165] *Ibid.*, p. 221.
[166] *Ibid.*, p. 298.

exclusivement fondée sur des raisonnements de types mathématiques et s'inspirant de l'étude d'exemples concrets tirés des sciences de la nature.

Quelques années après ces textes de Descartes écrits dans les années 1628-1644, un autre savant-philosophe, dans les années 1650, met aussi les mathématiques en bonne place comme méthode modèle pour la bien conduire à l'entendement.

Pascal, avoir un *esprit géométrique* pour conduire le raisonnement (années 1650)

Si on s'intéresse à la mathématisation en lien avec la philosophie de la connaissance, Pascal est sans conteste un personnage central puisque comme Descartes, il est à la fois philosophe et mathématicien. Praticien des sciences et penseur sur la science, Pascal aurait d'ailleurs rencontré deux fois Descartes en 1647, il n'est en revanche pas certain que Pascal ait eu connaissance des *règles pour la direction de l'esprit* lorsqu'il compose *de l'esprit géométrique*[167]. Les considérations de Pascal sur le *continu* dans un texte comme *de l'esprit géométrique* sont indissociables de ses travaux mathématiques et elles donnent l'arrière-plan philosophique de ses développements mathématiques sur les *quadratures* et de *rectification* traitées selon une approche infinitésimale. Le texte *de l'esprit géométrique* est contemporain (environ 1655-1658) du traité de Pascal *des sinus du quart de cercle* et de son *traité des trilignes rectangles et de leurs onglets* que l'historiographie a considérés comme les prémices du calcul différentiel.

Les travaux de mathématiques de Pascal ne furent pas publiés de son vivant. Ses écrits sur la cycloïde notamment furent collectés par son neveu, qui, devant la complexité du sujet, fit appel à certains mathématiciens de l'époque pour les classer et les ordonner. Il ne communiqua les feuillets des travaux de Pascal des années 1665 que dix ans plus tard à Leibniz. Le mathématicien philosophe allemand y fait d'ailleurs référence dans son *histoire et origine du calcul différentiel* et raconte avoir trouvé dans les textes du traité de la *roulette* (ou cycloïde) une idée donnée par Pascal qui aurait été selon lui comme « *une soudaine illumination* »[168] pour l'élaboration de son calcul différentiel.

Le texte de Pascal *de l'esprit géométrique* avait été commandé par les précepteurs de l'abbaye de Port-Royal et était destiné aux étudiants de cette institution. Ce texte était inclus dans un corpus d'enseignement bien particulier à cette institution, *la logique de Port-Royal.*

Comme Descartes dans ses écrits des années 1630-1640, Pascal explique aux étudiants de Port-Royal dans les années 1650 dans *l'esprit géométrique,*

---

[167] Voir les œuvres complètes de Pascal, notice sur *De l'esprit géométrique*, p. 1180.

[168] Cf. p. 38 de la traduction de ce texte de Leibniz dans Child, J.M. "The early mathematical manuscripts of Leibniz", 1920.

que les mathématiques sont la meilleure méthode pour guider l'entendement pour *démontrer la vérité* :

« *[l'objet d'étude consistant à] démontrer les vérités déjà trouvées, et de les éclaircir de telle sorte que la preuve en soit invincible, est le seul que je veux donner ; et je n'ai pour cela qu'à expliquer la méthode que la géométrie y observe : car elle l'enseigne parfaitement*[169]. »

Pour Pascal, plus encore que la logique, la géométrie est la seule science qui sait les *véritables règles du raisonnement* et la *véritable méthode de conduire le raisonnement*[170].

De même que Descartes parlait d'*intuition*, pour Pascal certaines choses sont évidentes et ne nécessitent pas de s'y attarder en longues discussions, car sur ces choses-là :

« *La nature nous en a elle-même donné, sans paroles, une intelligence plus nette que celle que l'art nous acquiert par nos explications*[171]. »

Les notions servant à la description physique du monde, notamment le temps, l'espace, le mouvement, font partie de ces choses, de ces *mots primitifs*[172] que la géométrie ne requiert pas selon lui de définir. Ces notions rejoignent en quelque sorte les éléments *simples* et *indécomposables* déjà utilisés par Descartes[173] et qui seront les points de départ de la connaissance pour élaborer ensuite des raisonnements plus complexes.

Après avoir noté l'importance des définitions, Pascal, dans la deuxième partie *de l'esprit géométrique,* insiste sur la bonne utilisation dans les raisonnements de deux autres notions venant des mathématiques, les *règles pour les axiomes* et les *règles pour les démonstrations*.

Pour ces éléments des réflexions, comme pour les définitions, la clarté des termes, la simplicité et la *nécessité* dans les différentes étapes du raisonnement sont mises en avant par Pascal :

« *Ne demander en axiomes que des choses parfaitement évidentes d'elles-mêmes. Prouver toutes les propositions un peu obscures et n'employer à leur preuve que des axiomes très évidents, ou des propositions déjà accordées ou démontrées*[174]. »

Pascal conclut *l'esprit géométrique* par cette formule mettant en avant une fois de plus l'importance de la méthode mathématique dans « *l'étude de la vérité* » :

---

169 Pascal, 1655, *De l'esprit géométrique*, p. 67.
170 *Ibid.*, p. 68.
171 *Ibid.*, p. 72.
172 *Ibid.*, p. 74.
173 Cf. Plus haut et la sixième des *règles pour la direction de l'esprit.*
174 Pascal, 1655, *De l'esprit géométrique*, Section 1, p. 90.

« *La méthode de ne point errer est recherchée de tout le monde. Les logiciens font profession d'y conduire, les géomètres seuls y arrivent, et, hors de leur science et de ce qui l'imite, il n'y a point de véritables démonstrations*[175]. »

On a donc bien chez Pascal comme chez Descartes cet attrait des mathématiques comme modèle pour une nouvelle méthode d'acquisition des connaissances pour la philosophie.

Cette nouvelle façon de penser entreprend de se dégager des enseignements du corpus aristotélicien, ses codes et méthodes de raisonnement formels et rigides.

« *Il ne faut pas guinder l'esprit, les manières tendues et pénibles le remplissent d'une sotte présomption par une élévation étrangère et par une enflure vaine et ridicule au lieu d'une nourriture saine et vigoureuse*[176]. »

C'est bien la discipline rigoureuse des *géomètres* et les autres sujets qui en découlent qui deviennent la nouvelle approche intellectuelle pour « *bien conduire sa raison et chercher sa vérité dans les sciences* ».

Réflexions de Pascal sur les *indivisibles*

D'autres aspects intéressants *de l'esprit géométrique* concernant le lien entre mathématiques et philosophie de la connaissance sont les réflexions de Pascal sur les *indivisibles*.

Pour mieux saisir le contexte de cet écrit de Pascal, il est nécessaire de faire un retour du côté de l'évolution des idées en mathématiques et de rappeler brièvement ce qu'il en est de ces objets mathématiques qu'étaient les *indivisible*s chez les prédécesseurs de Pascal (Cavalieri, Torricelli et Roberval) et de l'évolution de ces notions[177] dans les décennies 1630-1640.

Cavalieri et les *indivisibles*

La méthode initiale des *indivisibles* de Cavalieri a fait l'objet d'un corpus très complet de la part de ce savant, le *Geometrica indivisibilibus* de sept volumes, publié en 1635. Ce traité fut considéré par ses pairs comme un ouvrage difficile d'accès. Le savant proposera donc une version abrégée de sa méthode dans les *Exercitationes*, publiés en 1647.

---

[175] *Ibid.*, p. 94.

[176] Pascal, 1655, *De l'esprit géométrique*, Section 1, p. 96.

[177] On peut consulter à ce sujet notamment : Andersen, K « Cavalieri's method of indivisibles », 1984, article publié par le département d'histoire des sciences de l'Université de Aarhus. Merker, C. « Le chant du cygne des indivisibles », 2004, *Presse universitaire de Franche-Comté*. Russo, F. « Pascal et l'analyse infinitésimale », revue d'histoire des sciences et de leurs applications, 1962, Tome 15 n° 3-4. p. 303-320. Ross, A. « Vers le calcul différentiel et intégral », *Bulletin de l'Association Mathématique du Québec*, vol. XLVII, no 1, mars 2007 p. 26-43. Malet, A. "from indivisibles to infinitesimals studies on seventeenth century mathematization of infinitely small quantities", 1996, Publications de l'Universite autonome de Barcelone.

L'approche de Cavalieri consistait à diviser une surface quelconque en une infinité de segments. Ces segments résultaient de l'intersection du plan contenant la figure et d'une infinité de plans perpendiculaires à cette figure. La position de ces plans dépendait de ce qu'il appelait la *regula.*

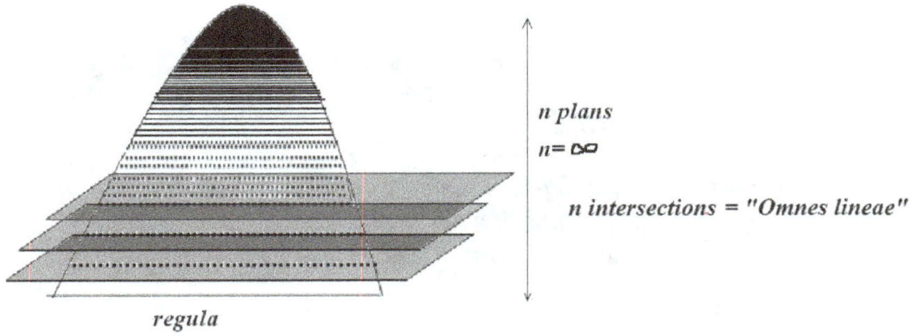

Cet ensemble de segments, ou comme il le nommait *omnes linea,* était l'outil qui, selon Cavalieri, pouvait être utilisé pour établir la proportionnalité de deux surfaces[178] :

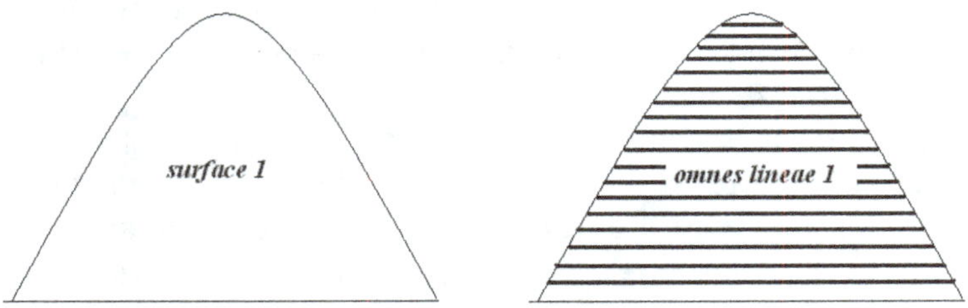

Cavalieri travaillait en termes d'équivalence de rapports entre les surfaces des figures à mesurer et le rapport de l'ensemble des segments couvrant les surfaces de ces figures.

Surface 1/ Surface 2 = *omnes lineae* 1 / *omnes lineae* 2.

Torricelli et l'évolution de l'idée initiale de Cavalieri

Selon les études spécialisées[179], la méthode initiale de Cavalieri fut ensuite transmise et transformée principalement par Torricelli dans son traité *opera geometrica* de 1644. Torricelli décida d'attribuer une grandeur aux *indivisibles* et par là modifia la notion initiale d'indivisible. De plus,

[178] Il faut noter que chez Cavalieri, la notion de *omnes lineae* (qui est généralement traduite par *toutes les lignes*) soit l'ensemble des segments qui couvrent la même surface qu'une figure quelconque, cet ensemble ne doit pas être considéré comme une somme mais comme un *agrégat* de segments, notion qui était souvent utilisée à l'époque.
[179] Voir notamment Andersen, K. « Cavalieri's method of indivisbles », 1984, article publié par le département d'histoire des sciences de l'Université de Aarhus. p. 356-357.

Torricelli ne travaillait plus sur des rapports mais considérait directement l'égalité :

Surface 1 = *Omnes lineae* 1

Expression dans laquelle *omnes lineae* 1 prenait chez Torricelli le sens de *somme* de tous les segments qui couvrent la surface de la figure 1.

Roberval

Le mathématicien français Roberval a aussi travaillé sur les *indivisibles*, la période de ses travaux est estimée aux années 1630-1640, ils furent l'objet d'un *traité des indivisibles*[180]. Dans l'introduction, Roberval y résume sa représentation des *indivisibles* :

> « *Par tout ce discours on peut comprendre que la multitude infinie de points se prend pour une infinité de petites lignes, et compose la ligne entière. L'infinité de lignes représente l'infinité des petites superficies qui composent la superficie totale. L'infinité des superficies représente l'infinité de petits solides qui composent ensemble le solide total* ».

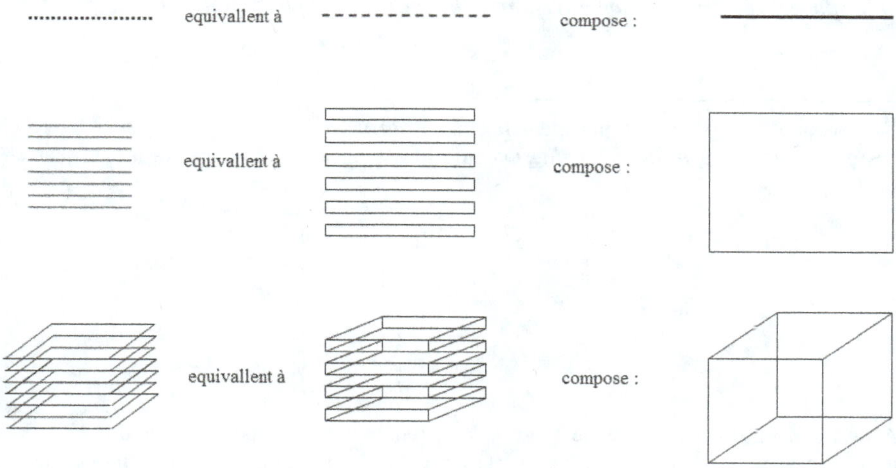

C'est l'idée voulant que « *L'infinité de lignes représente l'infinité des petites superficies qui composent la superficie totale* » qui sera utilisée par

[180] Le savant français a peu publié et on sait que le traité des *indivisibles* a été compilé en fait par un de ses disciples puis corrigé et autorisé par Roberval lui-même, ce travail a été ensuite publié posthumément dans un mélange intitulé *Divers ouvrages de mathématiques et de physique par messieurs de l'académie royale des sciences* en 1693.

Roberval pour mesurer les aires sous les courbes classiques de cette époque (coniques, cycloïde, conchoïde)[181].

Donc la notion d'*indivisibles* a fait son chemin en géométrie au début du XVIIe et a permis à certains mathématiciens d'envisager des calculs d'aires.

Or, Pascal remet en question cette approche mathématique, il remet en question la notion même d'*indivisibles*. Selon lui, de même qu'un nombre peut toujours être augmenté « *et ainsi à l'infini* », il est impossible d'envisager qu'une division de l'espace aboutisse à une partie qui serait indivisible :

> « *On comprend parfaitement qu'il est faux qu'en divisant un espace on puisse arriver à une partie indivisible*[182]. »

Son argumentation est la suivante : en divisant un espace plusieurs fois, à la fin cet espace ne peut être divisé en parties, donc s'il n'a pas de parties il n'a plus non plus d'étendue. Cela veut dire qu'après l'ultime division, on obtient des éléments qui n'ont pas d'étendue, dans ce cas, en remontant le processus, il y aurait une contradiction : deux éléments qui n'ont pas d'étendue lorsqu'ils sont réunis donneront un espace qui a une étendue.

> « *Car qu'y a-t-il de plus absurde que de prétendre qu'en divisant toujours un espace on arrive à une division telle qu'en la divisant en deux chacune des*

[181] Exemple de type de raisonnement fait par Roberval dans son traité : soit la figure ci-dessous (adaptée du *traité des indivisibles* de Roberval, « figure courbe égale au quarre », p. 194).

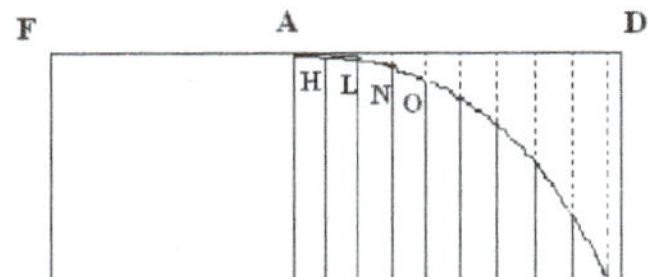

AB est le demi-diamètre et BC le quart de la circonférence. On veut trouver l'aire ABC dont un côté est formé par une ligne courbe (la ligne AZ). Selon la méthode des indivisibles de Roberval l'aire ABC est égale à la somme des *petites surfaces* AB, HG, LI, OP, etc. (sur le schéma AB, HG, LI, etc. sont des segments mais selon ce qui a été dit plus haut à propos de la méthode des indivisibles de Roberval, on rappelle que ces lignes sont assimilées à des *petites surfaces*) et l'aire de la surface ABCD est égale à *n* fois la *petite surface* AB.

Selon Roberval, le rapport entre AB et BC est égal au rapport entre la somme *des petits sinus* (AB+AG+LI+OP+….+ZC) et *n*. AB.

Or, selon la méthode des indivisibles vue plus haut, la somme des petites surfaces compose une aire :

Σ (AB…ZC) = Aire (ABC) et *n*. AB= Aire (ABCD)

=> AB/BC = Aire (ABC)/ Aire (ABCD) = Aire (ABC)/BCxAB

=> Aire (ABC) = AB^2

Selon Roberval, on a donc ainsi déterminé l'aire d'une figure qui contient un côté formé par une ligne courbe.

[182] Pascal, 1655, *De l'esprit géométrique*, Section 1, p. 78.

moitiés reste indivisible et sans aucune étendue, et qu'ainsi ces deux néants d'étendue fassent ensemble une étendue ? »[183]

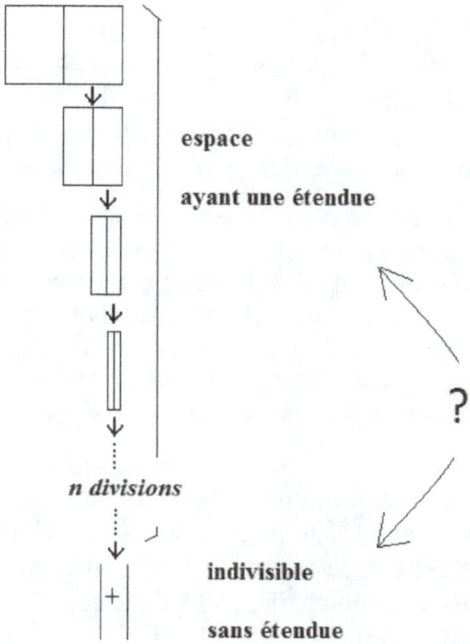

Plus loin dans *De l'esprit géométrique*, Pascal dira aussi, en accentuant une fois de plus l'importance de la bonne définition des termes :

« *Un indivisible est ce qui n'a aucune partie, et l'étendue est ce qui à diverses parties séparées. Sur ces définitions, je dis que deux indivisibles étant unis ne font pas une étendue*[184]. »

D'autre part, selon Pascal, les indivisibles ne peuvent pas être utilisés pour mesurer des distances ou des surfaces car ils ne sont pas de même *genre*. Pour faire comprendre cette idée, il fait une comparaison avec les nombres et une analogie intéressante avec le mouvement :

« *Mais si l'on veut prendre dans les nombres une comparaison qui représente avec justesse ce que nous considérons dans l'étendue, il faut que ce soit le rapport du zéro aux nombres, car le zéro n'est pas du même genre que les nombres, parce qu'étant multiplié, il ne peut les surpasser : de sorte que c'est un véritable indivisible de nombre comme l'indivisible est un véritable zéro d'étendue. Et on trouvera un pareil entre le repos et le mouvement, et entre l'instant et le temps ; car toutes ces choses sont hétérogènes à leurs grandeurs, parce qu'étant infiniment multipliées, elles ne peuvent jamais faire que des indivisibles non plus que des indivisibles d'étendue*[185]. »

[183] *Ibid.*, p. 78.
[184] Pascal, 1655, *De l'esprit géométrique*, Section 1, p. 82.
[185] *Ibid.*, p. 82-83.

C'est par des réflexions philosophiques de ce type que Pascal alimente les débats entourant l'introduction des *infinitésimaux* en mathématiques. Ces discussions contribueront notamment à l'abandon progressif dans les travaux de mathématiques de la notion d'*indivisible* au profit celle d'*infinitésimal*[186]. Newton aura d'ailleurs quelques années plus tard les mêmes réticences que Pascal à propos des *indivisibles*, comme il l'expliquera dans les *Principes de la philosophie naturelle* (1687) lorsqu'il présentera sa propre méthode *des premières et dernières raisons* et des *quantités évanouissantes* :

> « *l'hypothèse des indivisibles me paraît trop dure à admettre et [que] cette méthode est par conséquent peu géométrique, j'ai mieux aimé employer celle des premières et dernières raisons des quantités qui naissent et s'évanouissent [...] ainsi lorsque dans la suite je considérerai ces quantités comme composées de particules déterminées et que je prendrai pour des lignes droites de petites portions de courbes, je ne désignerai point par là des quantités indivisibles mais des quantités divisibles évanouissantes*[187]. »

Pascal rédigea donc *De l'esprit géométrique* à l'instigation des pédagogues de Port-Royal. Le philosophe mathématicien était d'ailleurs très proche de l'un d'entre eux, Antoine Arnauld, un ecclésiastique qui marqua son époque intellectuelle et était aussi un des précepteurs de l'abbaye[188]. Dans le cadre des enseignements dispensés dans cette abbaye à une partie de l'aristocratie française, Antoine Arnauld écrivit lui aussi son traité, *La logique de Port-Royal ou l'art de raisonner* qui fut publié en 1662, année de la mort de Pascal.

Antoine Arnauld et la *Nouvelle logique* de 1662 : la *méthode des géomètres* pour perfectionner *l'art de penser*

La culture mathématique d'Arnauld est certaine, il est ainsi l'initiateur d'un traité mathématique intitulé *Nouveaux éléments de géométrie* publié en 1667. Il faut rappeler qu'à cette époque les valeurs sociales, notamment celles prônées dans les cercles de Pascal et d'Arnauld, mettaient en priorité la piété et un suivi rigoriste des enseignements religieux qui devait imprégner profondément toute approche intellectuelle, aucune activité de l'esprit ne pouvait être placée au-dessus des pratiques et des enseignements chrétiens. Les précepteurs, dont était Antoine Arnauld, autorités à la fois

---

[186] Nous verrons que les *infinitésimaux* seront aussi à leur tour questionnés et feront l'objet de discussions et de controverses où philosophie et mathématique seront liées, notamment dans l'analyste de 1734 où le philosophe Berkeley critiquera Newton.

[187] Newton, section 1, livre premier, *Principes mathématiques de la philosophie naturelle*, 1687, traduction française de Madame du Châtelet, édition de 1776, p. 37.

[188] Antoine Arnauld, aussi appelé « *le grand Arnauld* » était membre d'une famille très puissante dans l'entourage de Louis XIV, il était l'oncle de Simon Arnauld, marquis de Pomponne qui fut le secrétaire d'État aux affaires étrangères du « *Roi-Soleil* » de 1671 à 1679.

religieuses et intellectuelles avaient un grand ascendant sur la pensée de leur époque. Le traité d'Arnauld sur *La logique de Port-Royal* a donc eu une place importante dans le paysage intellectuel de l'époque, c'était un classique de la philosophie de la connaissance et il fut réédité une dizaine de fois jusque vers le milieu du XVIIIe siècle. Arnauld était acquis aux nouvelles méthodologies promulguées par Descartes et avait été exposé très tôt aux écrits du mathématicien philosophe. En effet, Descartes, lors de la publication de ses *Méditations métaphysiques*, avait demandé à Mersenne de trouver quelqu'un pour en faire la recension, cette tâche fut confiée par Mersenne à Antoine Arnauld. Les écrits d'Arnauld sont moins connus actuellement que ceux de Descartes, Pascal ou Leibniz, mais ils font partie du paysage philosophique environnant les grandes avancées en mathématiques des années 1670-1700. Les écrits d'Arnauld ont influencé en profondeur les formations intellectuelles de cette époque, ils sont donc intéressants à cet égard.

Plan général du traité d'Antoine Arnauld : *La logique ou l'art de penser*, 1662.

Première partie	*Contenant les réflexions sur les idées ou sur la première action de l'esprit qui s'appelle concevoir.*
Deuxième partie	*Contenant les réflexions que les hommes ont faites sur leurs jugements.*
Troisième partie	*Du raisonnement.*
Quatrième partie	*De la méthode.*

Pour Arnauld, dans le *dessein de la logique,* sorte d'introduction à son traité, l'acquisition de la capacité de raisonner en général est favorisée par les sciences spéculatives mais celles-ci ne doivent pas avoir la prééminence sur celle-là :

> « *On se sert de la raison comme d'un instrument pour acquérir les sciences et l'on devrait se servir, au contraire, des sciences comme d'un instrument pour perfectionner sa raison*[189]. »

Les sciences structurées par le raisonnement mathématique, ne sont pas une fin en soi et Arnauld va même jusqu'à les considérer comme futiles, elles « *ont des recoins et des enfoncements fort peu utiles* » et sont d'une acquisition pénible. Cependant, dans l'objectif de forger les capacités de l'esprit à raisonner, les mathématiques et les sciences qui leur sont affiliées sont importantes :

> « *La capacité de l'esprit s'étend et se resserre par l'accoutumance, et c'est à quoi servent principalement les mathématiques et généralement toutes les choses difficiles, comme celles dont nous parlons ; car elles donnent une certaine*

[189] Arnauld, 1662, « Premier discours ou l'on fait voir le dessein de cette logique », *Logique de Port-Royal*, p. 3 de l'édition de 1854.

étendue à l'esprit, et elles l'exercent à s'appliquer davantage et à se tenir plus ferme dans ce qu'il connaît[190]. »

Pour le sujet qui nous intéresse ici, l'influence de la mathématisation sur la philosophie de la connaissance, la quatrième partie du traité d'Arnauld, *de la méthode,* est la plus intéressante.

Elle fait suite à la partie concernant *le raisonnement* qui est une reprise simplifiée et didactique des idées d'Aristote sur la logique telles qu'elles étaient présentées dans les formations intellectuelles de l'époque. On retrouve dans les idées d'Arnauld celles de Descartes et de Pascal.

Venant de Descartes, on retrouve des idées du *discours de la méthode* et des *règles pour la direction de l'esprit* notamment : « *de ne recevoir jamais aucune chose pour vrai* », face à un problème « *de diviser chacune des difficultés qu'on examine en autant de parcelles qu'il se peut* » et de conduire ses pensées « *en commençant par les objets les plus simples et les plus aisés à connaître, pour monter peu à peu, comme par degrés jusqu'à la connaissance des plus composées* » et aussi de revoir régulièrement le déroulement du raisonnement « *de faire partout des dénombrements si entiers et des revues si générales qu'on puisse assurer ne rien omettre* ».

Les idées de Pascal concernant l'importance des définitions sont également utilisées et développées. Arnauld les évoque et cite leur auteur dès le discours introductif. Il fait aussi référence à *l'esprit géométrique* qu'il avait commandé à Pascal dans le cadre des enseignements de Port-Royal[191].

Ce qu'il y a de bon dans les méthodes de réflexions de Descartes et Pascal tirées de l'approche mathématique est aussi renforcé pour Arnauld du fait que ces méthodes, bien que du domaine spéculatif, ne sont pas coupées de la réalité pratique et de ses applications, comme pouvaient l'être les raisonnements purement formels hérités de la logique scolastique :

> « *Parce que les préceptes généraux sont plus difficiles à comprendre quand ils sont séparés de toute matière, nous considérerons la méthode que suivent les géomètres, comme étant celle qu'on a toujours jugée la plus propre pour persuader la vérité et en convaincre entièrement l'esprit*[192]. »

Arnauld recommande d'appliquer en général huit règles dans la *méthode des sciences*, les six premières proviennent de ce qu'il nomme la *méthode des géomètres* :

> « *Deux règles touchant les définitions :*
>
> *1. Ne laisser aucun des termes un peu obscurs ou équivoques sans les définir.*

---

[190] Arnauld, 1662, « Premier discours où l'on fait voir le dessein de cette logique », *Logique de Port-Royal*, p. 10 de l'édition de 1854.
[191] *Ibid.*, p. 9.
[192] Arnauld, 1662, *Logique de Port-Royal*, Quatrième partie, chapitre II, p. 281 de l'édition de 1854.

2. N'employer dans les définitions que des termes parfaitement connus ou déjà expliqués.

Deux règles pour les axiomes :

3. Ne demander en axiomes que des choses parfaitement évidentes.

4. Recevoir pour évident ce qui n'a besoin que d'un peu d'attention pour être reconnu véritable.

Deux règles pour les démonstrations :

5. Prouver toutes les propositions un peu obscures, en n'employant à leur preuve que les définitions qui auront précédé et les axiomes qui auront été accordés, ou les propositions qui auront déjà été démontrées.

6. N'abuser jamais de l'équivoque des termes, en manquant de substituer mentalement les définitions qui les restreignent et qui les expliquent[193]. »

Dans un autre de ses écrits, la préface de son ouvrage de mathématiques, *Nouveaux éléments de géométrie*, Arnauld, pour une raison de prééminence obligatoire des pratiques théologiques, commence par dénigrer la pratique des mathématiques lorsqu'elles sont un but en soi. Mais ensuite le philosophe admet le caractère incontournable de cette discipline à la fois pour la vie pratique :

« *Néanmoins comme il est impossible de se passer absolument d'une science qui sert de fondement à tant d'arts nécessaires à la vie humaine, il peut y avoir quelques utilités à montrer aux hommes de quelle sorte ils en doivent user et de leur rendre cette étude la plus avantageuse qu'il est possible*[194]. »

Mais également pour la conduite intellectuelle et morale :

« *Mais la géométrie ne sert pas seulement à détacher l'esprit des choses sensibles et à inspirer le goût de la vérité ; elle apprend aussi à la reconnaître et à ne se laisser pas tromper par quantité de maximes obscures et incertaines, qui servent de principes aux faux raisonnements dont les discours des hommes sont tous remplis*[195]. »

Avec ces quelques exemples tirés de traités destinés à l'enseignement et à la conduite intellectuelle dans les dernières décennies du XVIIe siècle, nous avons déjà un aperçu de l'accroissement de l'influence des mathématiques sur différents domaines voisins notamment la philosophie de la connaissance. Après la période initiale d'introduction des nouvelles idées et méthodes de pensée de Descartes, les approches intellectuelles inspirées des raisonnements de type mathématique continuent de gagner du terrain, notamment face à la *logique* formelle qui constituait jusque-là un des piliers des enseignements académiques.

---

[193] Arnauld, 1662, *Logique de Port-Royal*, Quatrième partie, chapitre XI, p. 305-306 de l'édition de 1854.

[194] Arnauld, *Nouveaux éléments de géométrie*, 1667, page 2 de la préface.

[195] *Ibid.*, p. 2.

Antoine Arnauld, rédacteur de cette *Nouvelle logique* de 1662, promoteur des *Nouveaux éléments de géométrie*, proche de Pascal, mathématicien et philosophe, se vit confronté dans une controverse ardue[196] à Malebranche, un autre de ces philosophes importants à l'époque. Malebranche, lui aussi homme d'Église, adepte des nouvelles méthodes de pensée écloses dans le sillage de Descartes, est lui-même activement impliqué dans les cercles scientifiques.

Malebranche, représentations et méthodes mathématiques pour s'aider dans la *Recherche de la vérité* (1675)

Malebranche qui vécut de 1638 à 1715 publia la *Recherche de la vérité* en 1675 et consacra la dernière partie de sa vie à l'Académie royale des sciences dont il fut membre à partir de 1699. Bien que n'ayant pas laissé de travaux majeurs en science et étant surtout connu pour ses développements philosophiques, Malebranche fut très lié à la communauté scientifique. Il fut très assidu à l'Académie, les archives[197] recensent sa présence à quatre cent quarante de ses séances entre 1690 et 1715. D'autre part, le philosophe était aussi le protecteur du groupe de mathématiciens de l'Académie royale des sciences qui développa et défendit le nouveau calcul différentiel[198].

En avançant un peu dans le temps par rapport à ce que nous allons voir plus loin sur le développement conceptuel du calcul différentiel, donnons déjà quelques informations sur son développement institutionnel : les membres de ce groupe informel qui ont le plus contribué à la consolidation du calcul différentiel lancé par Leibniz dans les années 1680 sont notamment les frères Bernoulli, Varignon et Guillaume de l'Hospital. Les sympathisants du calcul différentiel compteront aussi dans leur rang le personnage influent qu'était Fontenelle, secrétaire perpétuel de l'Académie. D'autres mathématiciens secondaires feront aussi partie du groupe : Lamy, Reyneau, Carré. Reyneau publia notamment en 1708 un traité *L'analyse démontrée, ou la méthode de résoudre facilement des problèmes des mathématiques et d'apprendre facilement ces sciences* dont une partie est consacrée au calcul

---

[196] Le sujet de cette controverse étant plutôt de nature théologico-philosophique, nous n'allons pas la traiter ici, elle est néanmoins restée assez célèbre dans l'histoire de la philosophie du XVIIe siècle.

[197] Voir sur ce sujet Robinet, A., « La vocation académicienne de Malebranche », *Revue d'histoire des sciences et de leurs applications*, 1959, Tome 12, n° 1, p. 1-18.

[198] Voir sur cette période Shank, J. B. "There was no such thing as the newtonian revolution and the french initiated it, Eighteenth century mechanics in France before Maupertuis", early science and medicine, 2004, vol. 9, n° 3, p. 257-292. Greenberg, J. L., "Mathematical physics in Eighteen century France", *ISIS*, 1985, vol. 77, p. 59-78. Robinet, A., « Le groupe malebranchiste introducteur du calcul infinitésimal en France », *Revue d'histoire des sciences et de leurs applications*, 1960, Tome 13, n° 4, p. 297-308.

intégral et qui compléta ainsi le traité de Guillaume de l'Hospital[199]. Carré, quant à lui, publia en 1710 un traité de *méthode pour la mesure des surfaces, la dimension des solides, leurs centres de pesanteur, de percussion et d'oscillation par l'application du calcul intégral* qui utilise donc aussi les nouvelles méthodes de calcul.

Parmi ce groupe de mathématiciens novateurs, il semble que Malebranche ait été particulièrement lié au marquis de l'Hospital, qui était le mathématicien le plus mis en avant à l'époque. Malebranche travaillera avec lui sur son *analyse des infiniment petits pour l'intelligence des lignes courbes* qui est, on le rappelle, le premier traité consacré entièrement au calcul différentiel et publié en 1696. L'année du décès de Guillaume de l'Hospital (1704) marque un retrait temporaire de Malebranche de sa présence à l'Académie des sciences.

Il faut noter cependant que la *Recherche de la vérité* de Malebranche, son principal traité philosophique fut publié en 1675, donc à une période antérieure à sa période scientifique. On sait que le philosophe se remit à étudier les mathématiques à partir de 1690 dans la mouvance de l'introduction du calcul infinitésimal dans les cercles mathématiques et après sa controverse avec Arnauld.

L'année 1690 sera une année importante dans la philosophie puisqu'elle sera aussi l'année de publication de l'*Essai sur l'entendement humain* de Locke. Dans son *épître au lecteur*, sorte de préface de ce traité, le philosophe anglais évoque lui aussi comme Malebranche sa propre *recherche de la vérité,* inspirée chez lui par les exemples des travaux des grands mathématiciens de son époque :

> « *J'aurai toujours la satisfaction d'avoir cherché sincèrement la vérité et l'utilité, même si c'est d'une façon la plus modeste. La république des lettres ne manque pas à notre époque de maîtres d'œuvre dont les grands desseins concernant le progrès des sciences laisseront des monuments durables à l'admiration de la postérité. Mais chacun ne peut espérer être un Boyle ou un Sydenham ; et à une époque qui a produit de tels maîtres que le grand Huygens et l'incomparable Monsieur Newton et quelques autres de cette trempe, il suffit de viser l'emploi d'ouvrier subalterne chargé de nettoyer un peu le terrain et d'ôter certains des déchets qui encombrent le chemin de la connaissance.* »

Avec Malebranche et Locke, nous avons bien ici, dans le tournant du siècle deux exemples de philosophes investis dans la quête de la connaissance qui conviennent à la solidité et au caractère inéluctables des nouvelles approches de raisonnement inspirées de la rationalité des mathématiques.

---

[199] Sur ce traité de Reyneau, voir Lubet J. P., « Le calcul différentiel et intégral dans l'analyse démontrée de Charles René Reyneau », *Recherches sur Diderot et sur l'Encyclopédie*, 2005, vol. 38, p. 151-178.

Plan général du traité de Malebranche *La recherche de la vérité*, 1675 :

Livre premier	*Des sens.*
Livre deuxième	*De l'imagination.*
Livre troisième	*De l'entendement ou de l'esprit pur.*
Livre quatrième	*Des inclinations ou des mouvements naturels de l'esprit.*
Livre cinquième	*Des passions.*
Livre sixième	*De la méthode.*

Dans le troisième livre consacré à *l'entendement*, Malebranche explique que l'esprit humain est limité et que l'erreur de ceux qui cherchent la connaissance, qu'il appelle les philosophes, vient que ceux-ci veulent comprendre d'une manière globale des phénomènes par trop complexes :

> « *Toutes les sciences qui regardent le détail des corps et de leurs qualités particulières, comme des animaux, des plantes, des métaux et de leurs qualités propres, sont de ces sciences qui ne peuvent jamais être assez évidentes ni assez certaines, principalement si on ne les cultive d'une autre manière qu'on a fait et si on ne commence par les sciences les plus simples et les moins composées dont elles dépendent*[200]. »

Malebranche oppose la connaissance *vraisemblable* à la connaissance *certaine et évidente*. La première est celle obtenue par les philosophes inscrits dans le système d'Aristote, la deuxième est celle des *géomètres*. Pour Malebranche les savoirs venant du système de pensée et d'éducation aristotélicien sont une *histoire,* dans le sens donné à cette époque c'est-à-dire une collection de faits et d'informations classée d'une certaine manière.

Ce système ne promeut pas la réflexion, il reste dans une forme de vraisemblance acceptable et institutionnelle différente de *la vérité* elle-même. En opposition à ce système, les *géomètres* auraient, selon Malebranche, la bonne méthode : ils reconnaissent les limites de l'esprit humain. Connaissant ces limites, ils procèdent par ordre du plus simple au plus complexe :

> « *Ces personnes ne se sont point avisées de résoudre des difficultés fort composées qu'après avoir connu très clairement les plus simples dont elles dépendent : ils ne se sont appliqués à la considération des lignes courbes comme*

[200] Malebranche, 1675, *Recherche de la vérité*, chapitre III, Livre troisième, p. 228 de l'édition de 1842 des œuvres de Malebranche. Cette gradation entre savoir fondamental et sciences particulières se trouvait déjà chez Descartes dans sa fameuse description de la connaissance : « *Toute la philosophie est comme un arbre, dont les racines font la métaphysique, le tronc est la physique, et les branches qui sortent de ce tronc sont toutes les autres sciences qui se réduisent à trois principales, à savoir la médecine, la mécanique et la morale, j'entends la plus haute et la plus parfaite morale, qui, présupposant une entière connaissance des autres sciences, est le dernier degré de la sagesse. Or, comme ce n'est pas des racines, ni du tronc des arbres, qu'on cueille les fruits, mais seulement des extrémités de leurs branches, ainsi la principale utilité de la philosophie dépend de celles de ses parties qu'on ne peut apprendre que les dernières* » dans les *Principes de la philosophie* de 1644.

les sections coniques qu'après qu'ils ont bien possédé la géométrie ordinaire[201]. »

Les *géomètres* ont mis au point des systèmes de notation pour rendre des raisonnements complexes plus faciles à suivre,

« *Se sont servis de l'algèbre et de l'analyse que Viète et Descartes ont renouvelés et perfectionnés en ce siècle [...]. Ils se sont servis des lettres ordinaires qui nous sont fort familières afin d'exprimer et d'abréger leurs idées*[202]. »

Après avoir au cours de son traité remis en cause « *l'opinion vraisemblable* », « *l'autorité de tous les philosophes* » puis détaillé et discuté le rôle de l'imagination, des passions, etc. sur le fonctionnement de l'esprit humain, Malebranche, comme l'ont déjà fait avant lui Descartes, Pascal et Arnauld, se consacre à trouver la bonne méthode pour rechercher la vérité et :

« *D'essayer de rendre à l'esprit toute la perfection dont il est naturellement capable, en lui fournissant les secours nécessaires pour devenir plus attentif et plus étendu et en lui prescrivant les règles qu'il faut observer, dans la recherche de la vérité, pour ne se tromper jamais et pour appendre avec le temps tout ce que l'on peut savoir*[203]. »

La présentation de cette méthode se divise pour Malebranche en deux parties, la première est consacrée aux moyens de « *rendre l'esprit plus attentif et plus étendu* ». La seconde explique « *les règles qu'il est absolument nécessaire d'observer dans la résolution de toutes les questions* ».

Dans la première partie, Malebranche utilise à plusieurs reprises l'exemple des représentations graphiques utilisé en mathématiques : pour remédier aux faiblesses de l'entendement, celui-ci a besoin de représentations afin de fixer les idées d'une manière ou d'une autre.

« *C'est pour cela que les géomètres expriment par des lignes sensibles les proportions qui sont entre les grandeurs qu'ils veulent considérer. En traçant ces lignes sur le papier, ils tracent pour ainsi dire dans leur esprit les idées qui y répondent*[204]. »

On se rappelle en effet qu'à cette époque, différentes grandeurs telles que la distance, le temps mais aussi la vitesse étaient parfois représentées dans les diagrammes de problèmes physiques par des lignes. On l'a vu, par exemple, dans le *Discours concernant deux sciences nouvelles* en 1638 dans

---

201 Malebranche, 1675, *Recherche de la vérité*, chapitre III, Livre troisième, p. 230 de l'édition de 1842 des œuvres de Malebranche.

202 Malebranche, 1675, *Recherche de la vérité*, chapitre III, Livre troisième, p. 230 de l'édition de 1842 des œuvres de Malebranche.

203 *Ibid.*, p. 457.

204 *Ibid.*, p. 466.

le théorème IV sur le mouvement uniforme ou la figure utilisée par Galilée est la suivante[205] :

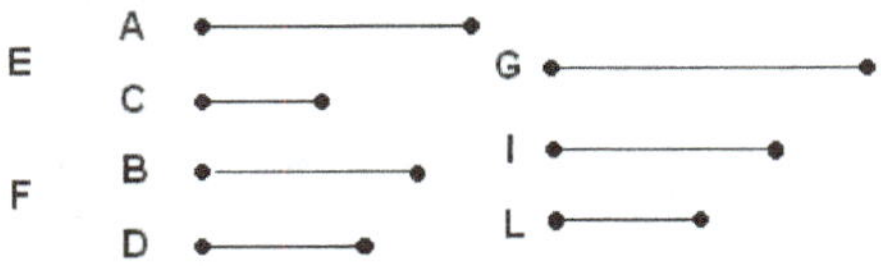

Dans ce diagramme A et B représentent des vitesses, C et D des temps et G, I et L des distances.

Ainsi dans la *Recherche de la vérité* de Malebranche, deux chapitres[206] du sixième livre *de la méthode* pour *augmenter l'étendue et la capacité de l'esprit* sont illustrés de diagrammes semblables à ceux qu'on trouve à cette époque dans les traités de *mathématiques mixtes*. Malebranche utilise, par exemple, la représentation géométrique du mouvement d'un corps :

> « *On sait qu'un corps est mû par deux ou par plusieurs causes différentes vers deux ou plusieurs différents côtés que ces forces les poussent également ou inégalement ; qu'elles augmentent ou qu'elles diminuent incessamment, selon une proportion connue telle qu'on voudra. Et l'on demande quel est le chemin que doit tenir ce corps, l'endroit où il doit se trouver dans un tel moment, quelle doit être sa vitesse lorsqu'il est arrivé à un tel endroit et d'autres choses semblables*[207]. »

Il représente ce mouvement dans un diagramme comprenant deux axes AB et AC et expose différents cas de figure :

« *Si la force qui meut ce corps vers B est égale à celle qui le meut vers C on doit couper dans les lignes AB et AC des parties 1, 2, 3, et 4 et I, II, III et IV également éloignées de A* ».	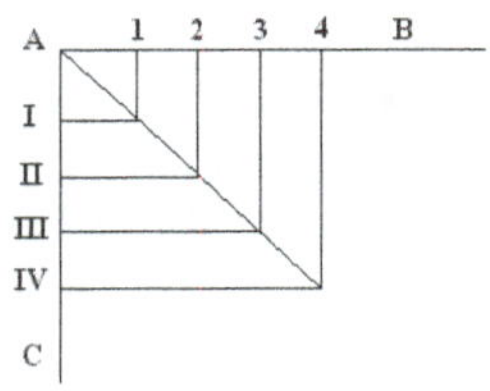
« *Si la force qui le meut vers B est double de celle qui le meut vers C, l'on coupe les parties dans AB doubles de celles que l'on coupe dans AC* ».	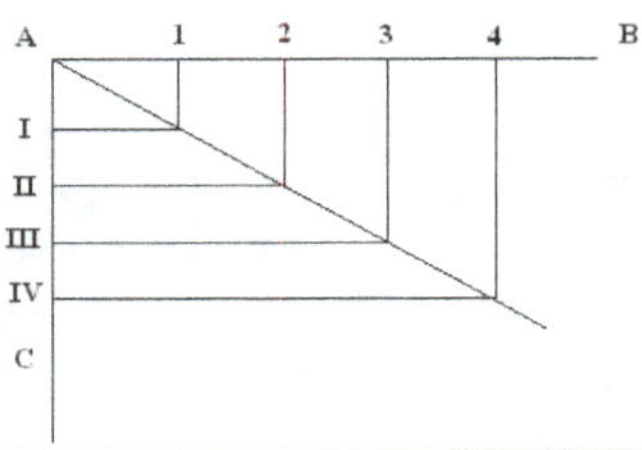

[205] Galilée, *Discours concernant deux sciences nouvelles*, 1638, Rééditions traduction Épiméthée, PUF, 2008, p. 128.

[206] Les chapitres IV et V.

[207] Malebranche, 1675, *Recherche de la vérité*, chapitre IV, Livre sixième, p. 468 de l'édition de 1842 des œuvres de Malebranche.

« Si la force qui le meut vers B est « *sous doubles* » de celle qui le meut vers C, l'on coupe les parties dans AB « *sous doubles* « de celles que l'on coupe dans AC ».	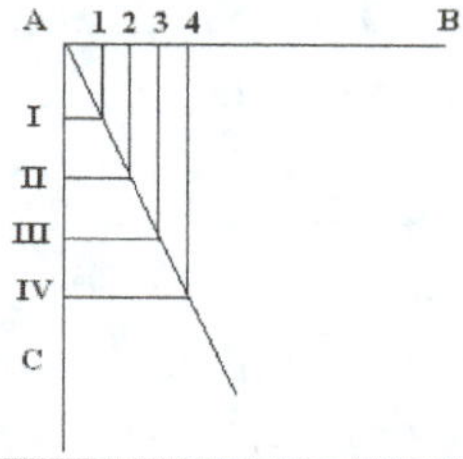

Et Malebranche d'expliquer :

« *Les divisions de ces lignes expriment encore à l'imagination la grandeur des différentes forces qui meuvent ce corps, et en même temps l'espace qu'elles sont capables de lui faire parcourir.* »

Ainsi, la géométrie sert à fixer les idées théoriques et à pouvoir les imaginer. Toutes les sciences qui sont quantifiables et les rapports de leurs différentes grandeurs peuvent ainsi être représentés à l'*imagination* par des diagrammes géométriques. Cette méthodologie ne se cantonne pas qu'aux mathématiques, elle est applicable à beaucoup de domaines et donne un moyen puissant de faire avancer la connaissance :

« *Ces exemples suffisent pour faire connaître que l'on peut exprimer par lignes et représenter ainsi à l'imagination la plupart de nos idées ; et que la géométrie, qui apprend à faire toutes les comparaisons nécessaires pour connaître les rapports des lignes est d'un usage beaucoup plus étendu qu'on ne le pense ordinairement. Car, enfin, l'astronomie, la musique, les mécaniques et généralement toutes les sciences qui traitent des choses capables de recevoir du plus ou du moins et par conséquent que l'on peut regarder comme étendues, c'est-à-dire toutes les sciences exactes peuvent se rapporter à la géométrie, parce que toutes les vérités spéculatives ne consistant que dans les rapports des choses et dans les rapports qui se trouvent dans leurs rapports, elles peuvent toutes se rapporter à des lignes. On en peut tirer géométriquement plusieurs conséquences, et ces conséquences étant rendues sensibles par les lignes qui les représentent, il n'est pas possible de se tromper et l'on peut pousser les sciences fort loin avec beaucoup de facilité*[208]. »

Dans la suite de son exposé, Malebranche met pourtant en garde contre une utilisation excessive de cette méthode qui serait emportée par la facilité et la satisfaction intellectuelle qu'apporte la géométrie. Dans de nombreux cas, dit-il, les modèles géométriques ne prédisent pas correctement les phénomènes naturels et ne permettent pas toujours de réaliser les mécanismes envisagés, « *la nature n'est point abstraite : les leviers et les roues des mécaniques ne sont pas des lignes et des cercles mathématiques* ». Souvent, ces erreurs ne viennent pas du fait de la géométrie mais des principes initiaux choisis. Une utilisation des mathématiques partant de

[208] Malebranche, 1675, *Recherche de la vérité*, chapitre IV, Livre sixième, p. 476 de l'édition de 1842 des œuvres de Malebranche.

postulats erronés n'aboutira à rien de vrai, inversement, même avec des bonnes hypothèses physiques au départ, aucune science exacte ne peut progresser correctement si elle n'utilise pas les mathématiques.

La géométrie est donc pour Malebranche la science qui dans l'acquisition de la connaissance permet de fixer les idées, de visualiser, et par là, elle renforce et mobilise l'attention et l'appréhension qu'on peut avoir d'un problème donné. Elle est applicable à tout problème comportant des données quantitatives.

> « *On doit donc regarder la géométrie comme une espèce de science universelle qui ouvre l'esprit, qui le rend attentif, et qui lui donne l'adresse de régler son imagination et d'en tirer tout le secours qu'il en peut recevoir : car, par le secours de la géométrie, l'esprit règle le mouvement de l'imagination, et l'imagination réglée soutient la vue et l'application de l'esprit*[209]. »

Après avoir montré le rôle de la géométrie pour « *régler l'imagination* » et appréhender et se représenter un problème et ses grandeurs quantifiables, Malebranche passe aux méthodes qui permettent de raisonner sur ces grandeurs et de les combiner. Ces sciences qui permettent « *d'augmenter l'étendue et la capacité de l'esprit* » sont l'arithmétique, l'algèbre et ultimement l'analyse. Ces sciences qui permettent de travailler sur les rapports entre éléments sont pour Malebranche le modèle pour construire un raisonnement en vue d'atteindre la vérité. « *Les vérités ne sont que des rapports et la connaissance des vérités la connaissance des rapports*[210] » et ultimement la *Vérité* est comme un vaste problème à résoudre, un assemblage de « *vérités composées à l'infini*[211] ». Cette capacité combinatoire effective et qu'il illustre par des exemples[212], reste dans le domaine des idées, elle permet d'organiser des combinaisons de combinaisons à différentes échelles et ainsi de s'orienter dans les raisonnements les plus complexes.

> « *Il n'y a que les seules idées dont l'esprit puisse connaître infailliblement les rapports par lui-même et sans l'usage des sens. Mais non seulement il y a rapport entre les idées, mais encore entre les rapports qui sont entre les idées, entre les rapports des rapports des idées et enfin entre les assemblages de plusieurs rapports et entre les rapports de ces assemblages de rapports et ainsi à l'infini ; c'est-à-dire qu'il y a des vérités composées à l'infini*[213]. »

Dans la progression pour la découverte de nouvelles vérités, Malebranche remarque qu'il y a une gradation dans la valeur heuristique des disciplines.

---

[209] *Ibid.*, p. 479.
[210] *Ibid.*, p. 485.
[211] *Ibid.*, p. 486.
[212] Qui sont, il est vrai, tirés uniquement des mathématiques et Malebranche ne donne pas d'application de ces mêmes méthodes sur d'autres disciplines.
[213] Malebranche, 1675, *Recherche de la vérité*, chapitre IV, Livre sixième, p. 486 de l'édition de 1842 des œuvres de Malebranche.

« Ainsi les constructions géométriques, dont on se sert pour exprimer les valeurs des quantités inconnues, ne sont pas si utiles à régler l'esprit et à découvrir les rapports ou les vérités que l'on cherche à régler l'imagination[214]. »

Les véritables découvertes sont faites en utilisant l'algèbre et l'analyse :

« L'arithmétique et l'algèbre sont ensemble la véritable logique qui sert à découvrir la vérité et à donner à l'esprit toute l'étendue dont il est capable. »

L'étude de ces passages des écrits de Malebranche de 1675 tirés d'un traité philosophique destiné à trouver *la vérité* donne donc un autre exemple du fait que dans la seconde moitié du XVIIe, les réflexions des philosophes prennent en compte de manière croissante les méthodes de réflexions et de représentations venant des mathématiques et des disciplines où elles sont utilisées. On voit ainsi que le processus de mathématisation dans de nombreuses disciplines, la reconnaissance de la solidité de ses méthodes et de ses résultats influence de manière grandissante les manières de penser de la philosophie de la connaissance en général.

Dans cette partie, nous avons donc parcouru une période allant environ des écrits de Bacon et des travaux de Galilée dans le début des années 1600 aux travaux de Pascal, Huygens dans les années 1650-1670. Comme nous l'avons vu, cette première période de l'évolution des idées est jalonnée de traités de *philosophie naturelle*, de *mathématiques mixtes* et de recherches sur la connaissance. Les auteurs de ces traités sont avant tout à la recherche de nouvelles méthodes visant à se dégager de l'enseignement scolastique. Cette volonté se manifeste dans les sciences par le rapprochement des mathématiques et de la physique, deux disciplines qui étaient clairement séparées dans le système de classification des savoirs hérité d'Aristote.

Parallèlement, l'étude de systèmes physiques simples ouvre des nouveaux champs de réflexions en mathématiques. La réussite pratique et la fécondité de la nouvelle méthode de réflexion suivant l'exemple des *géomètres* ouvrent clairement aussi un nouveau champ pour les méthodes d'acquisition et de classement de la connaissance en général.

Ce qui n'était au début du XVIIe siècle dans la classification de Bacon qu'un *appendice* des mathématiques a progressivement établi de nouveaux standards méthodologiques qui dépassent même leur sujet initial et sont présentés comme modèles pour la recherche de la connaissance et de la vérité en général. Seule la certitude pratique de *la méthode des géomètres* permet aux philosophes *modernes* du XVIIe de remettre en question tout le corpus des connaissances des *anciens* et les manières de penser héritées des époques antérieures.

Cette première période de la mathématisation a débuté dans les années 1630 avec la *Géométrie* de Descartes et nous amène aux travaux de Leibniz et de Newton dans le début des années 1660-1670. Cette deuxième période,

---

[214] *Ibid.*, p. 488.

que nous allons aborder maintenant, se prolongera jusqu'au tournant des XVIIe et XVIIIe siècles.

Reprenons donc le cours historique de la mathématisation. À cette époque, comme le montre le procès-verbal de la première séance de l'Académie royale des sciences du 22 décembre 1666, à Paris, mathématique et physique s'installent officiellement dans une relation privilégiée :

> « *Ce jour, il a été arrêté dans la compagnie :*
>
> *1. Qu'elle s'assemblera deux fois la semaine, le mercredi et le samedi.*
>
> *2. Que l'un de ces deux jours, savoir le mercredi, on traitera des mathématiques ; le samedi, on travaillera à la physique ;*
>
> *3. Comme il y a une grande liaison entre ces deux sciences, on a jugé à propos que la compagnie ne se partage point et que tous se trouvent à l'assemblée les mêmes jours*[215]. »

[215] Procès-verbal de la première séance de l'Académie royale des sciences, 22 décembre 1666.

3. Suite du processus de mathématisation dans la période 1660-1700 : courbures, procédures infinitésimales et dynamique

Avant de commencer à étudier cette période charnière des années 1660-1700, faisons un état des lieux : comment se présente la mathématisation en cette fin de période pré-newtonienne, avant l'apparition de la dynamique et le développement du calcul différentiel de Leibniz ? Quels sont les problèmes physiques traités, les développements mathématiques concomitants et les liens entre ces deux disciplines ?

3.1. État des lieux à la fin de la première période de la mathématisation

La physique mathématisée dans la première partie du XVIIe est essentiellement centrée autour du mouvement des corps. « *Il n'est peut-être rien dans la nature d'antérieur au mouvement* », dit Galilée dans les années 1630. La *physica terrestris* à laquelle nous nous intéressons ici et que nous avons vue à travers les *Discorsi* de Galilée sur la chute des graves, les traités de Huygens sur le mouvement d'oscillation isochrone et le choc des corps, Pascal sur le centre de gravité des solides, etc. Toute cette physique peut en fin de compte être ramenée à l'étude de la cinématique d'un ou de plusieurs points affectés d'une masse. Ces points-masse sont déclinés en *mobiles, corps, graves*, dans les différents traités de cette époque. La première science physique mathématisée vers le dernier tiers du XVIIe est donc la cinématique, dans le sens étymologique venant de *κι νησῃ*, le mouvement.

Les mathématiques utilisées pour se représenter ces mouvements restent encore majoritairement des mathématiques héritées des *anciens*. La majorité des figures sont à base de géométrie classique, les démonstrations aussi, ce qui fait souvent leur lourdeur. La géométrie analytique et les représentations paramétriques des courbes restent encore minoritaires. L'enchaînement des figures géométriques liées aux mouvements suit aussi un ordre désormais classique : droite et compositions de droites, cercle, coniques, courbes diverses[216].

[216] Courbes déjà connues avant le XVIIe, conchoïde, cissoïde, etc., et bien sûr une courbe centrale à cette époque : la cycloïde qui n'a commencé à être étudiée systématiquement qu'au

Une des directions de la mathématisation à cette époque, liée aux avancées physiques sur la cinématique de ces points-masse, est l'étude de la relation entre le droit (droites, *lignes simples*) et le courbe (les courbes, *lignes composées*).

Rappelons quelques exemples de ce lien entre mouvement des corps et courbures qui étaient objet de recherches dans les années 1630-1650.

Mouvement uniforme ou naturellement accéléré et « ligne simple »

Nous avons vu que chez Galilée, il y a une correspondance entre mouvement uniforme ou naturellement accéléré des mobiles avec la droite géométrique. De même chez Roberval, par exemple, on trouve la notion de *ligne simple* :

> « *Nous appelons ligne simple, celle qui, étant sur un plan, est telle que chacune de ses parties peut convenir avec toutes les autres parties de la même ligne. Telle est la ligne droite et la circonférence du cercle*[217]. »

Définition qui est immédiatement suivie de celle du mouvement uniforme :

> « *Mouvement uniforme est celui par lequel un mobile est porté d'une vitesse toujours égale à elle-même*[218]. »

Il est intéressant de noter que pour Roberval, la ligne droite et la circonférence d'un cercle sont le même type d'objet géométrique et on peut avancer qu'elles sont en quelque sorte liées à l'idée physique de mouvement uniforme. On rappelle aussi que Descartes commençait également sa *Géométrie* de 1637 par le livre premier traitant « *des problèmes qu'on peut construire sans y employer que des cercles et des lignes droites* ».

Mouvement composé et « lignes courbes »

La courbe et le *simple* (droit ou circulaire) sont séparés physiquement par Galilée dans les années 1630 dans son introduction sur le mouvement des projectiles :

> « *J'imagine qu'un mobile a été lancé sur un plan horizontal d'où l'on a écarté tout obstacle ; il est certain, d'après ce qu'on a dit ailleurs plus longuement, que son mouvement se poursuivra uniformément et éternellement sur ce même plan pourvu qu'on le prolonge à l'infini. Supposons en revanche qu'il soit limité et situé à une certaine hauteur : le mobile que j'imagine doué de gravité, parvenu à*

XVIIe siècle et dont on a vu le rôle important qu'elle a eu dans les travaux de cette époque et en premier lieu chez Pascal et Huygens.

[217] Roberval, « Observations sur la composition des mouvements et sur le moyen de trouver les touchantes des lignes courbes », *Divers ouvrages de mathématiques*, 1693, p. 69.

[218] *Ibid.*, p. 69.

l'extrémité du plan et continuant sa course, ajoutera à son précédent mouvement uniforme et indélébile la tendance vers le bas que lui confère sa gravité : le résultat sera ce mouvement composé d'un mouvement horizontal uniforme et d'un mouvement naturellement accéléré vers le bas que j'appelle projection[219]. »

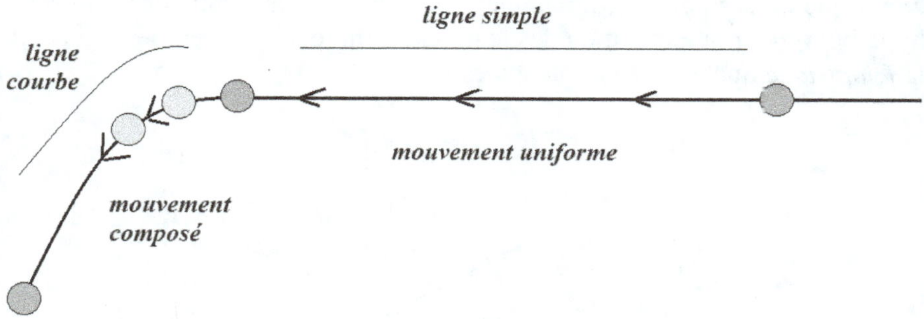

Ce mouvement *composé* introduit physiquement par Galilée dans les années 1630 sera aussi l'idée de départ du Traité de géométrie de Roberval écrit vers 1650, dont le but principal « *est de tirer du mélange des mouvements une méthode générale pour trouver les touchantes des lignes courbes.* »[220]

Similairement, chez Descartes qui propose une classification des courbes dans le livre second de sa *Géométrie* de 1637, *De la nature des lignes courbes,* est mise en avant l'idée qu'une ligne est plus ou moins *composée.* La classification de Descartes est comme suit :

I. Ligne droite ;
II. Cercle ;
III. Coniques ;
IV. « Courbes plus composées ».

Comme nous l'avons vu, cette classification géométrique chez Descartes suit le même ordre que la présentation du mouvement physique par Galilée[221] dans la troisième journée du *Discours sur deux sciences nouvelles* écrit entre 1635 et 1638.

Pour Descartes, la *courbe composée* est la résultante du mouvement du point d'intersection de deux autres courbes qui évoluent l'une par rapport à l'autre :

---

[219] Galilée, *Discours concernant deux sciences nouvelles*, 1638, p. 268.

[220] Roberval, « Observations sur la composition des mouvements et sur le moyen de trouver les touchantes des lignes courbes », *Divers ouvrages de mathématiques*, 1693, p. 75.

[221] Comme le dit Christiane Vilain, « *Galilée inscrit la dynamique dans un ordre mathématique* » qui utilise les outils mathématiques disponibles à l'époque, et la nomenclature mathématique est le fil directeur qui guide les réflexions physiques. « *Il s'agit de ramener l'inconnu a du déjà connu, de faire entrer de force les phénomenes dans des formes dont on dispose préalablement.* » Vilain, C., « La loi galiléenne et la dynamique de Huygens », *Revue d'histoire des mathématiques*, 1996, p. 96-97.

« *Et il n'est besoin de rien supposer pour tracer toutes les lignes courbes que je prétends ici introduire, sinon que deux ou plusieurs lignes puissent être mues l'une par l'autre et que leur intersection en marque d'autres*[222]. »

Cette approche se retrouve chez Descartes dans la méthode de tracé empirique de ses courbes, notamment pour le tracé des coniques (ellipse et hyperbole) pour la fabrication des lentilles, comme le montrent les figures de la *Dioptrique* que nous avons adaptées ici :

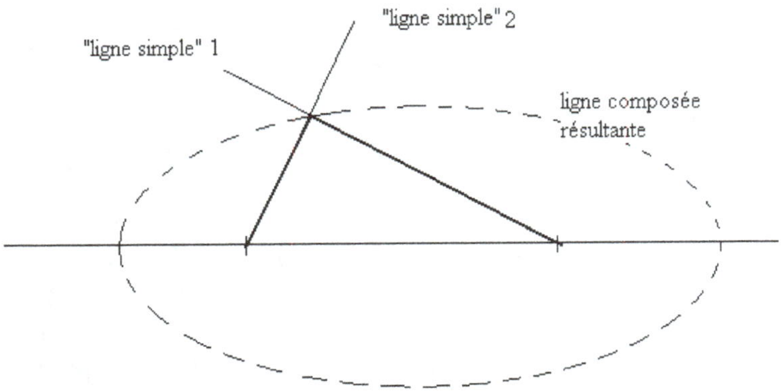

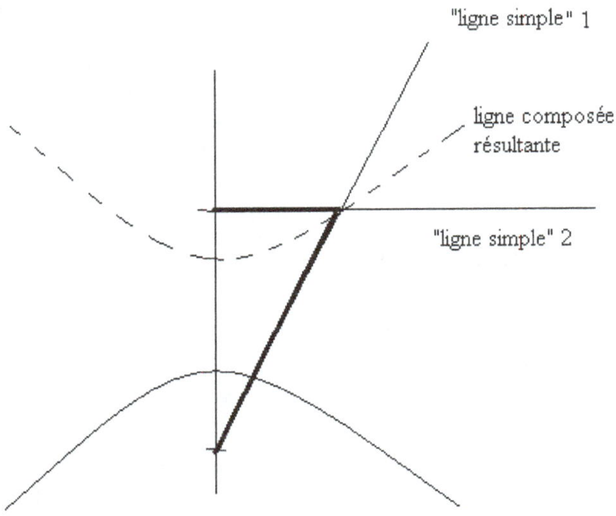

Le critère utilisé ensuite par Descartes pour le classement de la courbe *plus composée* en courbe *géométrique* ou *mécanique* est lié à la nature du mouvement existant entre les courbes initiales et la possibilité d'établir une mesure, une relation réglée, entre les différents mouvements :

« *Pourvu qu'on puisse les imaginer être décrites par un mouvement continu, ou par plusieurs qui s'entresuivent et dont les derniers soient entièrement réglés par*

---

[222] Descartes, *Géométrie*, 1637, p. 389 (p. 429).

ceux qui les précèdent, car par ce moyen, on peut toujours avoir une connaissance exacte de leur mesure[223]. »

Comme on l'a vu, ce rapport entre l'élément le plus *simple*, *absolu* ou *indécomposable*, avec l'élément plus complexe, comme celui du *droit* au *courbe*/oblique est généralisé aussi par Descartes dans la sixième des *règles pour la direction de l'esprit*.

« *J'appelle absolu tout ce qui est l'élément simple et indécomposable de la chose en question, comme, par exemple, tout ce qu'on regarde comme indépendant, cause, simple, universel, un, égal, semblable, droit, etc. [...] j'appelle relatif ce qui est de la même nature ou du moins y tient par un côté par où l'on peut le rattacher à l'absolu, et l'en déduire. Mais ce mot renferme encore certaines autres choses que j'appelle les rapports, tel est tout ce qu'on nomme dépendant, effet, composé, particulier, multiple, inégal, dissemblable, oblique, etc.*[224] »

Cette notion de *composition* se retrouve aussi dans le traité de Roberval écrit dans les années 1660 sur la détermination des tangentes à partir du mouvement.

« *Nous prendrons pour principe d'invention qu'en toutes les autres lignes courbes, quelles qu'elles puissent être, leur touchante, en quelque point que ce soit, est la ligne de direction du mouvement qu'a en ce même point le mobile qui les décrit. En sorte que composant des mouvements en diverses façons et venant à connaître la direction du mouvement composé en quelque point que ce soit, d'une ligne courbe, nous connaissons par même moyen sa touchante*[225]. »

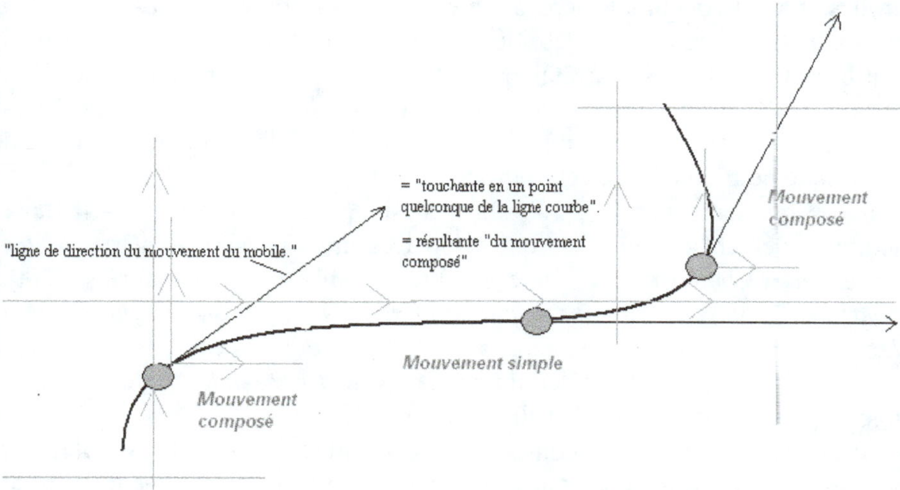

[223] Descartes, *Géométrie*, 1637, p. 389 (p. 429).
[224] Descartes, 1628, *Règles pour la direction de l'esprit*, p. 227.
[225] Roberval, « Observations sur la composition des mouvements et sur le moyen de trouver les touchantes des lignes courbes », *Divers ouvrages de mathématiques*, 1693, p. 70.

Voici donc où en sont, vers les années 1650, les recherches et les correspondances entre étude de la cinématique du point-masse et problèmes de géométrie (construction des tangentes, introduction des procédures algébriques en géométrie, classification des courbes).

- Le mouvement uniforme ou naturellement accéléré est associé aux lignes *simples* (droite ou cercle) parcourues par le mobile.
- Le mouvement *composé* est associé aux courbes (*courbes composées* au-delà des coniques).

Nous avons vu d'une part qu'il existe un parallèle avec la philosophie de cette époque qui traite également d'*idées simples* et d'*idées composées*.

D'autre part, d'un point de vue purement mathématique, au XVIIe siècle, un des champs de réflexion concernait la *nature* des courbes. Une courbe était considérée connue si on arrivait à répondre à une série précise de questions la concernant. Pouvait-on construire sa tangente, trouver sa « quantité de courbure », calculer l'aire sous cette courbe, trouver sa « longueur », trouver son « minima et son maxima », son centre de gravité, etc. ? Ces questions pratiques de constructions étaient le standard intellectuel principal qui intéressait les mathématiciens.

Descartes avait commencé, dans sa *Géométrie,* en prenant pour principe la comparaison de certaines courbes avec des droites. Il avait procédé en établissant un rapport algébrique entre courbes et droites. Il considérait que certaines courbes ne satisfaisaient pas à une relation algébrique avec les droites et avait conclu à la séparation entre *courbes géométriques* et *courbes mécaniques*. La relation algébrique qui correspondait au rapport entre les courbes et les droites s'arrêtait pour lui à la forme d'un polynôme d'un certain degré. Il appelait ceci les problèmes *plans, solides, sur solides*. Au-delà de ces degrés, on ne pouvait pas, selon Descartes, trouver de relation algébrique pour construire ces courbes.

Les mathématiciens qui ont continué son travail ont traité géométriquement des courbes qui selon Descartes ne pouvaient pas « *être reçues en Géométrie* ». Comme le dira Leibniz dans les années 1680, « *certains problèmes ne sont ni plans, ni solides, ni sur solides ni d'aucun degré déterminé, mais surpassent toute équation algébrique* ». Il dira que le problème est de degré indéterminé et qu'il *transcende* toute équation algébrique. Ce sont les courbes dites *transcendantes*.

Pendant longtemps, ces courbes transcendantes seront traitées isolément pour essayer de construire pour chacune leur tangente, trouver leur quantité de courbure, leur longueur, etc. tout était traité au moyen de constructions ad hoc et de descriptions géométriques de chaque courbe individuellement.

Restait encore à trouver une approche analytique suffisamment générale pour décrire toutes ces courbes plus *composées* que les courbes algébriques et qui les ferait passer du domaine de la *mécanique* à celui de la *géométrie.*

Cette approche analytique aura recours à ce qui s'appellera à l'époque *l'algèbre de l'infini.*

3.2. Développement de l'utilisation de l'infini pour la compréhension de la courbure

Un des champs d'étude en mathématiques depuis l'Antiquité était d'approcher au niveau infinitésimal les comportements entre une courbe et une droite et la façon de pouvoir utiliser la géométrie des figures rectilignes pour faire des calculs sur la courbe. La même question se déclinait dans la deuxième dimension pour les surfaces de figures quelconques, le but étant d'approximer une aire quelconque et inconnue à une aire rectangulaire (*quadratique*) dont on savait calculer la surface.

Au XVIIe siècle, dans la vague des nouvelles méthodes mathématiques (géométrie dite *analytique* par opposition à la *synthèse des anciens*), ce problème a lui aussi fait l'objet de plusieurs nouvelles idées.

La notion de subdivision infinitésimale, l'approche qui consistait à descendre jusqu'à la plus petite unité, jusqu'à atteindre chez certains philosophes/mathématiciens un *indivisible* pour comprendre le comportement de la courbe, a été présente tout au long de l'évolution des idées mathématiques au XVIIe siècle[226]. Chronologiquement, les principaux acteurs de cette progression ont été, comme nous l'avons vu rapidement, Cavalieri, Torricelli, Roberval, Wallis, Pascal et Barrow[227].

En termes de mathématisation, nous allons aborder le développement, par les différents auteurs à partir des années 1660, de l'utilisation des procédures mathématiques faisant intervenir les notions d'infinis et d'infinitésimaux combinées avec les trois questions majeures ci-dessous, liées à la physique :

1. Comprendre la courbure des trajectoires et des formes en lien avec la cinématique et la statique de phénomènes physiques de complexité croissante.
2. Pouvoir représenter mathématiquement le mouvement continu et de l'étudier dans sa composante instantanée[228] (notamment les questions de début et fin du mouvement, d'accélération positive et négative, etc.).

---

[226] Comme le dit Claude Merker, « le "courbe" est approché par le "droit", et ce, d'autant mieux que la subdivision est plus fine ». Merker, C. « Le chant du cygne des indivisibles ou le calcul infinitésimal dans la dernière œuvre scientifique de Pascal », *Presse universitaire de Franche-Comté*, 2004.

[227] Les principaux traités ayant marqué cette progression sont le traité de Kepler. *Nova stereometria dolium vinorum* de 1615, le traité *Geometria indivisibilibus* de Cavalieri publié en 1635, l'*Opera geometrica* de Torricelli publié en 1644, les travaux de Roberval publiés posthumément sous le titre de *Traité des indivisibles* en 1693, l'*Arithmetica infinitorum* de John Wallis en 1655, puis le *Traité de la roulette* de Pascal publié en 1658.

[228] Dans une fraction *infinitésimale* de temps.

3. En lien avec les deux précédentes questions, comprendre physiquement et trouver une représentation mathématique des facteurs qui créent les variations du mouvement (courbure, accélération négative et positive), à savoir les forces[229].

On peut remarquer que Newton (1642-1727) est le seul à cette époque dont les travaux couvrent ces trois problématiques et constituent un ensemble complet qui propose à la fois des outils mathématiques pour travailler sur la courbure[230] et le mouvement instantané, et qui donnent une théorie complète des facteurs (les forces) qui les affectent.

Nous verrons la question des forces à propos de la dynamique dans l'œuvre principale de Newton, les *Principes mathématiques de la philosophie naturelle.*

Voyons d'abord les deux premières questions, celles de la compréhension de la courbure et la nécessité de pouvoir représenter mathématiquement le mouvement continu.

Newton (années 1660-1670)

Pour le premier problème, celui de la courbure, Newton utilise les notions d'infini dans les séries, qu'il nomme aussi *équations infinies* dans ses traités mathématiques. Ces idées sont développées dans son traité sur la *Méthode des fluxions et des suites infinies*, qui aurait été composé dans les années 1660 (selon la préface de la seule traduction française[231], ce traité a été commencé en 1664 et achevé pour sa version latine en 1671 mais sans être publié par Newton, puis il fut ensuite publié en anglais en 1736).

Dès le début de la *Méthode des fluxions et des suites infinies*, Newton explique qu'il se conformera aux *méthodes modernes* des mathématiques et veut montrer comment les utiliser pour travailler sur les courbes :

---

[229] Cf. la loi II des *Axiomes ou lois du mouvement* telle qu'elle est formulée explicitement pour la première fois par Newton au début des *Principes mathématiques de la philosophie naturelle :*

« *Les changements qui arrivent dans le mouvement sont proportionnels à la force motrice et se font dans la ligne droite dans laquelle cette force a été imprimée. Si une force produit un mouvement quelconque, une force double produira un mouvement double, et une triple, un mouvement triple, soit qu'elle ait été imprimée en un seul coup, soit qu'elle l'ait été peu à peu et successivement, et ce mouvement, étant toujours déterminé du même côté que la force génératrice, sera ajouté au mouvement que le corps est supposé avoir déjà, s'il conspire avec lui, ou en sera retranché s'il lui est contraire, ou bien en sera retranché ou ajouté en partie s'il lui est oblique, et de ces deux mouvements, il s'en formera un seul, dont la détermination sera composée des deux premiers.* »

Newton, *Principes mathématiques de la philosophie naturelle*, 1687, Traduction française de Madame du Châtelet, édition de 1776, p. 17.

[230] Et aussi le calcul des maxima/minima, des aires, des longueurs d'arcs, de la construction des tangentes, etc. selon les standards requis par les mathématiques de cette époque.

[231] Traduction faite par Buffon et publiée en France en 1740.

« *J'ai observé que les géomètres ont la plupart du temps négligé la synthèse des anciens et qu'ils se sont appliqués principalement à cultiver l'analyse ; cette méthode les a mis en état de surmonter tant d'obstacles qu'ils ont épuisé toutes les spéculations de la Géométrie, à l'exception de la quadrature des courbes et de quelques autres matières semblables, qui ne sont point encore discutées ; cela joint à l'envie de faire plaisir aux jeunes géomètres, m'a engagé à composer ce traité, dans lequel j'ai tâché de reculer encore les limites de l'analyse et de perfectionner la science des lignes courbes*[232]. »

Newton va donner dans son traité des méthodes algébriques pour la résolution de problèmes géométriques, selon ce qu'il appelle la *méthode moderne,* ou l'*analyse*, c'est-à-dire les nouvelles approches développées quelques décennies plus tôt, comme nous l'avons vu notamment dans la *Géométrie* de Descartes.

Il y aura plusieurs étapes importantes dans son traité, elles s'enchaînent de la manière suivante :

Dans une première étape, Newton montrera la possibilité de décomposer toute équation de courbe en une somme d'éléments simples, une *suite infinie*. L'étude des différents éléments de cette suite, jusqu'au degré choisi, donnera notamment une méthode numérique d'approximation précise de la racine de cette équation. Cette première étape donnera ainsi la possibilité de positionner géométriquement un point d'une courbe.

Puis dans une seconde étape, Newton introduira la notion de *fluxion* qui est une mesure du changement (Problème I du traité de Newton : *Étant donné la relation des quantités fluentes, trouver la relation de leurs fluxions*) en l'occurrence, l'analogie géométrique sera le déplacement géométrique de la position du point le long de la courbe, position qui avait été déterminée dans la première étape.

Puis dans l'étape suivante, Newton utilise les fluxions pour déterminer si le changement de position du point le met en position d'extremum, c'est le problème des *maxima* et des *minimas* (problème III du traité de Newton : *Déterminer les maxima et les minima des quantités,* ce qui graphiquement correspond à déterminer la concavité ou la convexité de la courbe).

Puis après avoir déterminé la position d'un point, défini la mesure de son déplacement, et son extremum, Newton va travailler sur le taux de variation du déplacement, puis finalement sur la variation du taux de variations du déplacement : ce sont les problèmes IV et V : Problème IV : *Tirer les tangentes de courbes* ; Problème V : *Trouver la quantité de courbure d'une courbe donnée à un point donné quelconque*. On peut proposer de schématiser ces différentes étapes de la présentation de Newton comme suit :

[232] Newton, *La Methode des fluxions et des suites infinies*, dans la traduction de Buffon, 1740, p. 1.

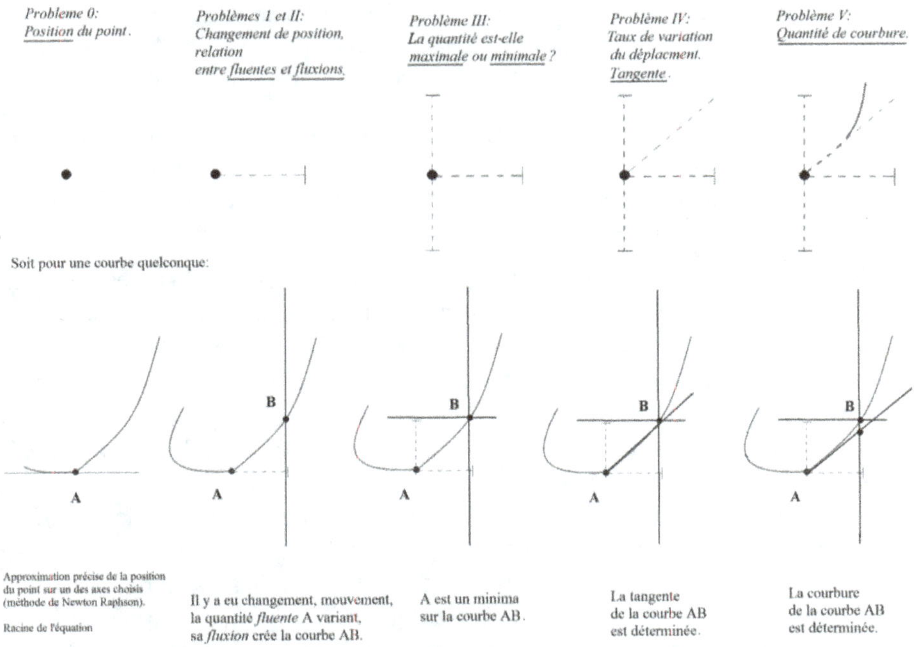

Avec cette méthode, le recours à l'*infini* intervient à plusieurs moments dans le traitement des courbes par Newton.

Par exemple, pour trouver l'intersection entre une courbe et une droite algébriquement, cette étape consiste à trouver une racine de l'équation de cette courbe dans un intervalle donné[233].

Ceci, Newton le fait bien en utilisant une *suite infinie*, l'exemple initial de sa méthode est dans le paragraphe XX où Newton veut trouver la racine de l'équation : y3 – 2y – 5 = 0.

Newton pose d'abord son intervalle[234] : « *Prenez un nombre 2, qui ne diffère pas d'une de ses dixièmes parties de la vraie valeur de la racine.* »

Puis, celui-ci additionne à la valeur approchée 2 une autre valeur p qui précisera la valeur de y et qui est à trouver, telle que $2 + p = y$. Il substitue $2 + p$ à y dans l'équation initiale de la courbe, ce qui donne une deuxième équation en p que Newton résout en négligeant les termes en p^2 et p^3 « *à cause de leur petitesse* », et calcule une valeur de $p = 0,1$.

Puis, Newton réitère cette opération en affinant maintenant la valeur de p en cherchant une autre valeur q qui est à trouver, telle que $0,1 + q = p$ puis substitue $0,1 + q$ à p dans l'équation en p obtenue à la première phase du calcul, ceci lui donne une valeur de $q = -0,0054$.

[233] Cette méthode est la première description de ce qui est connu maintenant comme la méthode dite de Newton-Raphson pour l'approximation de la racine d'un polynôme.
[234] Newton, *La Methode des fluxions et des suites infinies*, dans la traduction de Buffon, 1740, p. 7.

Puis, Newton recommence cette procédure une troisième fois avec un terme r à trouver pour préciser la valeur de q telle que -0,0054 + $r = q$ et Newton propose de continuer « *ainsi l'opération aussi longtemps qu'il convient* ».

Newton calcule ainsi algébriquement une racine de l'équation $y^3 - 2y - 5 = 0$ et trouve la valeur de $y = 2 + p + q + r = 2 - 0{,}1 - 0{,}0054 - 0{,}00004852 = 2{,}09455148$ qui est effectivement une valeur approchée à la huitième décimale près de la racine de l'équation et la position du point d'intersection entre la courbe et la droite.

La méthode qu'utilise Newton pour le travail analytique sur cette courbe et pour la première phase de sa compréhension (ce que nous avons appelé le problème 0 plus haut), c'est-à-dire le positionnement d'un de ses points par rapport à une droite passe donc bien par l'utilisation de l'infini, et ceci, à deux reprises :

- décision de négliger certains termes « *à cause de leur petitesse* » dans les calculs ;
- obtention d'une racine de la forme $y = 2 + p + q + r + \ldots + z$ obtenue par une procédure qui, dans l'idéal et reproduite un nombre *infini* de fois, donnera la valeur exacte de y.

En ce qui concerne l'autre question citée plus haut à propos de mathématisation, demandant de pouvoir représenter mathématiquement, *analytiquement*, le mouvement continu. Pour ce problème, Newton utilise aussi les procédures de calcul maniant des quantités infinitésimales dans ce qu'il nomme *les premières et dernières raisons des quantités qui naissent et s'évanouissent.*

Newton les définit au début des *Principes mathématiques de la philosophie naturelle* de 1687 et il introduit les notions de *fluentes* et de *fluxions* qui sont une mesure du changement en général.

- En ce qui concerne les premières et dernières raisons des quantités qui naissent et s'évanouissent, elles sont définies comme suit au début des Principes mathématiques de la philosophie naturelle :

« *Lemme I : Les quantités et les raisons des quantités, qui tendent continuellement à devenir égales pendant un temps fini, et qui avant la fin de ce temps, approchent tellement de l'égalité, que leur différence est plus petite qu'aucune différence donnée, deviennent à la fin égales*[235]. »

[235] Newton, section 1, livre premier, *Principes mathématiques de la philosophie naturelle*, 1687, traduction française de Madame du Châtelet, édition de 1776, p. 37.

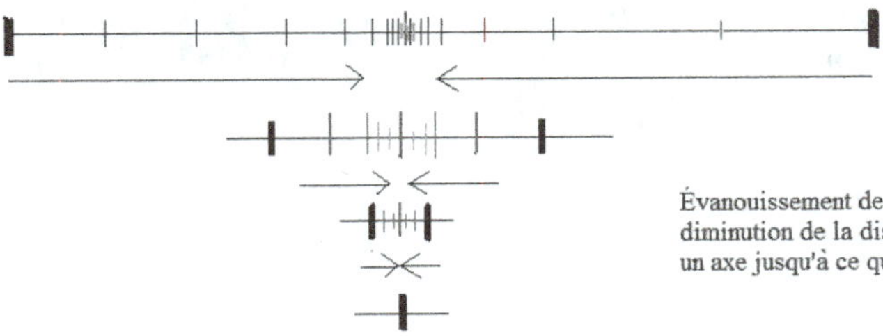

Évanouissement des distances comme par exemple la diminution de la distance séparant deux positions sur un axe jusqu'à ce qu'elles se confondent.

Le mouvement est une fois de plus le modèle qui permet d'accepter les notions infinitésimales, on peut travailler sur les *quantités divisibles évanouissantes*, dit Newton dans le livre I des *Principia*, car c'est ainsi que se passent les choses dans la nature, voyez pour exemple le début ou la fin d'un mouvement :

> « *Il y a une certaine borne que la vitesse d'un corps peut atteindre à la fin de son mouvement et qu'elle ne saurait passer ; c'est cette vitesse qui est la dernière vitesse du corps. Il en est de même des limites et des proportions qui commencent et qui cessent. Comme cette limite est certaine et définie, c'est un problème très géométrique que de la déterminer*[236]. »

– Les *fluentes* et les *fluxions* qui, on l'a vu plus haut, serviront d'outils pour travailler analytiquement sur les courbures sont aussi un modèle du mouvement dans l'instant. Dans *La Méthode des fluxions et des suites infinies,* Newton définit les *fluentes* et les *fluxions* comme suit :

> « *J'appellerai quantités fluentes, ou simplement fluentes, ces quantités que je considère comme augmentées graduellement et indéfiniment ; je les représenterai par les dernières lettres de l'alphabet v, x, y et z [...] Je représenterai par les mêmes dernières lettres surmontées d'un point* , $\dot{x}$, $\dot{y}$, *et* $\dot{z}$ *les vitesses dont les fluentes sont augmentées par le mouvement qui les produit et que, par conséquent, on peut appeler fluxions. Ainsi, pour la vitesse ou fluxion de v, je mettrai et pour les vitesses de x, y et z, je mettrai* $\dot{x}$, $\dot{y}$, $\dot{z}$ *respectivement*[237]. »

Les *fluentes* et les *fluxions* deviendront des outils algébriques formalisés et seront utilisés pendant une bonne partie du XVIIIe siècle parallèlement aux notations en *dx*, *dy,* etc. du calcul différentiel de Leibniz, leur origine vient cette fois encore de l'observation du mouvement comme phénomène physique :

> « *J'ai dans ce qui suit considéré les quantités comme produites par une augmentation continuelle à la manière de l'espace que décrit un corps en mouvement*[238]. »

---

236 Ibid., p. 48.

237 Newton, 1671, *Traité des fluxions et des suites infinies*, traduction de 1740 en français par Buffon, p. 20.

238 *Ibid.*, p. 21.

De manière générale, les fluxions sont donc des mesures du changement. Dans le domaine physique, elles se retrouvent dans le cas particulier du changement qu'est le mouvement et s'appliquent aux dimensions de temps et d'espace. La *fluente* et sa variation dans le temps, la *fluxion,* est un élément cinématique, une quantité physique évolutive à chaque instant. Leur modèle est le rapport entre le temps et l'espace qui varient corrélativement dans le mouvement :

> « *De plus, pour mieux distinguer les quantités fluentes les unes des autres, on peut avec assez de raison donner à la fluxion, qui est au numérateur du rapport ou à l'antécédent de ce rapport, le nom de quantité relative et à celle, qui est au dénominateur et à laquelle on compare la première, le nom de corrélative. Et on peut aussi distinguer les fluentes respectivement par ces mêmes noms, même pour mieux entendre ce qui suit, il faut concevoir que la quantité corrélative est le temps. Et que la quantité relative est l'espace que décrit dans ce temps un corps ou un point qui se meut d'un mouvement accéléré ou retardé d'une façon quelconque*[239]. »

Newton a donc bien mis au point dans les années 1660-1670 des outils mathématiques de nature infinitésimale pour travailler à la fois sur la courbure et sur le mouvement instantané et a permis ainsi d'en obtenir des formulations analytiques.

Le mouvement est toujours présent dans les représentations géométriques de Newton, comme il le dit lui-même dans l'introduction des *Principes mathématiques de la philosophie naturelle* : « *La géométrie est fondée sur une pratique mécanique.* »

L'autre grand nom dans l'invention des procédures infinitésimales pour le travail analytique sur le mouvement et les courbures est le mathématicien-philosophe Gottfried Wilhelm Leibniz (1646-1716).

Leibniz (années 1670-1680)

On sait qu'une grande controverse opposa Newton, ou plus précisément les disciples de celui-ci emmenés par Clarke, à Leibniz à propos de la paternité du calcul différentiel. Leibniz, qui voyageait beaucoup à cause de ses fonctions diplomatiques, séjourna à Paris de 1672 à 1676. Les écrits de Leibniz, lui-même, mentionnent le fait que le jeune savant philosophe était peu avancé en mathématiques lors de son arrivée à Paris : « *Quand j'arrivai en France en 1672, j'avais appris seul la Géométrie et ne connaissais que peu de choses sur ce sujet* »[240], expliquera-t-il plus tard dans une lettre à Jakob Bernoulli. Les deux mathématiciens les plus connus, qui étaient présents lors de la création de l'Académie royale des sciences en 1666 (dont

---

[239] *Ibid.*, p. 30.

[240] « Lettre à Bernoulli », 1703 in *The early mathematical manuscripts of Leibniz*, Child, 1920, p. 12.

la classe *mathématique* ne comprenait que sept mathématiciens au début), étaient Huygens et Roberval.

C'est justement Huygens qui introduisit Leibniz à l'Académie, il l'aida à s'orienter dans ses recherches en mathématiques et il lui communiqua ses travaux, notamment *L'Horologium oscillatorum* qu'il publiera en 1673, soit un an après l'arrivée de Leibniz à Paris. Leibniz prit aussi connaissance des travaux de Pascal dans ce cadre, on rappelle que de la plupart des écrits mathématiques de Pascal (notamment ceux liés au *Traité de la roulette* écrit en 1658) n'étaient pas encore publiés à l'époque.

Leibniz fit aussi deux séjours en Angleterre à cette période (1672, 1676), il est rapporté de ses séjours que Leibniz fut reçu comme membre de la *Royal society* de Londres et qu'il ramena d'Angleterre le traité d'Isaac Barrow *Lectiones Geometricae* publié en 1670.

Leibniz cite à plusieurs reprises les travaux de Pascal et ceux de Barrow qu'il considère comme importants dans l'élaboration de sa nouvelle méthode du calcul différentiel. Dans plusieurs de ses lettres (à Guillaume de l'Hospital et Jakob Bernoulli notamment) et dans son *Historia et origo calculi differentialis,* Leibniz fait mention de certaines idées de Pascal comme déterminantes pour ses réflexions.

Après de nombreux essais et travaux préliminaires au cours des années 1675-1680, Leibniz propose officiellement en 1684, dans les *Acta eruditorum* de l'Académie de Leipzig, une méthode infinitésimale pour travailler sur les courbes. Il la présente comme une méthode générale, « *une nouvelle méthode pour la recherche des maxima et des minima ainsi que les tangentes* [...] *accompagnée du calcul original qui s'y applique* ».

Leibniz commence dans son article de 1684 par proposer un diagramme[241] où plusieurs courbes quelconques vont devoir être étudiées au moyen de leurs tangentes. Voici le diagramme que nous avons simplifié pour faire ressortir les tangentes :

[241] Ce diagramme peut être trouvé notamment dans : Leibniz, « Nouvelle méthode pour rechercher les maxima et les minima ainsi que les tangentes, méthode que n'entravent pas les expressions fractionnaires ou irrationnelles, accompagnée du calcul original qui s'y applique », *Acta eruditorum*, octobre 1684. Dans la traduction de M. Parmentier, *Leibniz, naissance du calcul différentiel*, 1995, p. 105.

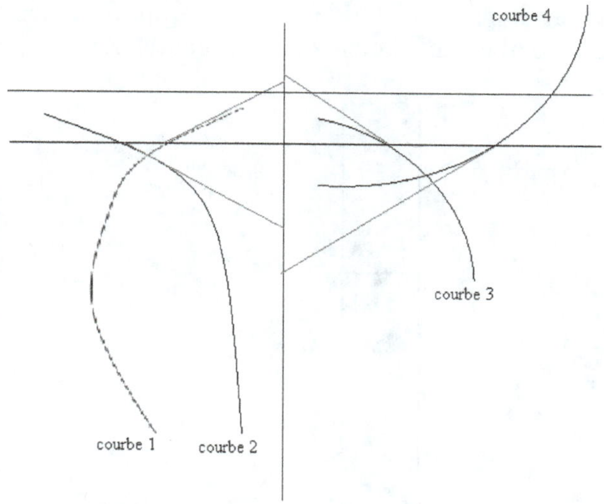

À cette époque, les axes des abscisses et des ordonnées étaient souvent inversés, nous proposons le schéma suivant en utilisant le positionnement moderne des axes des abscisses et des ordonnées :

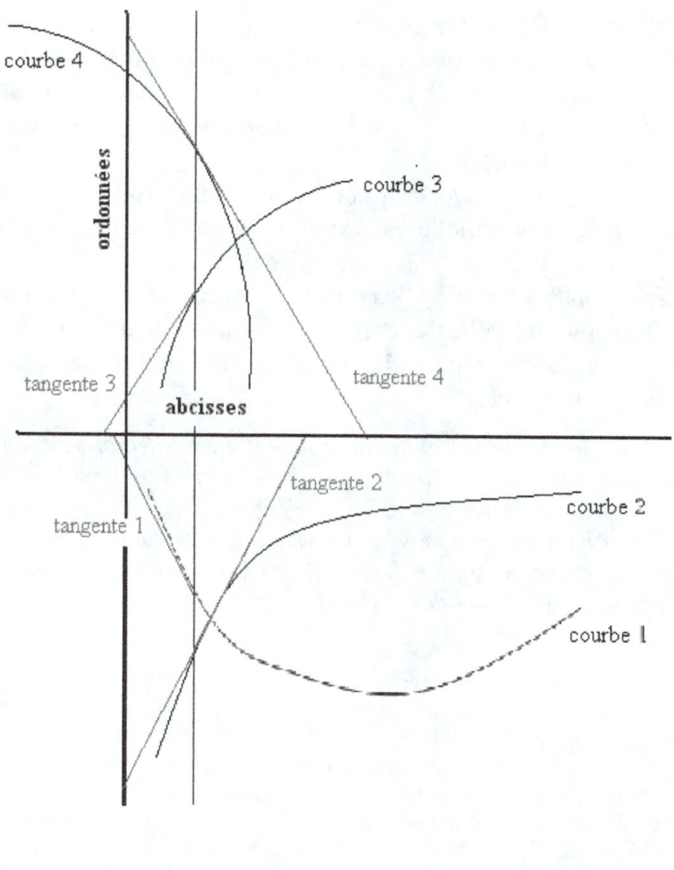

Pour reprendre la présentation de Leibniz, simplifions son schéma pour ne laisser que la courbe 4 que Leibniz nomme courbe ZZ.

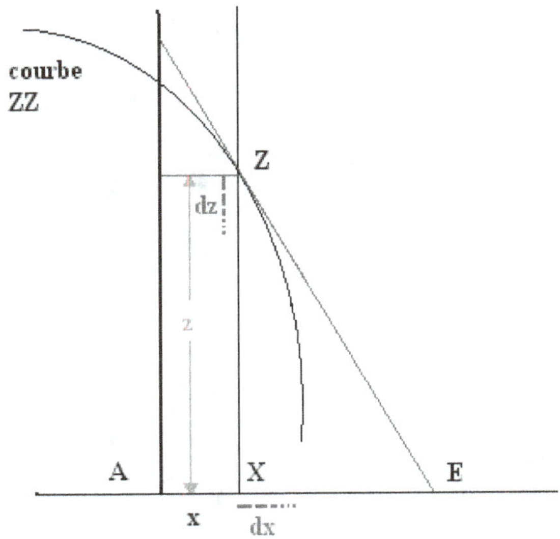

Leibniz introduit la différentielle comme suit[242] : soit l'axe AX et la courbe ZZ, soit ZX son ordonnée perpendiculaire nommée *z* et AX nommé *x* l'abscisse de la courbe ZZ sur l'axe AX. Appelons dx un segment de droite choisi arbitrairement et *dz*, c'est-à-dire *différence* de *z* un segment qui soit avec dx comme *z* est avec XE.

Dans cet article des *Acta eruditorum* d'octobre 1684, pour la première fois, la notion de différentielle est exposée, et sont employées les notations *dx*, *dz*.

Leibniz expose ensuite les règles algébriques applicables aux différentielles qui sont celles encore utilisées actuellement, puis il explique les relations entre le signe de la différentielle et le comportement géométrique des tangentes :

> « *Or, puisque les ordonnées* v *tantôt croissent, tantôt décroissent,* dv *sera tout à tour une grandeur positive ou négative ; dans le premier cas, la tangente 1V1B se dirige vers A ; dans le second, 2V2B s'oriente du côté opposé ; mais ce n'est ni l'un ni l'autre dans la partie intermédiaire, autour de M, car pour les variations dans cette région, les* v *ne croissent ni ne décroissent, ils sont stationnaires, et par conséquent* dv *devient égal à 0*[243]. »

---

[242] Pour le texte complet de Leibniz, se référer à la traduction de M. Parmentier, *Leibniz, naissance du calcul différentiel*, 1995, p. 104-105.

[243] Leibniz, « Nouvelle méthode pour rechercher les maxima et les minima ainsi que les tangentes, méthode que n'entravent pas les expressions fractionnaires ou irrationnelles, accompagnée du calcul original qui s'y applique », *Acta eruditorum*, octobre 1684. Dans la traduction de M. Parmentier, *Leibniz, naissance du calcul différentiel*, 1995, p. 107.

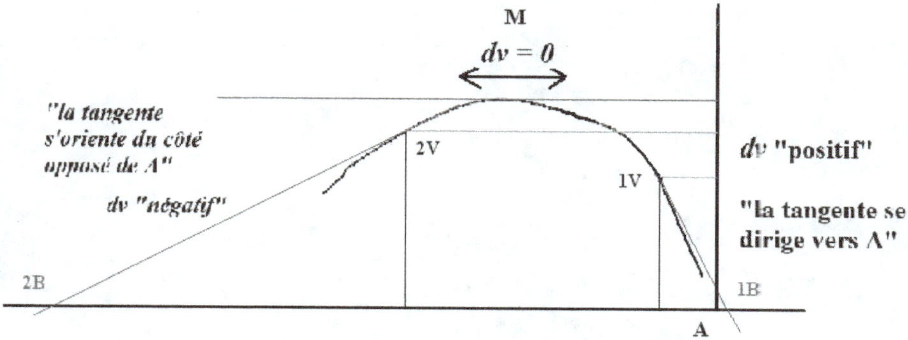

Puis, Leibniz définit le *Maxima* et le *Minima :*

« *En ce point [M], l'ordonnée LM,* v, *est maximale (ou minimale si la courbe présentait à l'axe une convexité) et la tangente à la courbe en M, qui, lorsqu'elle s'approche de l'axe, ne va ni au-dessus de X vers A, ni au-dessous, dans la direction opposée est parallèle à l'axe.* »

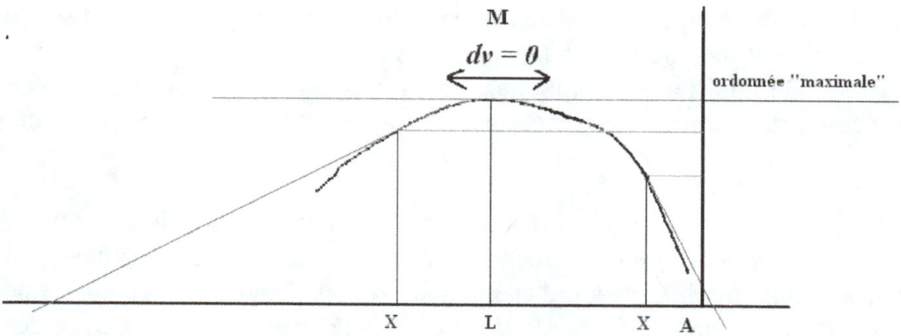

Enfin, Leibniz définit la *concavité*, la *convexité* et le *point d'inflexion* comme combinaisons de *différences (dv)* et *de différences de différences* (*ddv*) qui donnent par là même la possibilité d'avoir une expression analytique de la courbure :

« *Si lorsque les ordonnées* v *vont croissant, il en va de même de leur accroissement ou différences* dv *(c'est-à-dire qu'en prenant des* dv *positives les* ddv, *différences des différences, sont également positives, ou également négatives en prenant des* dv *négatives), la courbe présente à l'axe une convexité ; dans le cas contraire, une concavité ; mais là où l'accroissement est maximal ou minimal, c'est-à-dire lorsque les accroissements de décroissants qu'ils étaient, deviennent croissants, ou l'inverse, prend place un point d'inflexion, concavité et convexité s'échangent*[244]. »

[244] Leibniz, « Nouvelle méthode pour rechercher les maxima et les minima ainsi que les tangentes, méthode que n'entravent pas les expressions fractionnaires ou irrationnelles, accompagnée du calcul original qui s'y applique », *Acta eruditorum*, octobre 1684. Dans la traduction de M. Parmentier, *Leibniz, naissance du calcul différentiel*, 1995, p. 107.

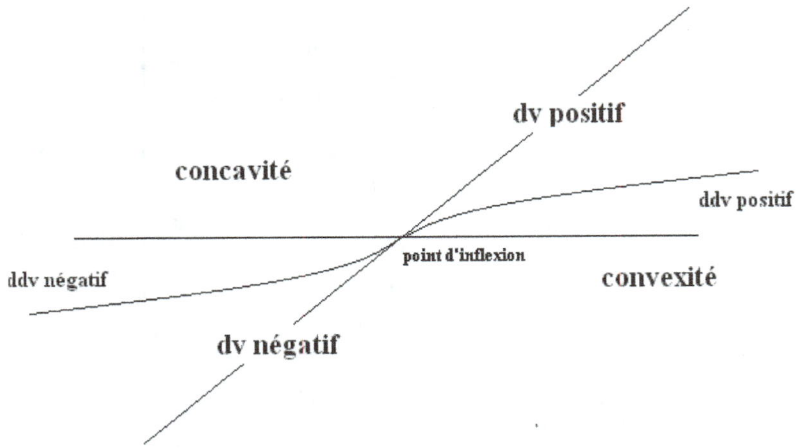

Par cette *nouvelle méthode* introduite de manière très concise et générale par Leibniz dans ce mémoire de 1684, le mathématicien donne de nouvelles idées à la communauté scientifique. Rétrospectivement, cet écrit est considéré comme un écrit fondateur bien qu'il fût très court, la méthode qu'il exposait ne put prendre l'importance qu'elle eut plus tard que par les travaux des frères Bernoulli pour l'expliciter, l'appliquer et la développer. Il est vrai que, conceptuellement, deux points sont importants à ce stade avec cette méthode :

1) Il y a possibilité d'algébrisation des variations infinitésimales autour d'un point et le long d'une courbe grâce à un ensemble de règles précises. Il est désormais possible avec cette méthode d'appréhender la structure fine des courbes, de travailler entre le *droit* et le *courbe* et de pouvoir, avec des règles algébriques particulières à ce calcul (ce que Leibniz appelle son *algorithme*), quantifier ce travail. Comme Leibniz le dira plus tard :

> « *En considérant les parties infiniment petites de n'importe quelle courbe, on peut étudier non seulement, comme on l'a fait jusqu'ici, sa direction, c'est-à-dire sa pente ou inclinaison, mais également les variations de la direction, autrement dit la courbure*[245]. »

Ce sont l'équivalent des problèmes IV et V dans la *méthode des fluxions et des suites infinies* de Newton décrits plus haut.

Ces variations, ces *différences*, donnant une position et une direction de proche en proche, vont devenir un nouveau standard de représentation de nombreux phénomènes physiques à commencer par le mouvement.

---

[245] Leibniz, « Réflexions originales sur les notions d'angle de contact et d'osculation et sur leur emploi en mathématique pratique, pour remplacer les figures compliquées par d'autres plus simples qui en tiennent lieu », *Acta eruditorum*, 1686. Dans la traduction de M. Parmentier, *Leibniz, naissance du calcul différentiel*, 1995, p. 122.

2) Cette nouvelle méthode, permettant de cerner relativement plus facilement, au moyen d'équations, des *minima* et des *maxima*, va renforcer la possibilité de mathématiser, de travailler algébriquement sur tout phénomène physique traitant de *chemin le plus court*, *positions d'équilibre*, *moindre action*, etc.

Avec cette méthode, qu'il restera encore à perfectionner, il devient possible de travailler sur des courbes considérées jusqu'alors comme *mécaniques*. Il devient aussi possible de décrire des courbes de plus en plus variées du domaine physique par des équations analytiques, c'est ce qui sera fait dans les années 1690.

Utilisation du nouveau calcul de Leibniz pour le travail sur les courbes *mécaniques* (années 1690)

La courbe *brachistochrone*, la courbe *caténaire* et la courbe d'une lame flexible, par exemple, sont au nombre de ces courbes issues du domaine de la physique et qui étaient considérées comme *mécaniques* selon la classification de Descartes.

Nous allons voir par quelques exemples que la mise en équation de ces courbes mécaniques passe par une approximation établie entre un arc de la courbe et l'hypoténuse d'un triangle rectangle dont les deux côtés sont les incrémentations infinitésimales, l'idée est portée par les notions nouvellement introduites de *fluxions* ou de *différentielles.*

Cette méthode utilisant un triangle *infinitésimal* dont les côtés sont des *différences* ou *différentielles* proposées par Leibniz sera importante dans les débuts de l'utilisation du calcul infinitésimal sur les courbes et reviendra très souvent dans les divers traités mettant en place et formalisant *l'analyse infinitésimale appliquée aux courbes transcendantes* selon la terminologie de cette époque.

C'est le mathématicien Isaac Barrow, professeur de Newton, qui a le premier formalisé la notion de triangle infinitésimal ou caractéristique. Cette notion est ensuite mentionnée par Leibniz notamment en 1686 :

> « *J'imaginai aussitôt, pour toutes les courbes, un triangle que j'appelai caractéristique, dont les côtés fussent indivisibles (ou pour parler mieux, infiniment petits), c'est-à-dire des quantités différentielles*[246]. »

Guillaume de l'Hospital dans l'introduction de son *Analyse des infiniment petits pour l'intelligence des lignes courbes* de 1696, qui est le premier traité de mathématiques consacré spécifiquement à la nouvelle méthode du calcul

---

[246] Leibniz, « Sur la géométrie profonde et l'analyse des indivisibles et des infinis », *Acta eruditorum*, octobre 1684. Dans la traduction de M. Parmentier, *Leibniz, naissance du calcul différentiel*, 1995, p. 140. On peut noter qu'en 1686, Leibniz parle encore d'*indivisibles* mais rectifie le terme en *infiniment petits.*

différentiel, décrit ainsi les différentes *méthodes pour les tangentes* de Descartes, Fermat et Barrow :

« *Il est pourtant vrai qu'elle n'était pas encore aussi simple que M. Barrow l'a rendue depuis considérant de plus près la nature des polygones, qui présente naturellement à l'esprit un petit triangle fait d'une particule de courbe, compris entre deux appliquées infiniment proches, de la différence de ces deux appliquées, et de celles des coupées correspondantes ; et ce triangle est semblable à celui que se doit former de la tangente, de l'appliquée et de la sous-tangente*[247]. »

Enfin, on peut citer pour exemple ce qu'en dit aussi Charles André Reynaud, *L'analyse démontrée ou la méthode de résoudre les problèmes mathématiques* publié en 1708, donc très tôt dans l'histoire du calcul différentiel :

« *Il y en a [*des courbes*] dont on ne connaît le rapport commun de tous les points, ou de toutes les lignes infiniment petites dont leur contour est composé, que par des lignes infiniment petites qui font des triangles infiniment petits qui donnent chacun une même équation qui devient par le moyen des grandeurs changeantes* x, y, *etc. l'équation de la courbe*[248]. »

Explicitons donc cette idée de *petit triangle fait d'une particule de courbe,* ou ces *triangles infiniment petits* :

Soit une courbe quelconque dont nous grossissons une *particule* pour reprendre le terme de Guillaume de l'Hospital :

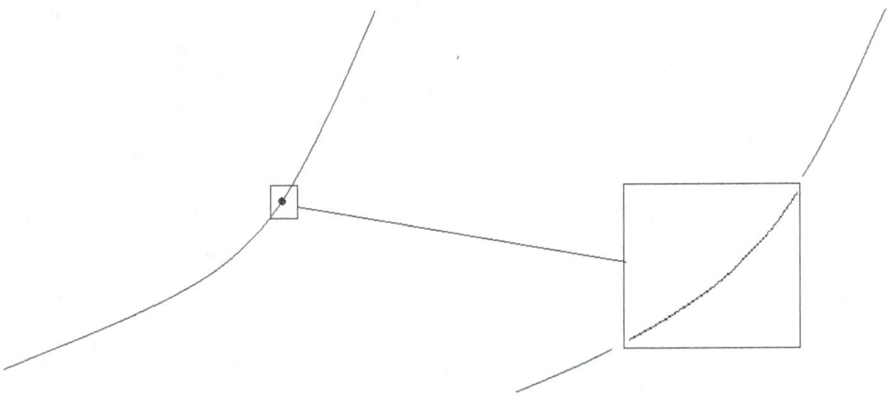

Cette particule peut être considérée comme un *petit triangle compris entre deux appliquée infiniment proches, de la différence de ces deux appliquées, et de celles des coupées correspondantes.*

---

[247] Guillaume de l'Hospital, *Analyse des infiniment petits pour l'intelligence des lignes courbes*, 1696. Préface.

[248] Charles René Reynaud, *L'analyse démontrée ou la méthode de résoudre les problèmes mathématiques.* Tome 2, 1708, p. 107 de l'édition de 1736.

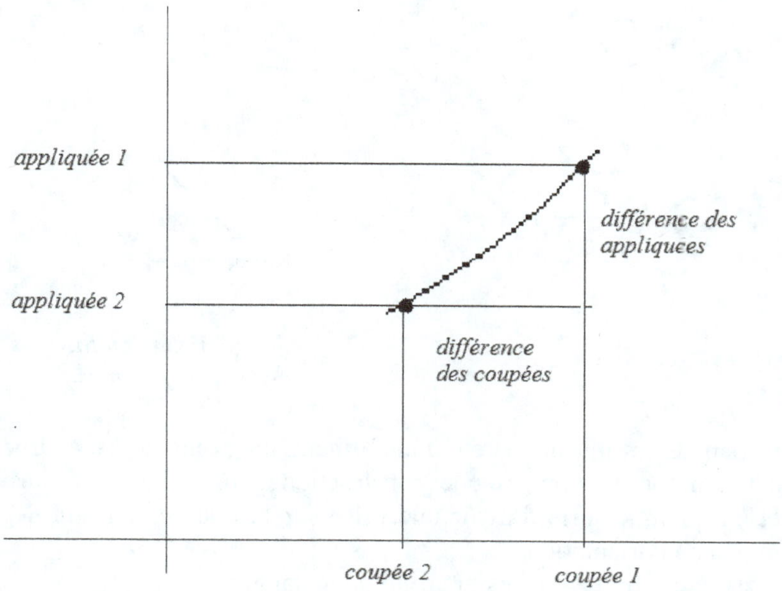

Ce triangle « *est semblable à celui que se doit former de la tangente, de l'appliquée et de la sous-tangente* » :

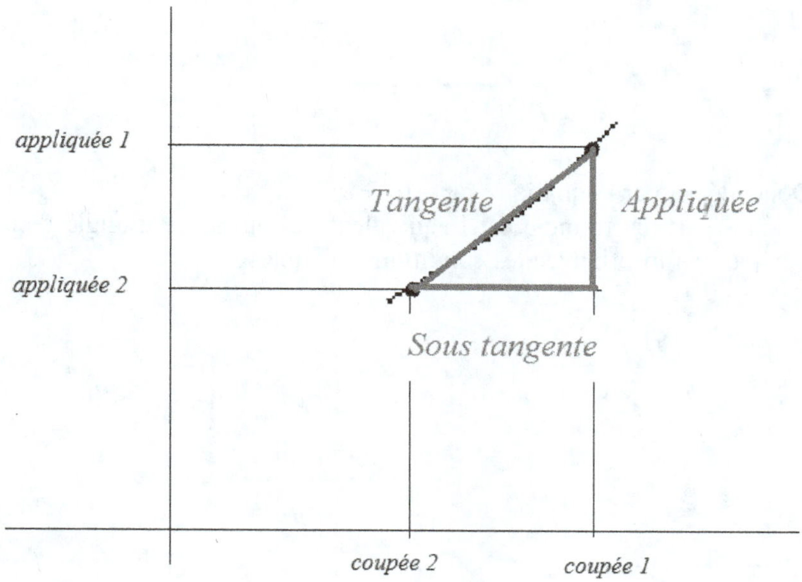

Tout réside donc dans cette idée géométrique de transformation d'un point en un triangle infinitésimal. Ce qui correspond algébriquement à la considération non plus *de quantités finies* mais de *différentielles* des *quantités.*

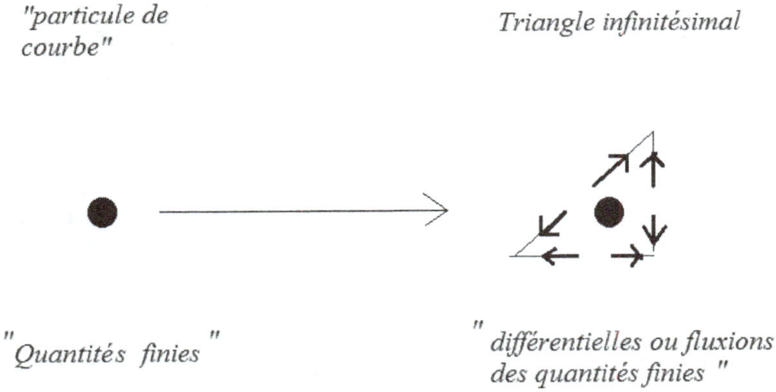

Le triangle infinitésimal, en transformant un point de la courbe sans dimension ni orientation en une construction géométrique infinitésimale, permet en quelque sorte d'avoir une prise sur la courbe, sur son degré de courbure et son orientation.

Ce triangle infinitésimal est un triangle rectangle :

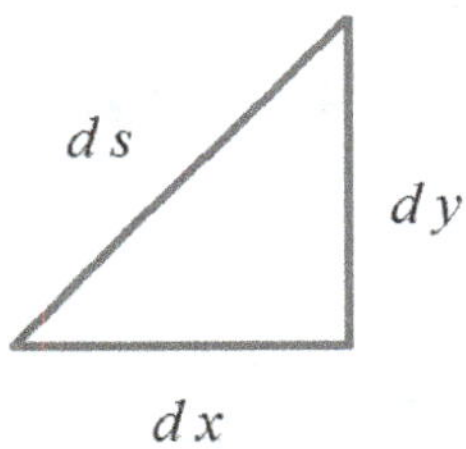

Donc, décrit par l'équation : $ds^2=dx^2 + dy^2$.

D'autre part, ce triangle est l'équivalent de tout autre triangle rectangle dans lequel il s'inscrit avec les conditions suivantes :

$$\frac{b}{a} = \frac{dy}{dx}$$

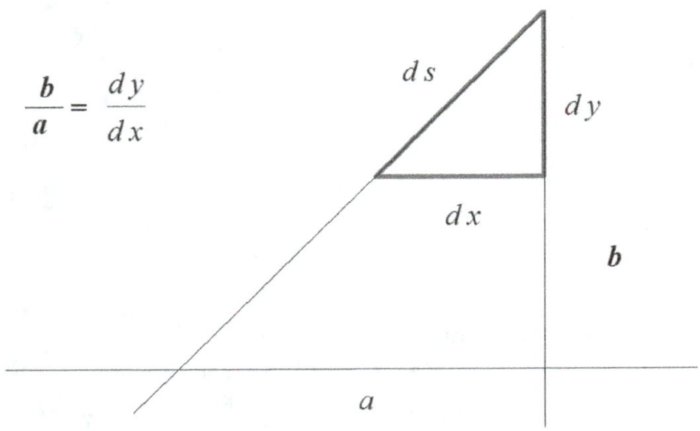

Si nous reprenons une courbe quelconque, par cette méthode, elle sera liée au triangle infinitésimal par l'approximation faisant correspondre la tangente d'un arc infinitésimal de la courbe avec l'hypoténuse du triangle infinitésimal :

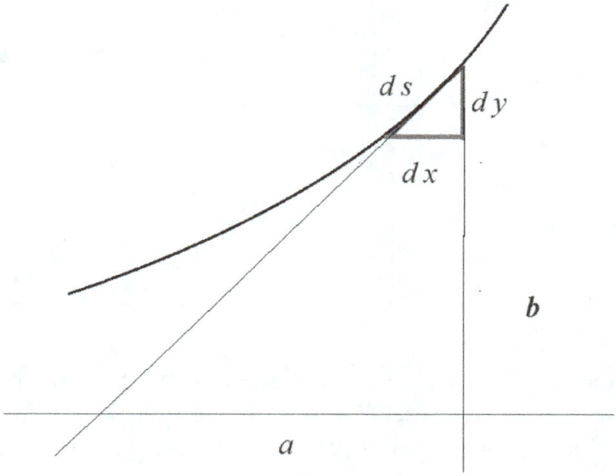

Cette courbe pourra être étudiée au moyen de deux équations

$$ds^2=dx^2 + dy^2 \; (I)$$

$$\frac{b}{a} = \frac{dy}{dx} \; (II)$$

Nous allons voir que ***b*** et ***a*** seront généralement donnés par les caractéristiques physiques des différents problèmes de *mathématiques mixtes*.

Prenons donc quelques exemples de *mathématiques mixtes* de l'époque pour illustrer comment cette nouvelle méthode infinitésimale a été utilisée dans les années 1690 pour décrire des courbes *mécaniques* et les *recevoir dans la géométrie*, autrement dit leur trouver une expression analytique.

Cas de la courbe caténaire

Soit la courbe[249] décrite, par exemple, par une chaîne suspendue entre deux points *a* et *a'*.

[249] À noter qu'à l'époque, les axes des abscisses et ordonnées étaient souvent représentés de manière inversée par rapport à la représentation actuelle.

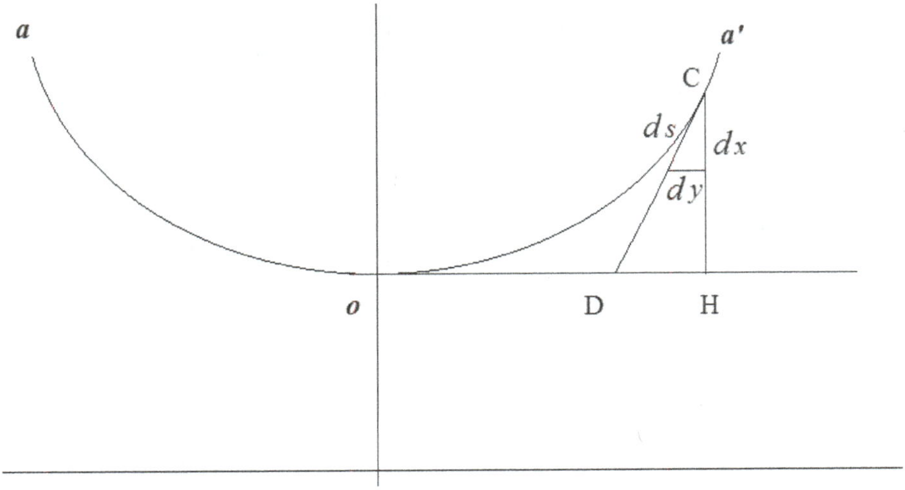

Le problème a été étudié de la manière suivante par Johann Bernoulli : Celui-ci considère qu'il suffit d'étudier la partie *oa'* de la chaîne. Les propriétés physiques (statique) d'une chaîne font que la courbure de la chaîne sur sa partie *oa'* dépend du poids de cette partie de la chaîne (appelé ***s***, par exemple) et de la tension en ***o*** (appelée ***t***, par exemple). Bernoulli montra que le triangle CDH était lié à ces paramètres physiques ***t*** et ***s*** par la relation :

$$\frac{s}{t} = \frac{\mathbf{CH}}{\mathbf{DH}}$$

Et du fait du rapport décrit plus haut entre le triangle infinitésimal et l'autre triangle rectangle dans lequel il s'inscrit, soit :

$$\frac{\mathbf{CH}}{\mathbf{DH}} = \frac{dx}{dy}$$

On pouvait alors caractériser le système entre le triangle infinitésimal et les paramètres physiques ***t*** et ***s*** et obtenir le rapport :

$$\frac{s}{t} = \frac{dx}{dy}$$

Cette équation remaniée[250] permettait de trouver ensuite le rapport entre les quantités différentielles *dy* et *dx* sous la forme de l'équation :

$$dy = \frac{t\,dx}{\sqrt{x^2 - t^2}}$$

Cas de la courbe *brachistochrone*

C'est un autre exemple de courbe *mécanique* qui intéressait beaucoup les mathématiciens de l'époque, appelée aussi courbe de la plus rapide descente, elle correspond au problème physique qui avait été posé comme suit par Johann Bernoulli dans les *Acta eruditorum* de juin 1696 :

« *Soit deux points A et B donnés sur un plan vertical. Trouver la courbe que doit suivre un point M se déplaçant sur le trajet AMB sous son propre poids afin que, partant de A, il atteigne B durant le temps le plus court.* »

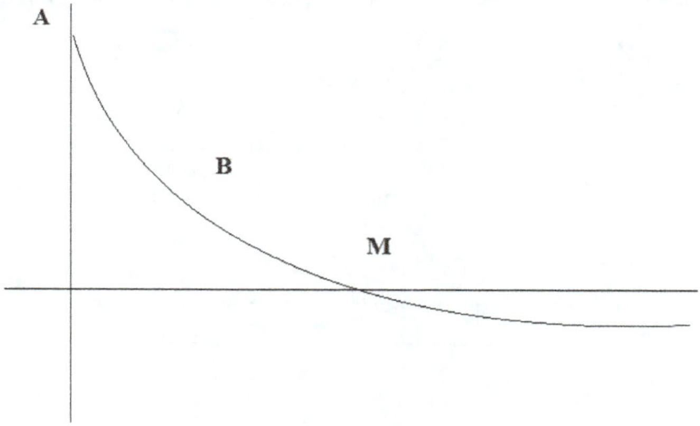

La solution proposée par Johann Bernoulli dans les *Acta eruditorum* de mai 1697 utilise aussi la construction d'un triangle infinitésimal.

[250] Pour une version détaillée des calculs, se référer à *Le calcul différentiel de Leibniz appliqué à la chaînette*. O. Keller. Ces calculs en plus du rapport du type

$$\frac{b}{a} = \frac{dy}{dx}$$

utilisent bien l'autre équation : $ds^2 = dx^2 + dy^2$

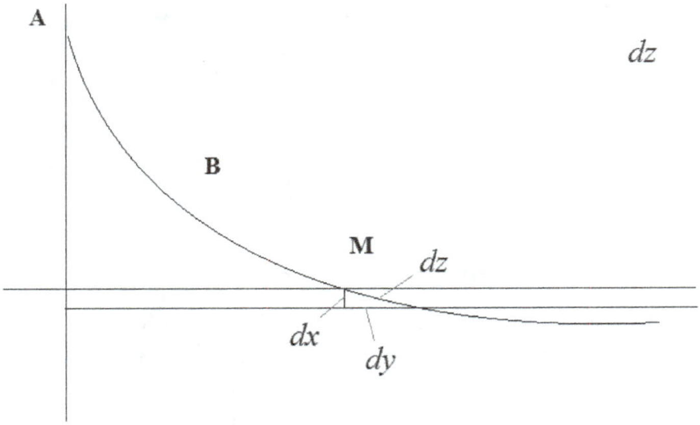

Ici, les paramètres physiques auxquels est lié le triangle infinitésimal sont obtenus par Bernoulli de manière originale, en faisant une analogie avec la loi de réfraction en optique. Il fait une analogie entre le triangle infinitésimal en chaque point de la courbe et le trajet optique d'un rayon réfracté selon la loi de Snell[251].

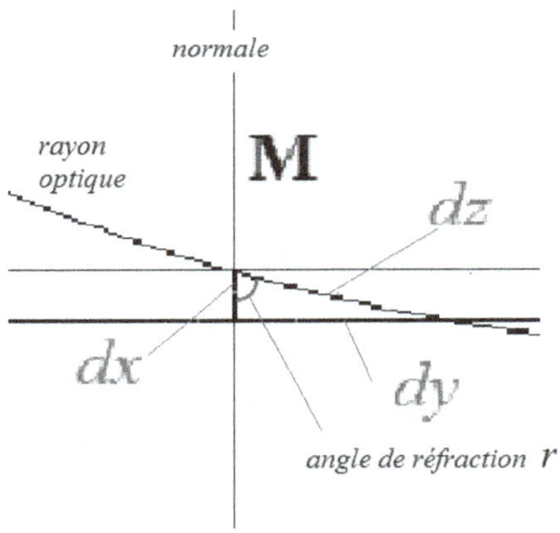

Ceci lui permet d'établir la relation :

$$\frac{dy}{dz} = \sin r$$

On sait qu'il existe une relation constante entre le sinus de l'angle de réfraction et la vitesse, de la forme :

---

[251] La méthode de Bernoulli et le détail des calculs pourront être trouvés dans Erlichson E., "Johann Bernoulli's brachistochrone solution using Fermat principle of least time", *European Journal of Physics*, vol. 20, 1999, p. 299-304.

$$\sin r = k\, v$$

Ce qui permet à Bernoulli d'établir une relation algébrique entre le triangle infinitésimal et la vitesse :

$$\frac{dy}{dz} = k\, v \quad (1)$$

Or, en termes de chute, le carré de la vitesse est proportionnel à la distance parcourue :

$$v^2 = a\, x \ (2)$$

En combinant les équations *(1)* et *(2)* avec l'équation liée au triangle infinitésimal :

$$dz^2 = dx^2 + dy^2$$

Bernoulli donne l'équation différentielle de la courbe *brachistochrone* de la forme :

$$dy = dx \sqrt{\frac{x}{a - x}}$$

Cas de la courbe dite *Elastica* ou de la lame flexible

On peut enfin citer un dernier problème de *mathématiques mixtes* envisagé par le nouveau calcul infinitésimal, celui de la courbure d'une lame flexible à laquelle on a suspendu un poids.

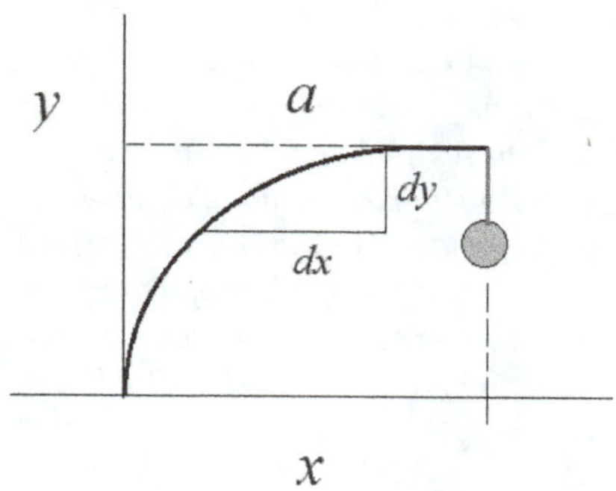

Jakob Bernoulli, en 1694, en donne l'équation différentielle qui dépend de la distance *a,* distance horizontale entre les deux extrémités de la lame :

$$dy = \frac{x^2\,dx}{\sqrt{a^4 - x^4}}$$

Donc, pour résumer cet aspect de l'utilisation de cette nouvelle méthode infinitésimale à cette époque pour le travail sur les courbes *mécaniques* au moyen du triangle infinitésimal : Le point *x, y* de la courbe, par son « étirement » infinitésimal en quelque sorte, se transforme en triangle rectangle infinitésimal de côté *dx, dy, ds* dont l'hypoténuse (*ds* ou l'arc infinitésimal de courbe) est liée aux deux côtés de l'angle droit *dx* et *dy.* Ce triangle rectangle infinitésimal est proportionnel à un autre triangle rectangle, cette proportion est fixée par des paramètres physiques (par exemple, les paramètres *a, b* de l'équation *(II)* de la courbe caténaire décrite plus haut) qui sont propres à chaque courbe physique (poids, tension, vitesse, rayon de courbure, etc.). Il existe donc une correspondance entre paramètres physiques et construction géométrique et, par là, un moyen de trouver une expression analytique pour une plus grande variété de courbes physiques.

Nous avons donc essayé d'illustrer avec ces quelques exemples comment l'approche infinitésimale, notamment l'outil différentiel introduit par Leibniz en 1684, a permis dans les années 1690-1700 de travailler sur les courbes transcendantes/mécaniques, de leur donner une expression analytique et ainsi de faire avancer la mathématisation de phénomènes physiques. Ou encore, pour reprendre le vocable de Descartes, comment cette méthode permet de *recevoir des courbes mécaniques en géométrie*.

Laissons à ce sujet parler un des témoins de ces avancées, Charles René Reynaud[252], au début des années 1700 lorsque ces méthodes étaient encore toutes nouvelles, s'exprime de la manière suivante sur l'évolution du travail sur les courbes :

> « *Il y en a [*des courbes*] dont on ne connaît le rapport commun de tous les points, ou de toutes les lignes infiniment petites dont leur contour est composé, que par des lignes infiniment petites qui font des triangles infiniment petits qui donnent chacun une même équation, qui devient par le moyen des grandeurs changeantes* x, y, *etc. l'équation de la courbe. Quelques-uns appellent ces lignes mécaniques ; d'autres, pour prévenir le préjugé que donnerait le nom de mécanique aux lecteurs, en les portant à croire que ces courbes n'ont pas des propriétés et d'usages qu'on puisse démontrer aussi exactement que ceux des courbes géométriques, aiment mieux les appeler transcendantes. Peu importe quel nom leur donner et on peut les appeler mécaniques ; mais il est certain que depuis l'heureuse découverte du calcul différentiel et intégral, on en démontre les propriétés aussi exactement que celles des courbes géométriques et qu'on en*

[252] Charles René Reynaud (1658-1728) a été l'auteur d'un des premiers manuels de mathématiques incluant les nouvelles méthodes de cette époque, selon l'historiographie, d'Alembert aurait fait ses premières recherches en rectifiant certains aspects du travail de Reynaud.

fait presque autant usage dans la géométrie et dans les sciences physico-mathématiques, et que la plupart des plus belles découvertes et des plus beaux problèmes résolus par les savants de notre temps regardent les propriétés et les usages de ces courbes[253]. »

En ce qui concerne l'aspect historique, il est à noter que le premier traité dédié exclusivement au calcul différentiel dans le traitement des courbes fut composé par Guillaume de l'Hospital. Cet ouvrage, L'*analyse des infiniment petits pour l'intelligence des lignes courbes,* publié en 1696, traite de la *méthode des tangentes* et des maxima et minima des courbes. Il traite notamment de courbes mécaniques dont l'analyse avait déjà été donnée (avant la parution du traité de Guillaume de l'Hospital) dans les travaux de Leibniz et des deux frères Bernoulli dans différents mémoires des académies de Leipzig et de Paris principalement pendant la période de 1684 à la fin des années 1690.

On peut remarquer aussi que si les problèmes *physico-mathématiques* sont absents du traité de Guillaume de l'Hospital, celui de Charles René Reynaud de 1708, par contre, leur consacre de nombreux chapitres et, notamment, toute sa dernière section[254]. En effet, l'analyse y est appliquée à de nombreuses questions physiques qui étaient au centre des études de cette discipline à cette époque et que nous avons déjà rencontrée : trouver les bonnes courbures pour des lentilles d'optique, la courbe d'une chaînette, la courbure d'une voile, le tracé de plus rapide descente d'un corps, la meilleure forme pour la proue d'un navire, la chute des corps et leur vitesse, etc.

On voit donc qu'à peine douze ans après le premier et très théorique traité de Guillaume de l'Hospital, les infinitésimaux sont déjà largement considérés en *mathématiques mixtes* et donnent une nouvelle impulsion à la mathématisation des phénomènes physiques.

Nous avons donc vu, dans cette partie, les deux premières des trois questions énoncées au début de ce chapitre consacré à la période charnière des années 1670-1700 :

1. La compréhension de la courbure des trajectoires et des formes en lien avec la cinématique et la statique de phénomènes physiques de complexité croissante avec la méthode des séries de Newton et le calcul des différences de Leibniz et leurs différentes applications pour la résolution de différents problèmes de *mathématique mixte*
2. Pouvoir représenter mathématiquement le mouvement continu et l'étudier dans sa composante instantanée (notamment, les questions de début et fin du mouvement, d'accélération positive et négative, etc.),

---

[253] Charles René Reynaud, *L'Analyse démontrée ou la méthode de résoudre les problèmes mathématiques.* Tome 2, 1708, p. 107 de l'Édition de 1736.

[254] Voir la section III. Voir aussi l'analyse du traité faite par Lubet J. P. « Le calcul différentiel et intégral dans *L'analyse démontrée* de Charles René Reynaud », *Recherches sur Diderot et sur l'Encyclopédie*, t. 38, avril 2005.

ceci devient possible avec les deux méthodes : celles des *fluxions* de Newton et les *différences* de la *nova methodus* de Leibniz.

La troisième question est un sujet dépendant plus globalement de la *philosophie naturelle.* Elle concerne l'établissement d'une théorie physique (et de sa représentation mathématique), des facteurs qui créent les variations du mouvement : pourquoi et comment une trajectoire se courbe ? Comment le mouvement passe-t-il d'un mouvement *simple* à un mouvement *composé* ? Comment expliquer et représenter une accélération négative et positive d'un mouvement ?

Pour Newton, cette partie de la physique peut, elle aussi, être mathématisée. Ces questions de *philosophie naturelle* ont bien des *principes mathématiques* et peuvent être étudiées grâce aux nouvelles approches et méthodes mathématiques en faisaient intervenir les notions d'infinis et d'infinitésimaux.

3.3. DES *PRINCIPES MATHÉMATIQUES* POUR LA DYNAMIQUE

Les *Principes mathématiques de la philosophie naturelle* de Newton, 1687, section 1, livre 1

Voyons, par exemple, comment Newton procède pour établir sur des bases mathématiques la loi des forces centrales qui sera la base de sa théorie de la gravitation. Cette partie devra être étayée de nombreuses figures pour visualiser les concepts, car les représentations newtoniennes sont avant tout des représentations géométriques, et sa mécanique est étroitement liée, parfois confondue avec de la géométrie. Comme il le dit, lui-même, dans sa préface des *Principes mathématiques de la philosophie naturelle*[255] de 1687 :

> « *La Géométrie est donc fondée sur une pratique mécanique et elle n'est autre chose qu'une branche de la mécanique universelle qui traite et qui démontre l'art de mesurer*[256]. »

Un des points de départ de Newton est le principe des « *premières et dernières raisons* » qui, nous le rappelons, était :

> « *Lemme I : Les quantités et les raisons des quantités, qui tendent continuellement à devenir égales pendant un temps fini et qui, avant la fin de ce temps, approchent tellement de l'égalité, que leur différence est plus petite qu'aucune différence donnée, deviennent à la fin égales*[257]. »

---

[255] Le traité en anglais ainsi que l'ensemble des figures est accessible à : http://www.17centurymaths.com/contents/newtoncontents.html

[256] Newton, Préface, *Principes mathématiques de la philosophie naturelle*, 1687, traduction française de Madame du Châtelet, Édition de 1776, p. 15.

[257] Newton, section 1, livre premier, *Principes mathématiques de la philosophie naturelle*, 1687, traduction française de Madame du Châtelet, Édition de 1776, p. 37.

Tentons de nous représenter schématiquement cette notion subtile par la diminution de distances. Comme symbolisé plus haut, par exemple, la diminution de distances entre deux positions sur un axe jusqu'à ce que ces positions soient confondues.

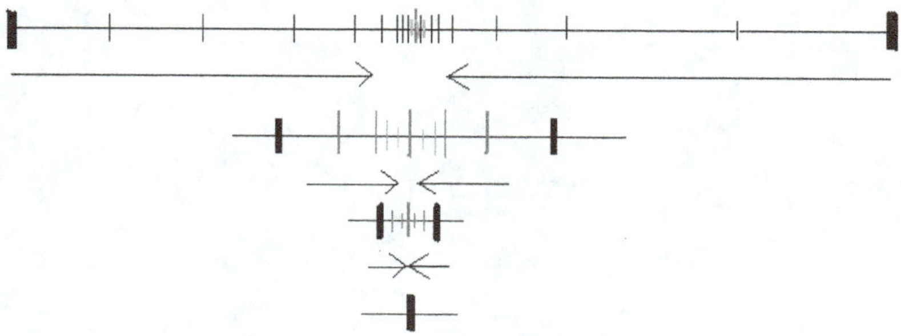

Ce principe que nous avons schématisé ici sur une droite est ensuite appliqué par Newton aux côtés des parallélogrammes inscrits et circonscrits de part et d'autre d'une courbe pour obtenir *à la limite* une équivalence entre tracé rectiligne et celui curviligne.

« *Lemme 3 : Les dernières raisons de ces mêmes figures seront encore des raisons d'égalité, quoique les bases AB, BC, CD des parallélogrammes soient inégales, pourvu qu'elles diminuent toutes à l'infini.*

Corollaire 4 : et, par conséquent, ces dernières figures (quant à leurs périmètres acE) ne sont pas rectilignes, mais les limites curvilignes des figures rectilignes[258]. »

Soit à partir de la figure de Newton[259]

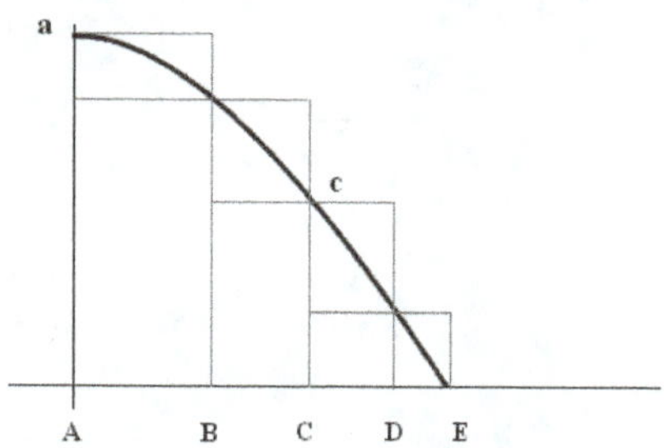

et en exploitant la schématisation du principe des « *quantités et les raisons des quantités qui tendent continuellement à devenir égales* » utilisée plus haut sur une droite et que nous appliquons ici aux côtés des parallélogrammes qui encadrent la courbe dans la figure de Newton. Ceux-ci

[258] *Ibid.*, p. 39.

[259] Pour la figure originale de Newton, voir la traduction de Ian Bruce, livre 1, section 1, lemme 2.

diminuent pour se confondre avec la courbe et tendent vers ce que Newton nomme « *les limites curvilignes des figures rectilignes* ».

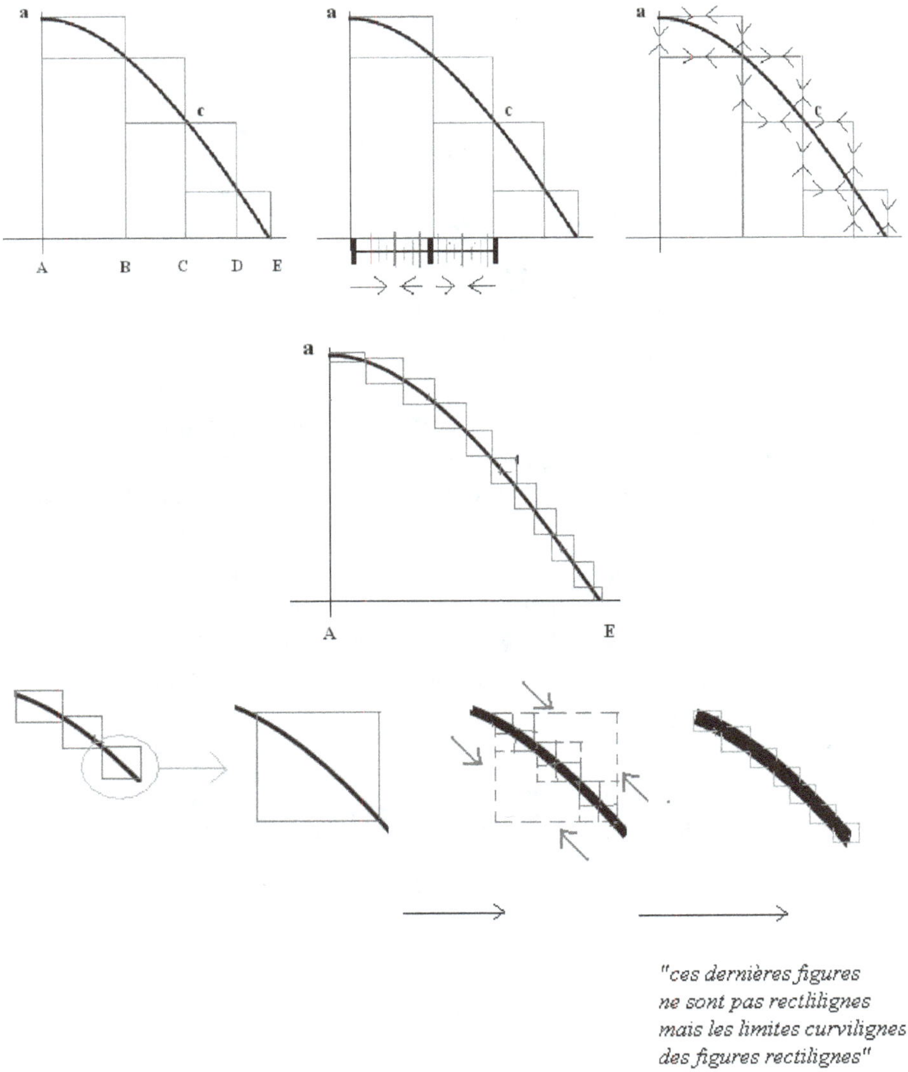

La courbe subit donc aussi le traitement, lié aux quantités évanouissantes selon le principe général énoncé dans le lemme 1, ce qui, poussé à la *limite* du processus, fait correspondre les figures rectilignes au tracé de la courbe.

Dans la suite de la présentation de Newton, dans la proposition 1 de la seconde section du livre 1 des *Principia*, ce même traitement sur le principe général du lemme I sur les *quantités et les raisons des quantités qui tendent continuellement à devenir égales* est appliqué aux aires des triangles décomposant le mouvement curviligne d'un corps autour d'un centre immobile.

Soit la figure suivante schématisant ce mouvement du corps autour du centre immobile S (figure adaptée de la figure 13 de Newton correspondant à la proposition 1) :

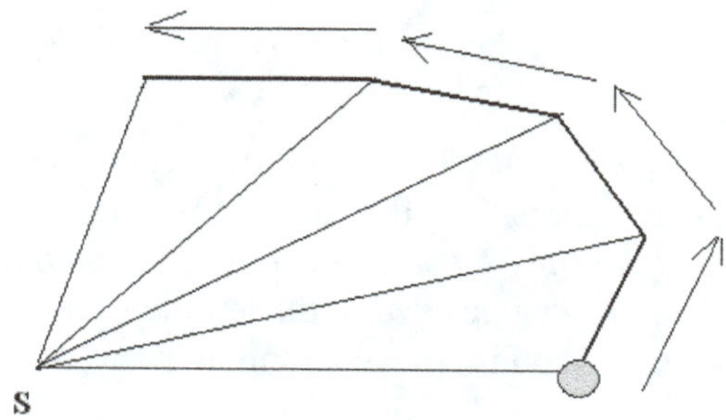

Les triangles décomposant le mouvement subissent à leur tour le traitement selon le principe général énoncé dans le lemme 1 de la section 1 et déjà appliqué aux lignes courbes :

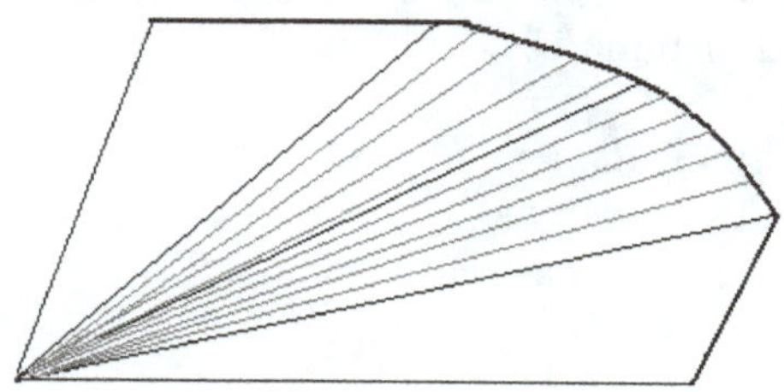

La trajectoire peut alors être représentée comme suit, devenant curviligne et couvrant une aire divisée en une infinité de triangles :

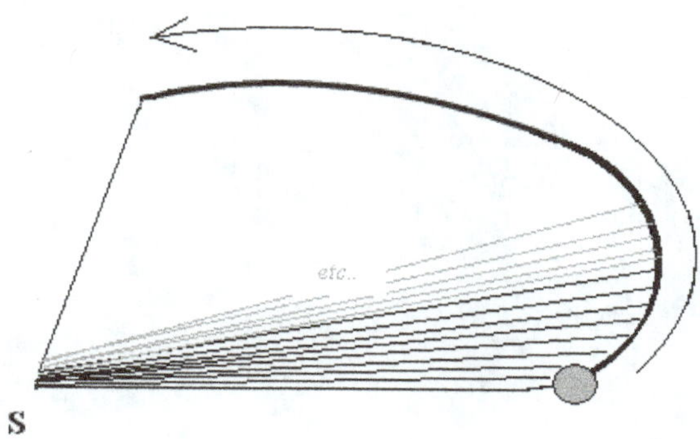

Dans cette succession de lemmes et de propositions, Newton a donc établi que le principe général établi dans son lemme I permet de travailler mathématiquement sur les courbes et les trajectoires curvilignes, et ceci, avec la rigueur géométrique nécessaire.

Puis dans la suite de son explication, dans le lemme 5 de la section première du livre I des *Principia*, Newton établit un facteur 2 sur des bases *géométriques*[260] :

> « *Lemme 5 : Tous les côtés homologues des figures semblables sont proportionnels, tant dans les figures curvilignes que dans les rectilignes, et leurs aires sont en raison doublées de leurs côtés*[261]. »

Puis Newton dans les lemmes 9 et 10 fait plusieurs choses :

- Il combine deux idées : le facteur 2 posé dans le lemme 5 et le principe *des quantités et les raisons des quantités qui tendent continuellement à devenir égales* du lemme I cette fois-ci pour des angles (comme il l'a fait précédemment pour des distances et des surfaces).
- Newton établit une équivalence entre ses diagrammes géométriques et les phénomènes physiques en associant à ses figures géométriques des grandeurs physiques : temps, vitesse, distances.
- Il en résulte une correspondance, représentée par une figure géométrique et liée par un facteur deux, entre espace et temps (corollaire 4 du lemme 10).

Ceci est donc principalement présenté dans les lemmes 9 et 10 de la section 1 du livre 1 des *Principia.*

Soit la figure de Newton illustrant le lemme 9 :

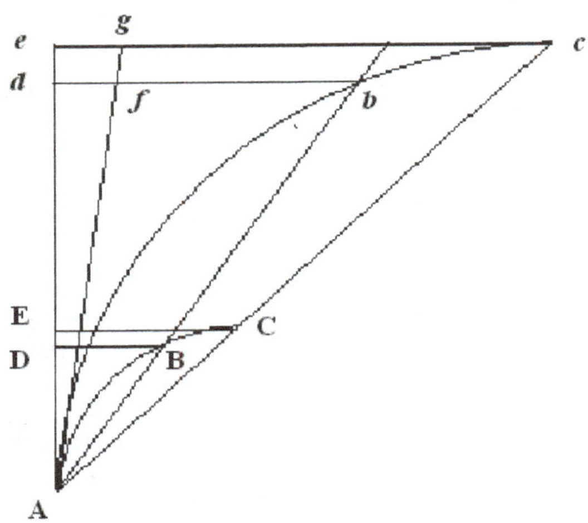

[260] Sur le fait que le facteur 2, intervenant dans les expressions ultérieures de la force centrale et émergeant chez Newton à ce stade est en partie dû à ses constructions géométriques *a priori* plus qu'à une loi physique, voir Vilain, C. « La loi galiléenne et la dynamique de Huygens », *Revue d'histoire des mathématiques*, vol. 2, 1996. p. 95-117, notamment la partie « 1.3. Géométrie et loi de la gravitation chez Newton », p. 106.

[261] Newton, section 1, livre premier, *Principes mathématiques de la philosophie naturelle*, 1687, traduction française de Madame du Châtelet, Édition de 1776, p. 40.

Selon ce lemme, dans cette figure, lorsque les points B et C convergent vers A et l'angle Acg « *s'évanouit* », à la fin du mouvement, les points B et C se confondent avec A (selon le principe du lemme 1), les « *aires curvilignes Abd et Ace coïncideront avec les aires rectilignes Afd et Age* » et « *seront en raison doublée des côtés Ad et Ae* » (lemme 5).

Immédiatement après, dans le lemme 10, Newton établit une correspondance physique en associant des grandeurs physiques à la construction géométrique :

- La ligne des points A,D,E, d, e sera la ligne des temps.
- Les lignes DB, db, EC, ec seront les vitesses.
- Les espaces parcourus avec ces vitesses seront proportionnels aux aires ABD, ACE, Abd, Ace et seront donc, selon le lemme 9, en « *raison doublée des temps* ».

Et cela permet à Newton d'établir un corollaire purement physique (corollaire 1 de ce lemme 10) :

> « *Cor.1 : De là on tire aisément que lorsque des corps, qui parcourraient dans des temps proportionnels des parties semblables de figures semblables, sont sollicités par de nouvelles forces quelconques égales et appliquées de la même manière, les déviations causées par ces forces, c'est-à-dire les distances des points où les corps sont arrivés réellement aux points où ils seraient sans l'action des forces, sont entre elles à peu près comme les carrés des temps dans lesquels ces déviations ont été produites*[262]. »

Ce passage rapide et direct par Newton de la figure purement géométrique au phénomène physique est un peu compliqué et nécessite des explications. On peut mieux comprendre ce corollaire physique et sa correspondance avec la figure géométrique de Newton en modifiant l'orientation de celle-ci et en proposant une analogie plus familière pour nous :

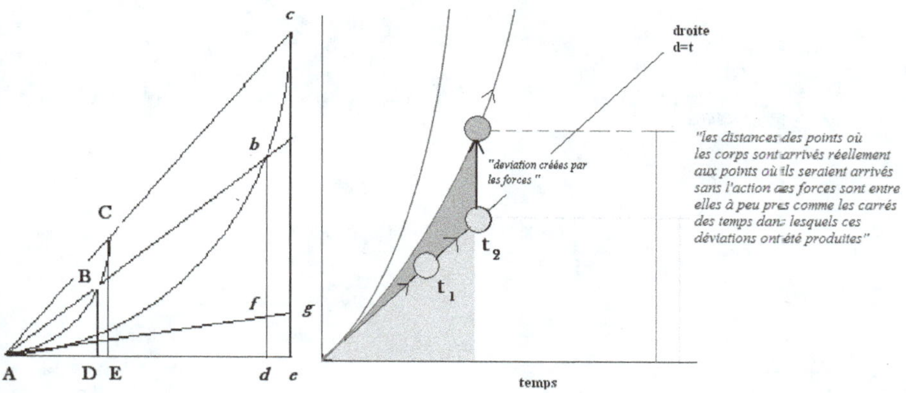

[262] Newton, *Principes mathématiques de la philosophie naturelle*, 1687, traduction française de Madame du Châtelet, Édition de 1776, p. 43.

On voit que, pour un corps qui se déplaçait selon une trajectoire possédant une équivalence uniforme dans le temps entre le temps et l'espace[263] (« *lorsque des corps qui parcourraient dans des temps proportionnels des parties semblables de figures semblables* »), l'action de la force pendant un temps instantané (en n'importe quel temps t1 ou en t2, par exemple) crée un déplacement de position qui est comme le carré du temps.

Arrivé à ce stade où Newton a établi deux choses :

1. la possibilité de décomposer le mouvement dans l'instant pour toute trajectoire curviligne et
2. le rapport en x^2 en lien avec la variation de position d'un corps sollicité par une force.

Celui-ci possède tous les outils pour mathématiser les forces centrales.

Ceci débute par le corollaire 4 de la proposition 1 de la seconde section « *de la recherche des forces centrales* » du livre 1 des *Principia* :

> « *Les forces par lesquelles les corps qui se meuvent dans des espaces libres sont détournés du mouvement rectiligne et contraint de décrire des courbes, sont entre elles comme les flèches des arcs évanouissant parcourus en temps égaux et ces flèches convergent vers le centre de force et coupent les cordes des arcs évanouissant en deux parties égales*[264]. »

Ce que nous proposons de représenter ainsi par analogie avec la figure précédente :

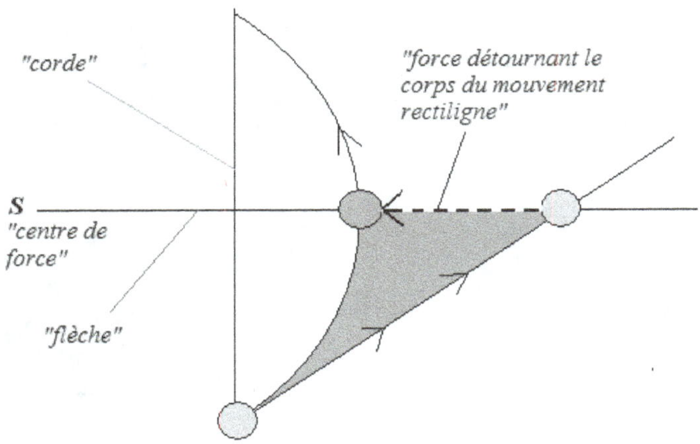

[263] Que nous avons représenté ici par la droite d = t mais qui peut être toute autre forme de mouvement avec d = nt. Elle correspond à la droite Ag de la figure du lemme 10 de Newton.

[264] Newton, *Principes mathématiques de la philosophie naturelle*, 1687, traduction française de Madame du Châtelet, Édition de 1776, p. 49.

La figure schématisant le mouvement du corps autour du centre immobile S dans une trajectoire curviligne quelconque (figure adaptée de la figure 13 de Newton correspondant à la proposition 1 et déjà montrée plus haut) :

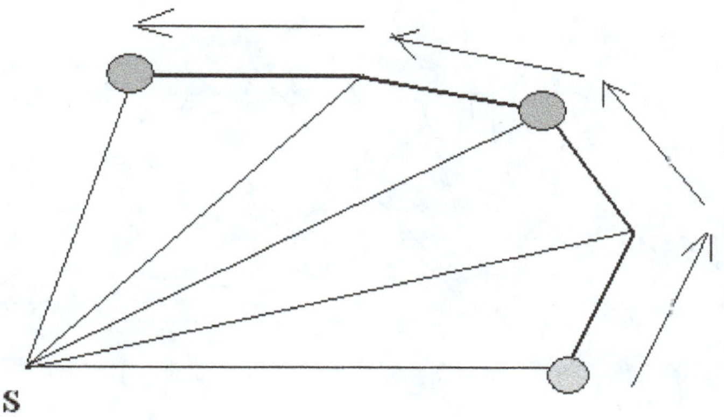

Cette figure, d'après le corollaire 4 de la proposition 1 que nous venons de citer, peut évoluer et être représentée comme suit :

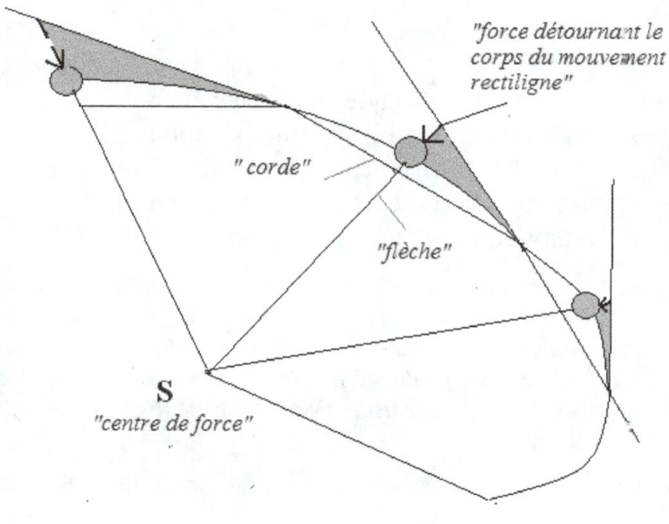

Puis après passage à la limite et avec « *l'évanouissement des arcs* » :

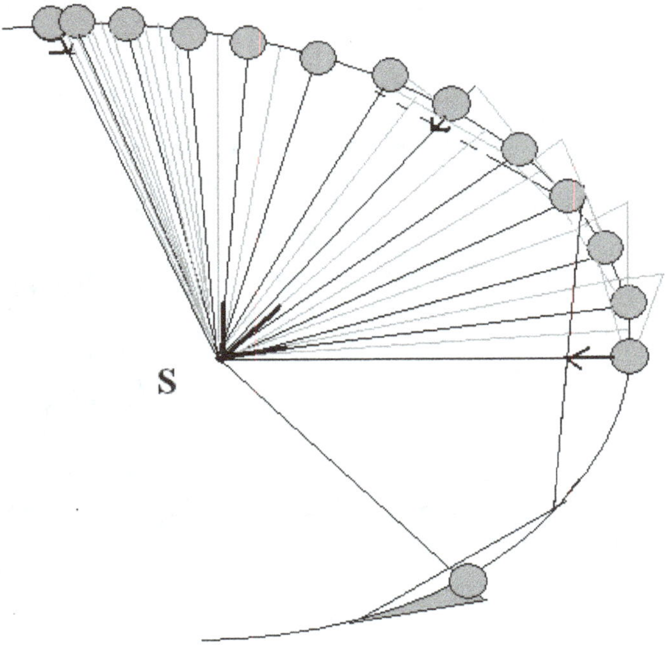

À ce stade-ci, Newton a établi que, pour toute courbe, la force, détournant un corps de son mouvement rectiligne et qui s'applique à chaque instant au corps sur cette trajectoire courbe, peut être assimilée à une flèche centrée sur le centre de force S. C'est cette force centripète qu'il décrit dans la proposition VI comme suit :

> « *Si un corps décrit autour d'un centre immobile un orbe quelconque dans un espace non résistant et qu'on suppose que la flèche de l'arc naissant, que ce corps parcourt dans un temps infiniment petit et qui partage la corde en deux parties égales, passe étant prolongé par le centre de force : la force centripète dans le milieu de l'arc sera en raison directe de cette flèche et en raison doublée inverse des temps*[265]. »

[265] Newton, *Principes mathématiques de la philosophie naturelle*, 1687, traduction française de Madame du Châtelet, Édition de 1776, p. 58.

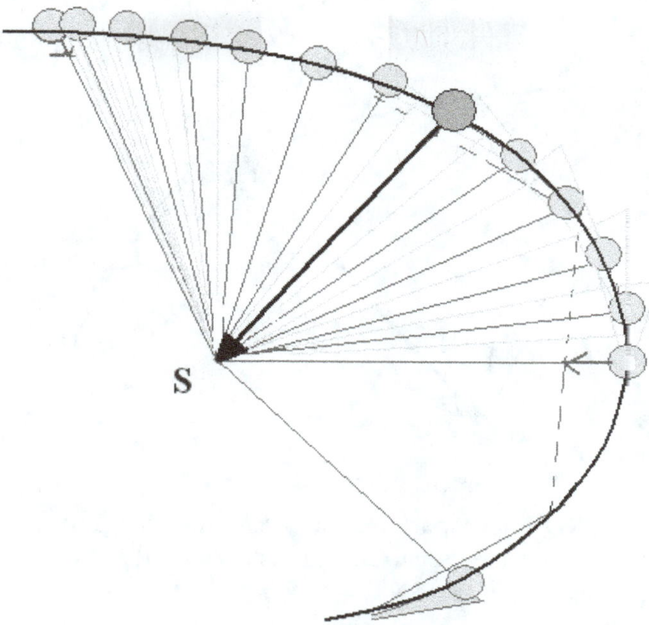

Puis, dans la suite de ses démonstrations, Newton établit que cette force centripète s'exerce pour une ellipse en un terme inverse du carré de la distance séparant le corps du centre de force[266]. En termes géométriques et en adaptant les figures de Newton[267] :

[266] Ceci est fait par Newton dans la proposition XI de la troisième section du livre premier sur le mouvement des corps, notamment en ce qui concerne la révolution d'un corps sur une ellipse.

[267] Cette explication est simplifiée et adaptée de celle de Gandt F. « Le problème inverse (*Principia*, Liv. I, prop. 39-41 », *Revue d'histoire des sciences*, 1987, tome 40, n° 3-4, p. 281-283. Pour une explication détaillée, voir aussi Blay M. « Les *Principia* de Newton », PUF, 1995, p. 84-86 et Pourciau B. "Reading the master, Newton and the birth of celestial mechanics", *The american mathematical monthly*, vol. 104, n° 1, 1997, p. 13-18.

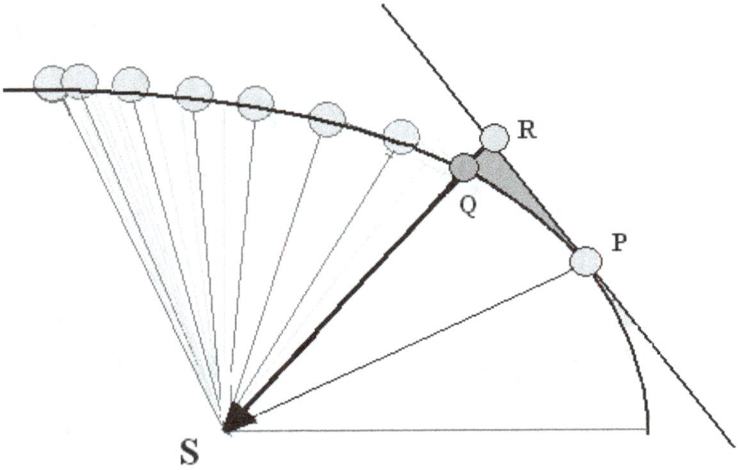

La déviation RQ est proportionnelle à la force en P qui elle-même est proportionnelle à l'inverse du carré de la distance de P au centre de force S, de la forme : $F \propto constante / SP^2$

Cette loi des forces agissant sans contact et en raison inverse de la distance séparant deux corps[268] sera la base de la théorie de la gravitation, explication newtonienne du *système du monde*.

Par cet exemple sur les forces centrales tiré des *Principes mathématiques de la philosophie naturelle* de 1687, nous avons eu un aperçu de l'approche de Newton[269] qui utilise les *quantités évanouissantes* dans des figures géométriques et les anime ainsi en quelque sorte d'un mouvement.

Nous avons dans cette partie essayé de montrer comment *les premières ou les dernières raisons des quantités évanouissantes* et leurs représentations géométriques permettent de représenter à la fois le mouvement instantané et la formation de la courbure créée par des forces agissant à distance, comme, par exemple, la force centrale.

Revenons à la question exposée au début de cette partie consacrée aux courbures, aux procédures infinitésimales et à la dynamique, questions étudiées dans les années 1670-1700 en *mathématiques mixtes*. Cette question concernait, on le rappelle :

1. la compréhension de la courbure des trajectoires et des formes en lien avec la cinématique et la statique de phénomènes physiques de complexité croissante ;
2. la nécessité de pouvoir représenter mathématiquement le mouvement continu et de l'étudier dans sa composante instantanée (notamment,

---

[268] Qui donnera l'expression que nous utilisons actuellement $F=gMM'/r^2$ bien homogène à $F \propto constante / SP^2$.

[269] Voir aussi à ce sujet De Gandt F. « Le style mathématique des *Principia* de Newton », *Revue d'histoire des sciences*, 1986, t. 39, n° 3, p. 195-222.

les questions de début et fin du mouvement, d'accélération positive et négative, etc.) ;

3. en lien avec les deux précédentes problématiques, comprendre physiquement et trouver une représentation mathématique des facteurs qui créent les variations du mouvement (courbure, accélération négative et positive), à savoir les forces[270].

On voit maintenant que le troisième point de cette question, notamment avec les méthodes de Newton que nous avons tenté de résumer et de présenter de manière schématique, peut être lui aussi étudié en termes analytiques. Ainsi, après la cinématique, c'est la dynamique, les forces agissant dans l'instant, qui peut commencer à être mathématisée.

Ainsi donc, à peu près dans les années 1675 à 1700, de grandes avancées se sont faites au moyen des nouvelles procédures infinitésimales qui ont permis de travailler sur les courbures et sur l'instantanéité du mouvement et de l'action des forces. Ces nouvelles procédures s'appliquent aux distances et au temps dans de nombreux exemples de mouvement physique.

Selon la ligne directrice de notre étude, voyons maintenant ce qu'il en était à la même époque des représentations de l'espace et du temps dans le paysage philosophique entourant ces avancées en mathématisation.

---

[270] Cf. la loi II des *Axiomes ou lois du mouvement* telle qu'elle est formulée par Newton au début des *Principes mathématiques de la philosophie naturelle* de 1687 :
« *Les changements qui arrivent dans le mouvement sont proportionnels à la force motrice et se font dans la ligne droite dans laquelle cette force a été imprimée. Si une force produit un mouvement quelconque, une force double produira un mouvement double, et une triple, un mouvement triple, soit qu'elle ait été imprimée en un seul coup, soit qu'elle l'ait été peu à peu et successivement, et ce mouvement étant toujours déterminé du même côté que la force génératrice, sera ajouté au mouvement que le corps est supposé avoir déjà, s'il conspire avec lui, ou en sera retranché s'il lui est contraire, ou bien en sera retranché ou ajouté en partie s'il lui est oblique, et de ces deux mouvements, il s'en formera un seul, dont la détermination sera composée des deux premiers* », p. 17 de la traduction française de Madame du Châtelet, Édition de 1776.

4. Réflexions philosophiques sur le temps et l'espace à la fin du XVIIe

En ce qui concerne les réflexions sur les notions de temps et d'espace, elles continuent comme dans la première moitié du XVIIe siècle de faire l'objet d'écrits qui sont communs à la science mathématisée et à la philosophie. Parmi les écrits principaux et les plus marquants de la fin du XVIIe sont notamment ceux de Newton, Locke et Leibniz.

4.1. Temps et espace chez Newton dans les *Principes mathématiques de la philosophie naturelle* de 1687

Par la possibilité de géométriser l'action des forces, notamment les forces centrales comme nous venons de le voir, qui constitue la base technique de son *système du monde* régi par la *gravitation*, théorie neuve et unificatrice de nombreux phénomènes naturels, le traité de Newton sur les *Principes mathématiques de la philosophie naturelle* de 1687 est reconnu comme un des traités les plus importants de l'histoire, non seulement de la science mais des idées en général.

En effet, parmi les savants les plus importants de la période pré-newtonienne figuraient, comme nous l'avons vu, Galilée et Descartes. Le premier disait que le livre de la nature était écrit en langage mathématique et le second avait essayé de donner un *système* complet et cohérent du monde dans ses *Principes de la philosophie.*

Newton combinera en quelque sorte ces deux idées en affirmant d'emblée que la science de la nature, la compréhension des phénomènes naturels, doit avoir des principes mathématiques. De plus, ceux-ci servent aussi bien à la *physica terrestris* qu'à la *physica coelestis* et les unifient dans un seul *système du monde*.

Le titre du traité de Newton pose ainsi une déclaration d'intention : on ne peut plus penser les phénomènes naturels sans se servir des mathématiques. Si la *philosophie* de Descartes avait ses *principes*, la *philosophie naturelle* de Newton a ses *principes mathématiques*.

Nous avons eu plus haut un aperçu du type de démonstrations utilisé par Newton pour géométriser les forces centrales dans son traité. Nous n'allons pas entrer plus en détail dans cette œuvre monumentale qui a déjà été analysée de nombreuses fois par les spécialistes.

Rappelons juste le plan général du traité de Newton :

	Intitulés des chapitres dans la seule traduction française des *Principes mathématiques de la philosophie naturelle* faite par Madame du Châtelet (1776).
Définitions	
Axiomes	
Livre 1	
Section 1	*Méthode des premières et dernières raisons.*
Section 2	*De la recherche des forces centripètes.*
Section 3	*Du mouvement des corps dans les sections coniques excentriques.*
Section 4	*De la détermination des orbes elliptiques paraboliques et hyperboliques lorsque l'un des foyers est donné.*
Section 5	*De la détermination des orbites lorsqu'aucun des foyers n'est donné.*
Section 6	*De la détermination des mouvements dans des orbes donnés.*
Section 7	*De l'ascension et de la descension rectiligne des corps.*
Section 8	*De la détermination des orbes que décrivent des corps sollicités par des forces centripètes quelconques.*
Section 9	*Du mouvement des corps dans des orbites mobiles et du mouvement des absides.*
Section 10	*Du mouvement des corps dans des superficies données et des oscillations des corps suspendus par des fils.*
Section 11	*Du mouvement des corps qui s'attirent mutuellement par des forces centripètes.*
Section 12	*Des forces attractives des corps sphériques.*
Section 13	*Des forces attractives des corps qui ne sont pas sphériques.*
Section 14	*Du mouvement des corpuscules attirés par toutes les parties d'un corps quelconque.*
Livre 2	
Section 1	*Du mouvement des corps qui éprouvent une résistance en raison de leur vitesse.*
Section 2	*Du mouvement des corps qui éprouvent une résistance en raison doublée de leur vitesse.*
Section 3	*Du mouvement des corps qui éprouvent des résistances qui sont en partie en raison de la vitesse et en partie en raison double de cette même vitesse.*
Section 4	*Du mouvement circulaire des corps dans les milieux résistants.*
Section 5	*De la densité et de la compression des fluides et de l'hydrodynamique.*
Section 6	*Du mouvement et de la résistance des corps oscillants.*
Section 7	*Des mouvements des fluides et de la résistance des projectiles.*
Section 8	*De la propagation du mouvement dans les fluides.*
Section 9	*Du mouvement circulaire des fluides.*
Livre 3	*Sur le système du monde.*
« Partie 1 »	*Règles pour étudier la philosophie naturelle.*
« Partie 2 »	*Phénomènes.*
« Partie 3 »	*Scholium général.*

D'un point de vue épistémologique, la partie des définitions placée par Newton au début des *Principia* est très intéressante. Sur une vingtaine de pages, Newton entreprend de définir les notions qu'il utilisera dans son traité. Malgré l'introduction qu'il fait de notions techniques et peu intuitives telles que la quantité de mouvement (définition II) ou la force centripète (définition III), ou comme il le dit lui-même « *de termes qui ne sont pas communément usités* », le savant s'étend en fait plus longuement en explications pour rectifier les erreurs liées aux termes « *de temps, d'espace, de lieu et de mouvement [...] connus de tout le monde* ».

D'emblée, Newton sépare le temps et l'espace en deux catégories : absolus et relatifs.

- Le temps absolu « *coule uniformément et s'appelle durée.* »[271]
- « *L'espace absolu, sans relation aux choses externes, demeure toujours similaire et immobile*[272]. »

L'espace relatif est comme une portion de l'espace absolu et elle est liée aux corps, du moins c'est comme cela que nous la percevons :

> « *L'espace relatif est cette mesure ou dimension mobile de l'espace absolu, laquelle tombe sous nos sens par sa relation aux corps*[273]. »

Newton utilise d'autres termes liés à ces deux notions : pour l'espace, il utilise les termes de *lieu* : le *lieu* est lié aux corps :

> « *C'est la partie de l'espace occupée par un corps et par rapport à l'espace, il est relatif ou absolu*[274]. »

L'espace absolu est donc comme un volume général et immobile englobant tout le reste. Quand des corps y sont introduits, la portion de ce volume général qui est en relation avec les corps devient *l'espace relatif*.

---

[271] Newton, *Principes mathématiques de la philosophie naturelle*, 1687, traduction française de Madame du Châtelet, Édition de 1776, p. 8.
[272] *Idem*.
[273] *Idem*.
[274] *Idem*.

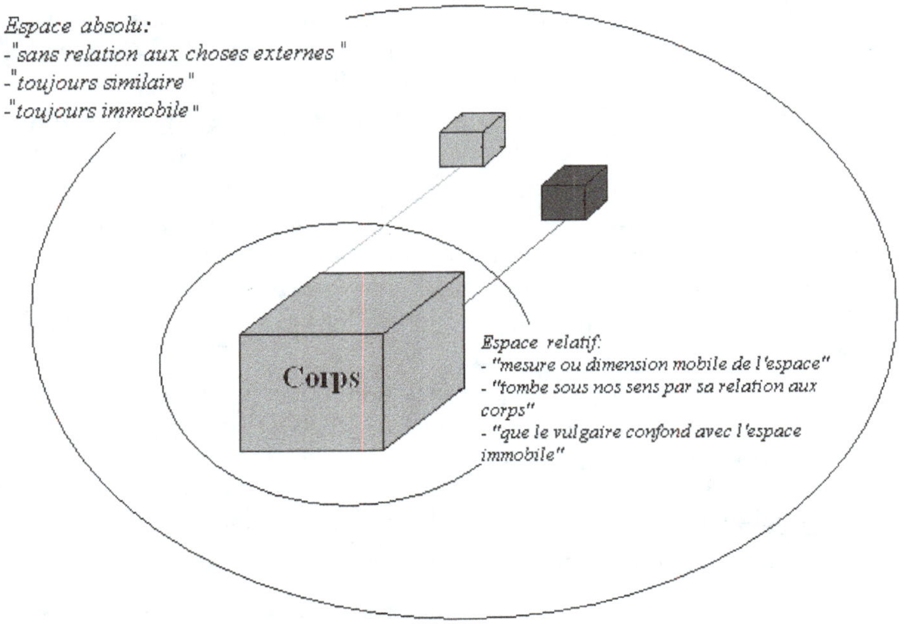

Le lieu est (un peu comme nous l'avons vu chez Descartes dans les *Principes de la philosophie* à propos du *lieu intérieur*[275]*)* comme l'empreinte du corps contenu dans le contenant qu'est l'espace.

Si cette empreinte est considérée par rapport à l'espace absolu, elle est le *lieu absolu* si elle est considérée par rapport à l'espace relatif, le lieu est dit *lieu relatif*.

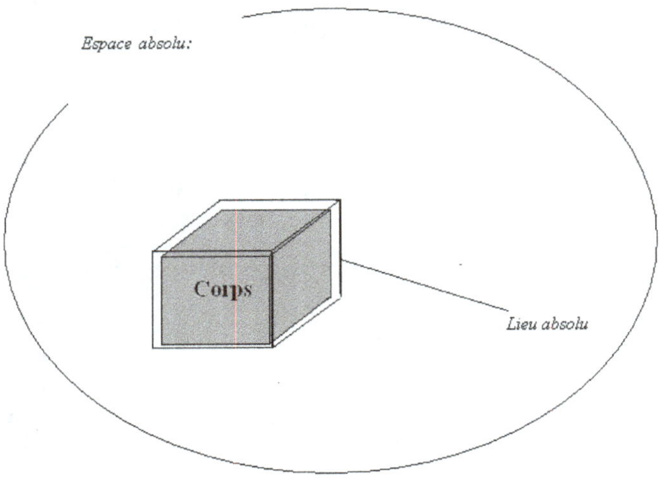

[275] Plus loin, Newton qualifie ce lieu de *lieu interne*, comme Descartes le faisait avec son le *lieu intérieur* : « *Le lieu du tout est la somme des lieux de toutes les parties, ce lieu doit être interne et être dans tout le corps entier* », Newton, *Principes mathématiques de la philosophie naturelle*, 1687, traduction française de Madame du Châtelet, Édition de 1776, p. 8.

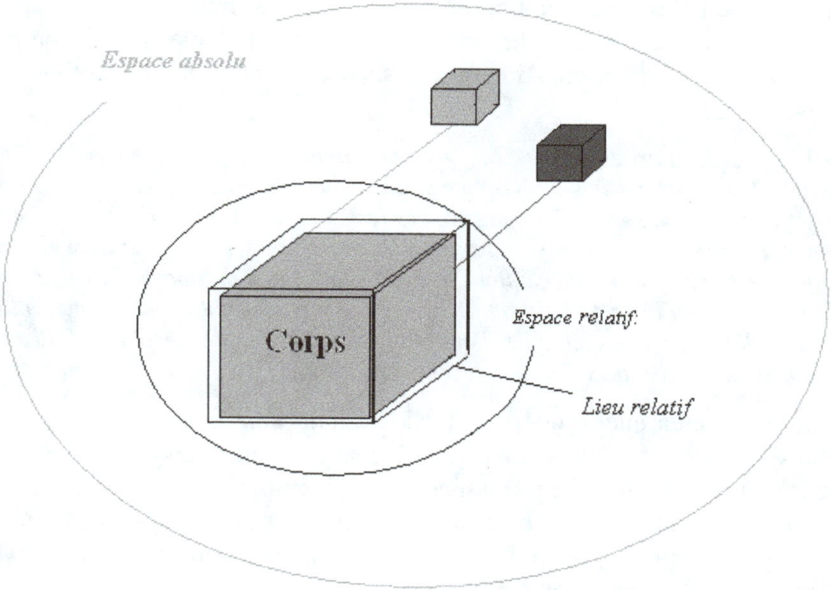

De même que pour l'espace et le lieu, le mouvement et le repos peuvent aussi être relatifs ou absolus. L'exemple de mouvement donné par Newton permet de comprendre aussi la différence entre lieu absolu et lieu relatif :

« *Le mouvement absolu est la translation d'un corps d'un lieu absolu vers un autre lieu absolu et le mouvement relatif est la translation d'un lieu relatif vers un autre lieu relatif. Ainsi dans un vaisseau poussé par le vent, le lieu relatif d'un corps est la partie du vaisseau dans laquelle ce corps se trouve ou l'espace qu'il occupe dans la cavité du vaisseau, et cet espace se meut avec le vaisseau, et le repos relatif de ce corps est sa permanence dans la même partie de la cavité du vaisseau. Mais le repos vrai du corps est la permanence dans la partie de l'espace immobile, où l'on suppose que se meuvent le vaisseau et tout ce qu'il contient*[276]. »

En ce qui concerne le temps, celui-ci peut aussi être absolu ou relatif. Le temps absolu, dit Newton, « *doit toujours couler de la même manière* », il est indépendant de toutes sortes de mouvements.

« *La durée ou la persévérance des choses est donc la même, soit que les mouvements soient prompts, soit qu'ils soient lents et elle serait encore la même quand il n'y aurait aucun mouvement*[277]. »

[276] Newton, *Principes mathématiques de la philosophie naturelle*, 1687, traduction française de Madame du Châtelet, Édition de 1776, p. 9. À noter que nous retrouvons l'idée d'un objet sur un navire comme elle existait déjà, nous l'avons vu plus haut, chez Galilée, Descartes et Huygens.

[277] *Ibid.*, p. 10. Gassendi avait déjà cette perception, il disait : « *Le temps coule toujours de même teneur, soit qu'il y ait quelque chose qui dure dans ce temps ou qu'il n'y ait rien, soit que cette chose se repose ou se meuve, ou qu'elle se meuve plus vite ou plus lentement.* »

Concernant l'espace et le temps chez Newton, comme on le voit dans la suite de son exposé, on peut dire que 1°) il y a une analogie entre le temps et l'espace, 2°) tous deux constituent une sorte de cadre général de toutes les choses.

> « *L'ordre des parties de l'espace est aussi immuable que celui des parties du temps. Car si les parties de l'espace sortaient de leur lieu, ce serait, si l'on peut s'exprimer ainsi, sortir d'elle-même. Les temps et les espaces n'ont pas d'autres lieux qu'eux-mêmes, et ils sont les lieux de toutes choses. Tout est dans le temps quant à l'ordre de la succession, tout est dans l'espace quant à l'ordre de la situation. C'est là ce qui détermine leur essence et il serait absurde que les lieux primordiaux se mussent. Ces lieux sont donc les lieux absolus, et la seule translation de ces lieux fait les mouvements absolus*[278]. »

On peut remarquer que ces considérations sont pour certaines assez proches de ce que nous avons vu ailleurs à propos des conceptions de l'espace et du temps chez Gassendi, par exemple. Une particularité de Newton ici vient du fait qu'il parle d'un *lieu* du temps. Une notion généralement utilisée pour une dimension spatiale est utilisée par Newton pour parler d'une dimension temporelle.

On peut faire quelques remarques ici sur la notion de *lieu* utilisée par Newton. Cette notion, comme nous l'avons vue chez Descartes, Gassendi, etc., était une notion courante à l'époque et faisait partie du standard des représentations. Comme on l'a vu, elle peut être assimilée à une sorte d'empreinte dans un contenant plus général (le *lieu intérieur* de Descartes), cette notion de lieu sous cette acception a disparu petit à petit, elle est en quelque sorte un vestige des perceptions anciennes qui a cependant perduré dans les textes sur le temps et l'espace aussi bien scientifiques que philosophiques pendant assez longtemps[279].

Il semblerait d'ailleurs que Newton soit assez inconfortable avec ce vestige (« *Si les parties de l'espace sortaient de leur lieu, ce serait, si l'on peut s'exprimer ainsi, sortir d'elle-même* » ou encore « *C'est là ce qui détermine leur essence et il serait absurde que les lieux primordiaux se mussent* ») et essaie malgré lui de concilier ses propres représentations de l'espace et du temps avec cette notion de *lieu*.

Dans la suite de son texte, Newton réitère la différence entre temps et espace *absolus, vrais et mathématiques* contre leurs dérivés *relatif, apparent et vulgaire*. Ces dérivés en quelque sorte humains ou fonctionnels sont nécessaires pour effectuer des mesures :

---

[278] Newton, *Principes mathématiques de la philosophie naturelle*, 1687, traduction française de Madame du Châtelet, Édition de 1776, p. 10.

[279] Par exemple, on retrouve encore la notion de lieu dans les *Réflexions sur l'espace et sur le temps* de Euler en 1748.

« *Les quantités relatives ne sont donc pas les véritables quantités dont elles portent le nom, mais ce sont les mesures sensibles (exactes ou non exactes) que l'on emploie ordinairement pour les mesurer*[280]. »

Mais selon Newton, ce n'est qu'un pis-aller auquel nous avons recours du fait de notre incapacité de distinguer les parties de l'espace et du temps absolu qui sont pourtant les seules dimensions qui se rapportent légitimement au domaine du savoir mathématique ou philosophique :

« *Il est à propos d'en user ainsi dans la vie civile mais dans les matières philosophiques il faut faire abstraction des sens.* »

Pour terminer, nous pouvons remarquer que Newton fait encore quelques références à la sphère des fixes, c'est par rapport à cette représentation ancienne que Newton en quelque sorte cadre son *espace absolu*. Mais il alterne entre cette idée d'immuabilité nécessaire à son propos et ses doutes sur ce sujet :

« *Il se peut faire qu'il n'y ait aucun corps véritablement en repos auquel on puisse rapporter les lieux et les mouvements*[281]. »

Ou encore :

« *Ainsi, quoiqu'il soit possible qu'il y ait quelque corps dans la région des fixes, ou beaucoup au-delà, qui soit dans un repos absolu, comme on ne peut pas connaître par la situation qu'ont entre eux les corps d'ici-bas, si quelqu'un de ces corps conserve ou non la situation par rapport à ce corps éloigné, on ne saurait déterminer, par le moyen de la situation que ces corps ont entre eux s'ils sont véritablement en repos*[282]. »

Nous voyons donc dans cette scholie de Newton sur le temps, l'espace, le lieu et le mouvement par lequel le savant définit les notions qu'il va utiliser dans des *Principes mathématiques de la philosophie naturelle*, que le cadre newtonien de l'espace et du temps n'est pas aussi clairement la structure physique rigide et immuable telle qu'on veut parfois la présenter[283].

Le qualificatif *absolu* qu'on a assimilé aux représentations de Newton de l'espace et du temps peut aussi être compris comme venant d'une volonté de définition du savant afin de différencier le temps et l'espace de l'acception commune par opposition au temps et à l'espace devenant des variables physiques devant être quantifiées pour établir des principes mathématiques pour les lois de la nature. L'*absolu* dans ce cas devra plus être compris comme un étalon mathématique nécessaire plutôt qu'une caractéristique de l'univers physique.

---

[280] Newton, *Principes mathématiques de la philosophie naturelle*, 1687, traduction française de Madame du Châtelet, Édition de 1776, p. 15.

[281] Newton, *Principes mathématiques de la philosophie naturelle*, 1687, traduction française de Madame du Châtelet, édition de 1776, p. 11.

[282] *Idem.*

[283] Rigidité et immuabilité qu'on oppose communément à la représentation d'espace-temps depuis la théorie de la relativité.

Voyons maintenant d'autres idées philosophiques sur le temps et l'espace contemporaines de celles de Newton, chez le philosophe John Locke.

On sait que Newton et Locke étaient amis[284] et se sont fréquentés de 1689 jusqu'à la mort de Locke en 1704. Locke lut probablement les *Principes mathématiques de la philosophie naturelle* de Newton dès la fin 1687 ou le début de 1688, alors qu'il était réfugié dans les Provinces-Unies de Hollande pour des raisons politiques. Locke collaborait alors au journal d'érudition français la *Bibliothèque universelle* et fit une revue en français[285] des *Principes mathématiques de la philosophie naturelle* de Newton pour ce journal en mars 1688. Il fit cette revue alors qu'il avait déjà lui-même une pratique certaine des sciences expérimentales, notamment en médecine et en chimie. Locke collabora aussi avec Newton en lui fournissant des matériaux pour des préparations de chimie auxquelles Newton s'intéressait. Locke était membre de la *Royal society* depuis 1688 et fréquenta le milieu académique qui rassemblait les grands savants anglais de l'époque tels Robert Boyle, John Wallis ou Robert Hooke. D'autre part, Locke correspondait aussi avec Huygens et il l'aurait notamment sollicité pour avoir des vérifications de certaines des démonstrations mathématiques de Newton. De par leur rôle important et contemporain, Newton et Locke ont été souvent associés dans l'histoire des idées. D'Alembert écrit notamment de Locke dans le discours préliminaire de l'*Encyclopédie* de 1751 : « *Il créa la métaphysique à peu près comme Newton avait créé la physique.* » Le traité de Locke *Essai sur l'entendement humain* a été publié en 1690, soit juste trois ans après les *Principes mathématiques de la philosophie naturelle* de Newton.

4.2. Locke, temps et espace en lien avec l'entendement dans l'*Essai sur l'entendement humain* de 1690

L'espace dans le traité de Locke

Comme c'était le cas déjà pour le traité *De corpore* de 1655 dans lequel Hobbes liait étroitement espace, temps et entendement, Locke ne discourt pas de l'espace et du temps comme entités indépendantes de l'homme. Locke traite l'idée d'espace et de temps (en l'occurrence, il parle de l'idée de *durée*).

Selon Locke, l'entendement reçoit les idées soit de l'extérieur via les sens, soit de l'intérieur via son fonctionnement interne :

> « *D'où [l'esprit] puise-t-il ce qui fait le matériau de la raison et de la connaissance ? je répondrai d'un seul mot : de l'expérience ; en elle, toute notre connaissance se fonde et trouve en dernière instance sa source ; c'est*

[284] Voir à ce sujet Rogers A. J. "Locke's Essay and Newton Principia", *Journal of the history of ideas*, vol. 39, n° 2, 1978, p. 217-232.

[285] Voir Axtell, J. L. "Locke's review of the Principia", *Journal of the history of ideas*, vol. 20, n° 2, 1965, p. 152-161.

l'observation appliquée soit aux objets sensibles externes, soit aux opérations internes de l'esprit, perçues et sur lesquelles nous-mêmes réfléchissons, qui fournit à l'entendement tout le matériau de la pensée, telles sont les deux sources de la connaissance d'où jaillissent toutes les idées que nous avons ou que nous pouvons naturellement avoir[286]. »

Les réflexions de Locke sur l'espace et le temps sont principalement consignées dans les chapitres 13 à 15 de l'*Essai sur l'entendement humain.* L'idée d'espace est acquise par les sens, c'est ce que Locke appelle une *idée simple*, les idées simples « *sont des idées aussi parfaitement différentes et distinctes dans l'esprit que celles entre lesquelles il y a le plus de distance ou d'opposition.* »[287]

Locke définit ensuite, comme on l'a vu aussi, par exemple, chez Descartes, différentes catégories de l'espace : l'étendue « *qui sépare deux êtres* » est la *distance*, l'espace dans sa largeur, longueur et profondeur est la *capacité*.

Locke insiste fortement sur la grande aptitude de l'esprit à pouvoir ajouter, « *composer* » les différents aspects de l'espace : lignes droites, courbes, surfaces, figures, etc.

« *La quantité de figures que l'esprit est capable de produire en variant l'idée d'espace est parfaitement inépuisable : il fait des compositions toujours nouvelles en répétant ses propres idées et en les joignant comme il lui plaît. Ainsi, peut-il les multiplier à l'infini*[288]. »

Ces combinaisons concernent toujours les idées et Locke ne parle pas de l'espace en tant que tel, mais toujours en rapport à l'entendement. Une notion supplémentaire est ensuite introduite par Locke et qui dépend des *modes simples* de l'espace, c'est l'idée de *lieu.* Il y a dans l'idée de lieu la notion de point de repère qui est plus précise que la *distance* qui servait seulement de mesure entre deux éléments :

« *De même que dans l'espace simple, on considère la relation de distance entre deux corps ou deux points ; de même dans l'idée de lieu, on considère la relation de distance entre une chose et deux points (ou plus) supposés garder la même distance les uns par rapport aux autres*[289]. »

Pour Locke, le lieu d'une chose n'est déterminé que localement et en rapport aux choses qui l'entourent. Il admet que ceci est la perception courante de la notion de lieu :

« *Toutefois dans le langage courant, la notion commune de lieu n'implique pas toujours avec exactitude la distance par rapport à des points précis, mais par rapport à des parties plus importantes d'objets perceptibles : on considère la*

---

[286] Locke, *Essai sur l'entendement humain*, 1690, livre 2, chap. I, paragraphe 2, p. 164 de l'édition Vrin, Paris, 2001.
[287] *Ibid.*, p. 271.
[288] *Ibid.*, chap. 13, paragraphe 5, p. 274.
[289] Locke, *Essai sur l'entendement humain*, 1690 livre 2, chap. 13, paragraphe 7, p. 275 de l'édition Vrin, Paris, 2001.

chose localisée par la relation qu'elle entretient avec ces objets, et la distance qui la sépare d'eux a quelque raison d'être observée[290]. »

Mais cette idée commune, pratique, semble pour Locke la plus acceptable. Une idée de lieu absolu, comme chez Newton, semble difficile à envisager pour Locke, il n'y a pas de repère immuable qui engloberait l'espace en général et qui servirait de point de repère universel :

« *Que notre idée de lieu ne soit autre que la position relative de toutes choses, comme je l'ai mentionné, c'est, je pense, évident et on l'admettra facilement quand on songera au fait qu'on ne peut avoir aucune idée du lieu de l'Univers, alors qu'on peut en avoir de toutes ses parties ; et ceci, parce qu'au-delà de l'Univers, on n'a pas d'idée du moindre être stable distinct, singulier, qui serve de référence pour imaginer une relation de distance*[291]. »

L'idée purement intellectuelle de lieu est aussi illogique pour Locke que de chercher à concevoir une place immuable pour l'univers « *car dire "le monde est quelque part" ne signifie rien de plus qu'"il existe effectivement"* », et il conclut en réaffirmant le rôle des sens dans la conception de l'idée de lieu :

« *Donc, l'idée de lieu est obtenue par les mêmes voies que l'idée d'espace (dont elle n'est qu'une considération particulière et limitée) ; la vue et le toucher, qui tous deux permettent de recevoir dans l'esprit des idées d'étendue et de distance*[292]. »

Il n'existe donc pas pour Locke de position absolue dans l'espace, et la conception commune qui positionne les choses les unes par rapport aux autres et qui « *a été élaborée par les gens pour leur usage courant*[293] » est finalement la plus acceptable. De même que c'est aussi l'usage courant des sens qui donne les seules notions valables pour considérer l'espace, et non les idées pures de l'entendement.

Les positions dans l'espace n'existent que relativement, comme Locke l'explique dans un autre exemple, celui d'une pièce posée sur un échiquier dans la cabine d'un navire qui vogue au large d'une côte. Comment donner la position de cette pièce d'échec : par rapport au quadrillage de l'échiquier ? par rapport à sa place sur cet échiquier qui a, lui-même, une place dans la cabine du navire ? par rapport à sa place dans le navire qui a, lui-même, une position par rapport à la terre ? Les multiples possibilités de repères montrent qu'il est impossible de définir une *position absolue* dans l'espace.

---

[290] *Idem.*
[291] *Ibid.*, paragraphe 10, p. 277.
[292] *Idem.*
[293] *Ibid.*, paragraphe 9, p. 276.

Le temps

Dans le chapitre 14 du livre II de l'*Essai sur l'entendement humain,* Locke discourt du temps juste après avoir traité de l'espace. Il utilise le terme *durée* et encore ici, il parle de *l'idée* de durée. On rappelle que la connaissance chez Locke a deux origines, la sensation et la réflexion. Alors que pour l'espace, il affirmait la prééminence de la sensation sur la réflexion,

> « *Quelle que soit la façon de la nommer [distance, longueur, largeur, épaisseur], c'est toujours la même idée simple et uniforme d'espace, tirée des objets auxquels nos sens ont affaire : une fois les idées installées dans l'esprit, elles peuvent revivre, être répétées, ajoutées les unes aux autres aussi souvent que l'on veut*[294]. »

Quant au temps, celui-ci dépend d'abord de la réflexion, l'idée de durée vient de l'observation, par ce que Locke nomme les *opérations internes de l'esprit*, de la succession des idées :

> « *Les notions de successions et de durée ont pour origine une réflexion sur la suite des idées que l'on voit apparaître l'une après l'autre dans l'esprit*[295]. »

Comme chez Gassendi quelques décennies plus tôt[296], le temps semble pour Locke plus difficile à comprendre et à représenter que l'espace :

> « *Le temps, qui révèle toutes les autres choses, ne peut être lui-même découvert ; durée, temps et éternité sont estimés, non sans raison, être d'une nature très obscure*[297]. »

Pour Locke, contrairement aux théories de certains de ces prédécesseurs, la notion de temps doit être séparée de la notion de mouvement, un homme isolé et sans moyen de repères doit pouvoir concevoir la notion de temps par le fait seul de la succession de ses pensées :

> « *Mais prenez un homme seul, où qu'il soit, entouré de choses immobiles, et ne percevant absolument aucun mouvement : si pendant cette heure de repos, il a pensé, il percevra en son esprit les diverses idées de ses propres pensées apparaissant l'une après l'autre, et découvrira par là une succession, là où il ne pouvait observer aucun mouvement*[298]. »

Le temps chez Locke est donc intimement lié à l'entendement et à son fonctionnement dans la production des idées. Locke établit même une correspondance entre une unité de temps, l'instant, avec la notion d'idée

---

[294] Locke, *Essai sur l'entendement humain*, 1690, livre 2, chap. 13, paragraphe 26, p. 292 de l'édition Vrin, Paris, 2001.
[295] *Ibid.*, chap. 14, paragraphe 4, p. 296.
[296] « *Il semble néanmoins que le temps nous demeure toujours beaucoup moins connu que l'espace, comme si l'espace avait quelque chose de plus réel et de plus effectif ou de moins imaginaire que le temps* », Gassendi, 1658, tome I, p. 49.
[297] Locke, *Essai sur l'entendement humain*, 1690, livre 2, chap. 14, paragraphe 2, p. 296 de l'édition Vrin, Paris, 2001.
[298] *Ibid.*, p. 300.

comme en quelque sorte une unité de pensée. Un évènement instantané correspondant au temps de l'existence d'une seule idée :

« *Cette portion de durée, où l'on ne perçoit aucune succession, c'est ce qu'on peut appeler un instant, et qui occupe dans l'esprit le temps d'une seule idée, avant qu'une autre ne lui succède, où donc on ne perçoit aucune succession*[299]. »

Une autre idée est intéressante chez Locke, selon lui, les unités de mesure qu'on attribue au temps et à l'espace sont dans un registre différent du temps et de l'espace eux-mêmes.

« *Les minutes, les heures, les jours et les années ne sont donc pas plus nécessaires au temps ou à la durée que les millimètres, les centimètres, les mètres et les kilomètres, tracés sur un matériau ne sont nécessaires à l'étendue*[300]. »

et encore :

« *Mais les diverses mesures, que l'on peut utiliser pour compter le temps, n'altèrent nullement la notion de durée, qui est la chose à mesurer, pas plus que les différents modèles du pied ou de la coudée n'altèrent la notion de l'étendue pour ceux qui emploient ces diverses mesures*[301]. »

Donc pour Locke, la grille de mesure, la métrique en quelque sorte, que l'on superpose à l'espace/temps n'est pas de la même nature que cet espace/temps lui-même. Il réfute ainsi les conceptions de Descartes, par exemple, qui associait la distance aux corps, il est aussi contre ceux qui associent le temps au mouvement.

« *D'où il paraît que pour mesurer la durée de quelque chose par le temps, il n'est pas exigé que la chose coexiste avec le mouvement qui la mesure, ou avec toute autre révolution périodique ; il suffit pour cela d'avoir l'idée de la longueur de quelque apparition périodique régulière, que l'on puisse appliquer en pensée à une durée qui n'a jamais coexisté avec le mouvement ou l'apparition*[302]. »

Pour Locke, la mesure du temps ou de l'espace est donc différente de ce qu'elle mesure mais elle nécessite l'idée de répétition périodique, cette idée est applicable sous des formes différentes (différentes unités de longueurs ou de temps, différentes métriques appliquées à l'espace ou au temps).

Cette idée de répétition périodique de l'unité, comme mesure du temps, par exemple, est le système nécessaire pour une représentation cohérente du temps :

---

[299] *Idem*.
[300] Locke, *Essai sur l'entendement humain*, 1690, livre 2, chap. 14, paragraphe 2, p. 308 de l'édition Vrin, Paris, 2001.
[301] *Ibid*., p. 309.
[302] *Ibid*., p. 313.

« *Sans répétition périodique régulière en effet, nous ne pourrions mesurer pour nous-même ni signifier à d'autres la longueur d'aucune durée*[303]. »

Ce système de mesure par répétition périodique est utilisé dans différents modes de mesure du temps. C'est la seule chose nécessaire, différents types d'unité peuvent coexister selon les besoins, de même que différentes origines pour la mesure[304]. Il y a donc chez Locke un temps réel et une représentation du temps par l'entendement avec différents repères et unités.

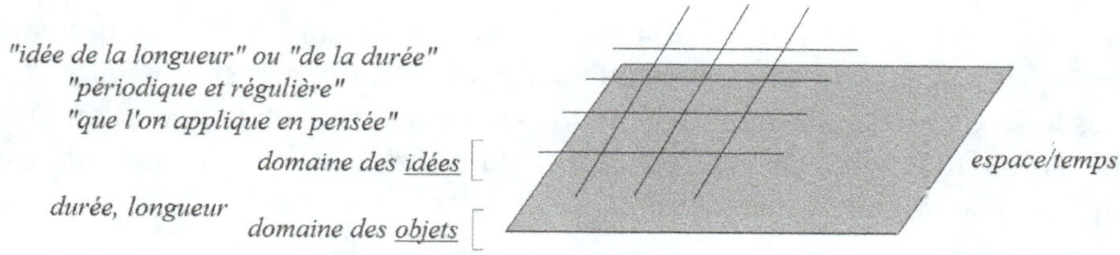

Un des autres aspects intéressants des réflexions de Locke sur l'espace et le temps dans le cadre du fonctionnement de *l'entendement humain* vient du fait qu'un chapitre entier est consacré par le philosophe à une comparaison des deux dimensions. Ce sont des objets « *dont la nature a quelque chose de très complexe et de très singulier* », aussi dit-il :

« *Peut-il être sans doute utile pour en éclairer le sens de les comparer ; en les considérant ensemble, on acquerra une conception plus claire et plus distincte*[305]. »

Les termes utilisés par Locke dans ce chapitre sont différents de nos termes actuels, le philosophe parle de *durée* et *d'expansion*. Le premier élément de comparaison est que les deux dimensions ont en commun la notion de continuité, d'uniformité et d'absence de limites :

« *Dans l'expansion aussi bien que dans la durée, l'esprit a l'idée commune de longueurs continues, qui peuvent être plus ou moins grandes : un homme a une idée aussi claire de la différence de longueur entre une heure et un jour qu'entre un pouce et un pied*[306]. »

Et aussi :

« *La durée et l'espace étant en eux-mêmes uniformes et illimités*[307]. »

L'autre élément de comparaison réside dans le fait que dans l'*expansion* aussi bien que dans la *durée,* qui sont toutes deux uniformes et illimitées, il

[303] *Ibid.*, p. 309.
[304] Locke en donne pour exemple les différents âges de l'univers selon les différentes civilisations : 23 000 ans pour les Égyptiens, 3 269 000 ans pour les Chinois.
[305] Locke, *Essai sur l'entendement humain*, 1690, livre 2, chap. 15 : « La durée et l'expansion considérées ensemble », paragraphe 1, p. 315 de l'édition Vrin, Paris, 2001.
[306] *Ibid.*, p. 316.
[307] *Ibid.*, p. 319.

est nécessaire d'établir des repères pour s'y situer. Ces repères sont dans le vocabulaire de Locke le *temps* et le *lieu*.

« *Le temps en général est à la durée ce que le lieu est à l'expansion : ce sont des parts de l'océan infini de l'éternité et de l'immensité que l'on détermine et que l'on distingue du reste comme par des bornes ; on les utilise donc pour dénoter la position respective d'êtres réels finis dans l'océan infini de la durée ou de l'espace*[308]. »

Comme il l'avait déjà exprimé plus haut, ce *temps* et ce *lieu* ne sont pas de même nature que l'*expansion* ou la *durée*, mais sont des idées qui sont appliquées à ces objets et permettent de s'y positionner et d'y faire des mesures. Ceci est une nécessité pour que l'entendement puisse avoir une utilisation fonctionnelle de l'espace et du temps par un repérage et une mesure, une origine et une métrique.

« *À les bien considérer, ce ne sont que les idées de distances déterminées entre certains points connus des choses sensibles, que l'on peut distinguer et dont on suppose qu'ils gardent la même distance. À partir de ces points dans des êtres sensibles, on calcule, on mesure des parts de ces quantités infinies que, sous cet aspect, on nomme temps et lieu. La durée et l'espace étant en eux-mêmes uniformes et illimités, sans ces points institués et connus, l'ordre et la position des choses y seraient insaisissables, et tout serait mêlé dans une confusion irréparable*[309]. »

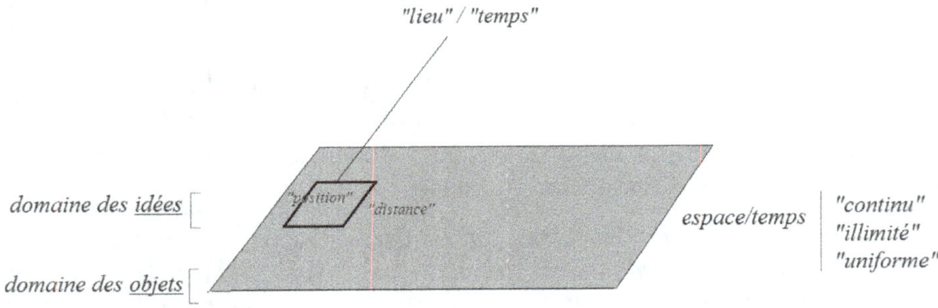

Un autre élément de comparaison pointé par Locke à propos de la *durée* et de *l'expansion* est leur analogie avec la notion de nombre :

« *Si l'esprit pouvait atteindre, comme pour le nombre, une partie de l'étendue ou de la durée assez petite pour exclure la divisibilité, on aurait, pour ainsi dire, l'unité ou l'idée indivisible ; et en le répétant, il construirait ses idées plus vastes d'étendue et de durée*[310]. »

---

308 *Idem.*
309 *Idem.*
310 Locke, *Essai sur l'entendement humain*, 1690, p. 323 de l'édition Vrin, Paris, 2001.

Et encore :

« *Par ailleurs, la mesure commune la plus petite, que nous ayons pour l'espace et la durée, est considérée comme on considère l'unité dans le nombre, quand l'esprit veut les réduire par division en fractions plus petites*[311]. »

Comme dernier point commun entre l'espace et le temps, Locke revient ensuite sur la nature continue des deux dimensions :

« *L'étendue et la durée ont encore un autre point commun, bien qu'on les considère toutes deux comme dotées de parties, leurs éléments ne sont pas séparables les uns des autres, même en pensée*[312]. »

Il est donc intéressant de voir comment les raisonnements détaillés de Locke, par leur cheminement propre, qui passe par l'analyse de l'entendement et du rôle des idées, ont fait progresser les conceptions, on pourrait dire « scientifiques », du temps et de l'espace : 1°) Il a dissocié la notion d'espace de celle de corps qui était le cœur de la doctrine cartésienne ; 2°) Il a dissocié la notion de temps de celle des mouvements de corps qui était aussi une représentation courante à son époque 3°) Enfin, Locke réfléchit de manière plus approfondie que ses prédécesseurs sur les éléments communs à l'espace et au temps en consacrant à ce sujet un chapitre spécial, le chapitre 15, de son *Traité sur l'entendement humain*. Dans la conclusion de ce chapitre, Locke met l'accent sur la relation spéciale existant entre les deux dimensions et remarque l'intérêt d'une représentation unifiée de l'espace et du temps, si ce n'est physique, mais du moins intellectuel :

« *Pour conclure : l'expansion et la durée s'incluent l'une l'autre puisque chaque élément de l'espace est en chaque moment de la durée et chaque moment de la durée en chaque moment de l'expansion. Une telle combinaison de deux idées distinctes ne se trouve guère, je crois, dans la diversité de ce que nous concevons ou que nous pouvons concevoir et elle peut donner matière à des spéculations plus profondes*[313]. »

Voici donc quelques-unes des considérations du philosophe John Locke, ami et contemporain de Newton, sur l'espace et le temps de *l'entendement humain* des philosophes. Ces idées côtoyaient le temps et l'espace absolus ou relatifs des *Principes mathématiques* de Newton.

L'*Essai sur l'entendement humain* de Locke fut publié en 1690, ce traité philosophique connut un succès certain à son époque puisqu'il eut quatre rééditions très rapprochées (1694, 1997, 1999 et 1705), Locke mourut en 1704. Dans la décennie 1690, un autre philosophe et mathématicien s'intéresse aux mêmes idées que Locke. À cette époque, Leibniz n'est plus le jeune intellectuel ambitieux qui a débarqué à Paris dans la suite de l'électeur de Mayence au début des années 1670, et dont l'éducation mathématique a

---

[311] *Ibid.*, p. 324.
[312] *Ibid.*, p. 325.
[313] *Ibid.*, p. 327.

été guidée par Huygens. Leibniz est un penseur dans sa maturité, il a déjà défriché les bases du calcul différentiel à partir du milieu des années 1680 et il est donc un philosophe et un mathématicien respecté de ses pairs européens. Pourtant, malgré plusieurs tentatives via l'évêque de Salisbury, Leibniz ne parviendra pas à établir une relation épistolaire avec Locke. La première version française de l'*Essai sur l'entendement humain* de Locke fut publiée en 1700 et Leibniz, faute de pouvoir correspondre directement avec l'auteur, décide de présenter ses remarques sur les idées de Locke sous forme d'un dialogue entre deux personnages, Théophile et Philalèthe. Leibniz suivra ainsi pas à pas les différents chapitres de l'*Essai sur l'entendement humain* de Locke et rédigera ainsi progressivement, au cours de ses lectures, ses commentaires, ce qui donnera ses *Nouveaux essais sur l'entendement humain.* Cette écriture se fit probablement dès la parution du traité de Locke, cependant, *Les Nouveaux essais* ne seront pas publiés du vivant de Leibniz mais en 1765, soit environ cinquante ans après sa mort.

4.3. Leibniz commentant Locke sur l'espace et le temps dans *Les Nouveaux essais sur l'entendement humain* dans les décennies 1690-1700

Comme chez Locke, dans le commentaire de Leibniz, la question de la comparaison du temps et de l'espace est importante. Mais dès sa préface, Leibniz marque son désaccord avec Locke qui avait fait, comme on l'a vu, un parallèle entre les deux dimensions notamment, du fait de leur caractère de continuité. Pour Leibniz au contraire :

> « *Ainsi, le temps et l'espace sont des choses fort hétérogènes, et on aurait tort de s'imaginer je ne sais quel sujet réel commun qui n'eut que la quantité continue en général, et dont les modifications fissent provenir le temps ou l'espace*[314]. »

Dans la suite du texte, Leibniz suit l'ordre des chapitres du philosophe anglais mais ne commente que certaines de ses idées. À propos du lieu, par exemple, Leibniz, contrairement aux conceptions de Locke, pense qu'il doit exister un lieu universel. En prolongeant l'exemple donné par Locke sur la position relative des pièces sur un échiquier, Leibniz estime aussi que ce lieu universel pourrait théoriquement être trouvé intellectuellement quand bien même il n'existerait pas réellement :

> « *Et s'il n'y avait rien de fixe dans l'univers, le lieu de chaque chose ne laisserait pas d'être déterminé par le raisonnement, s'il y avait moyen de tenir registre de tous les changements, ou si la mémoire d'une créature y pourrait*

[314] Leibniz, *Nouveaux essais sur l'entendement humain*, 1765, p. 49 de l'édition Garnier Flammarion, 1990.

suffire, comme on dit que les Arabes jouent aux échecs par mémoire et à cheval[315]. »

Au sujet de la *distance*, le commentaire que Leibniz fait des propos de Locke est intéressant, il fait en quelque sorte une incursion par la géométrie sphérique en précisant la pensée de Locke sur la *distance.*

Pour Locke, en général, la distance était « *l'espace considéré par rapport à la longueur qui sépare deux corps* »[316], Leibniz dans la partie correspondante dans *Les Nouveaux essais* précise :

« *Pour parler distinctement, la distance de deux choses situées (soit points, soit étendus) est la grandeur de la plus petite ligne possible qu'on puisse tirer de l'une à l'autre. Cette distance se peut considérer absolument ou dans une certaine figure, qui comprend les deux choses distantes ; par exemple, la ligne droite est absolument la distance entre deux points. Mais ces deux points étant dans une même surface sphérique, la distance de ces deux points dans cette surface est la longueur du plus petit grand arc de cercle qu'on y peut tirer d'un point à l'autre*[317]. »

En ce qui concerne la *durée,* Leibniz n'admet pas la conception, avancée par Locke, selon laquelle la durée est mesurable par la succession des idées. Pour Leibniz, le temps est un continu ininterrompu qui existe indépendamment de l'homme et qui ne peut donc être comparé à la succession des perceptions ou des idées apparaissant et disparaissant dans l'entendement et qui peuvent être interrompues :

« *Nos perceptions n'ont jamais une suite assez constante et régulière pour répondre à celle du temps qui est un continu uniforme et simple comme une ligne droite*[318]. »

On peut conclure cette comparaison entre Locke et son commentateur Leibniz en remarquant que l'esprit mathématique du second complète les idées du premier, nous voyons ceci à l'œuvre, par exemple, dans le rapport entre *durée*, *expansion* et *nombre*. Pour Locke, s'il est clair que la durée et l'expansion ont une relation privilégiée avec le nombre :

« *À propos du nombre, on peut encore observer que l'esprit en fait usage pour mesurer toute chose mesurable, principalement l'expansion et la durée*[319]. »

Le philosophe anglais donne la prééminence au nombre en termes de simplicité permettant des comparaisons et des opérations :

---

[315] Leibniz, *Nouveaux essais sur l'entendement humain*, 1765, « Chapitre XIII. Des modes simples et premièrement de ceux de l'espace », p. 117 de l'édition Garnier Flammarion, 1990.

[316] Locke, *Essai sur l'entendement humain*, 1690, livre 2, chap. 13, paragraphe 3, p. 272 de l'édition Vrin, Paris, 2001.

[317] Leibniz, *Nouveaux essais sur l'entendement humain*, 1765, « Chapitre XIII. Des modes simples et premièrement de ceux de l'espace », p. 115 de l'édition Garnier Flammarion, 1990.

[318] *Ibid.*, « Chapitre XIV. De la durée et de ses modes simples », p. 119.

[319] Locke, *Essai sur l'entendement humain*, 1690, livre 2, chap. 16. « Le nombre », paragraphe 4, p. 335 de l'édition Vrin, Paris, 2001.

> « *Les idées de nombre sont plus précises et plus distinguables que celles d'étendue*[320]. »

Ainsi, pour Locke, le travail sur les nombres est plus précis car il peut descendre jusqu'à l'unité qui est pour lui l'idée « *la plus simple et la plus universelle* » tandis que la comparaison de grandeurs géométriques peut toujours être entachée d'approximation :

> « *Une ligne qui paraît égale à une autre peut être plus longue sans que l'on puisse en donner le nombre excédant. Personne ne peut définir un angle qui dépassera, de la plus petite différence possible d'un angle droit*[321]. »

Dans son commentaire de Locke, Leibniz le mathématicien relève ceci et complète la pensée du philosophe en rajoutant que la conception que Locke donne de l'unité, comme division ultime du nombre, n'est valable que pour les nombres entiers et que les différents types de nombres tels qu'envisagés en mathématiques permettent d'aller au-delà. Ainsi, l'argument de Locke selon qui, « *dans l'espace, nous ne saurions arriver par la pensée à une certaine petitesse déterminée au-delà de laquelle nous ne puissions aller, telle qu'est l'unité dans le nombre* » est remis en cause par Leibniz :

> « *Cela se doit entendre du nombre entier car autrement, le nombre dans sa latitude, comprenant le rompu [nombre fractionnaire], le sourd [nombre irrationnel], le transcendant et tout ce qui peut se prendre entre deux nombres entiers est proportionnel à la ligne et il y a là aussi peu de minimum que dans le continu*[322]. »

On a ici un exemple du fait qu'à une époque où les conceptions et le langage des philosophes et des mathématiciens étaient encore très proches, une pratique technique des mathématiques commence à apporter un autre type de connaissance que celle de la philosophie.

Dans cette partie, pour ce qui est des avancées en mathématisation, nous avons parcouru la période allant de l'écriture par Newton de son traité sur la *Méthode des fluxions et des suites infinies* dans le milieu des années 1660 à la parution des *Principes mathématiques de la philosophie naturelle* en 1687. Cette période a aussi vu l'acte fondateur du calcul différentiel de Leibniz dans le mémoire de 1684 sur *Une nouvelle méthode pour la recherche des maxima et des minima* et le développement de ses idées par les frères Bernoulli notamment dans de nombreux mémoires de mathématiques dans les années 1690. Cette maturation aboutira par la suite au premier traité consacré entièrement au calcul différentiel en 1696 sur l'*Analyse des infiniment petits pour l'intelligence des lignes courbes* de Guillaume de l'Hospital. Cette période est également celle du début de l'ouverture des différentes académies de sciences, notamment la *Royal*

---

[320] *Ibid.*, p. 330.
[321] *Idem.*
[322] Leibniz, *Nouveaux essais sur l'entendement humain*, 1765, « Chapitre XVI. Du nombre », p. 122 de l'édition Garnier Flammarion, 1990.

society à Londres en 1660 et l'Académie royale des sciences de Paris en 1666.

Nous avons aussi vu que pendant ce dernier quart du XVIIe, les réflexions et les écrits philosophiques traitant du temps et de l'espace sont également présents dans le paysage philosophique qui entoure la mathématisation. Comme dans le cas de Newton, les réflexions sur les représentations de ces deux dimensions sont incluses dans les réflexions sur la *philosophie naturelle.* La connaissance du monde matériel, celle des phénomènes de la nature, faisant appel aux calculs combinant l'espace et le temps comme dimensions physiques ont des parallèles conceptuels dans les ouvrages plus philosophiques traitant du *lieu intérieur*, de la distance, de la *durée absolue*, la *capacité*, etc.

L'utilisation des *infinitésimaux,* ayant remplacé les *indivisibles* de la génération précédente, mis en œuvre dans la méthode des *fluxions* ou des *différences* devient possible avec une rigueur mathématique acceptable. Ces méthodes donnent la souplesse conceptuelle nécessaire pour travailler sur les représentations analytiques des courbes variées présentes dans la nature et pour se représenter et calculer des mouvements instantanés.

Nous allons voir que le XVIIIe siècle va pousser plus loin l'étude de ces différentes questions et continuer de développer la mathématisation dans plusieurs domaines restés encore inaccessibles aux *géomètres.*

5. Mathématisation dans les premières décennies du XVIIIe siècle

Avant de continuer à voir l'évolution de la mathématisation dans les premières décennies du *Siècle des lumières*, résumons dans le tableau suivant l'état d'avancement des connaissances mêlant physique et mathématiques :

Modèle physique : point affecté d'une masse.			Phénomène physique.	Aspect mathé-matique		Mathéma-ticien/Phy-sicien
	1 point-masse	« *Mouvement simple* »	Translation rectiligne uniforme, accélérée.	Cinématique	Courbe/ équation géomé-trique.	Galilée, Huygens.
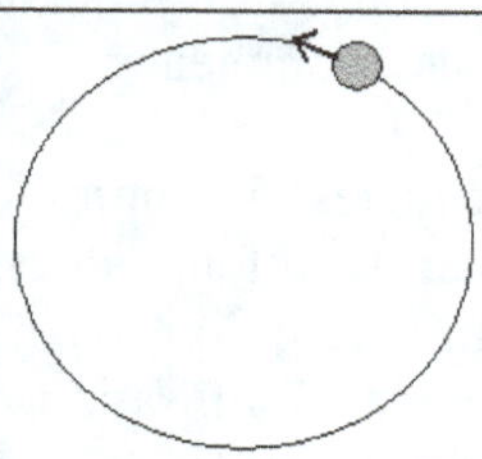			Rotation, force centrifuge.			Galilée, Huygens.
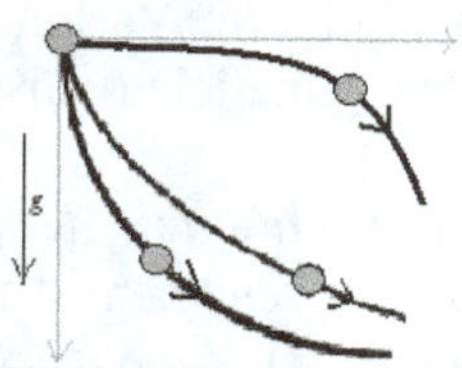		« *Mouvement composé* »	– Chute des graves.			Galilée, Huygens.
			– Chute le long d'une brachistochrone, courbe, caténaire, isochrone, cycloïde, etc.		Courbe/ équation transcen-dante.	Leibniz, Bernoulli.
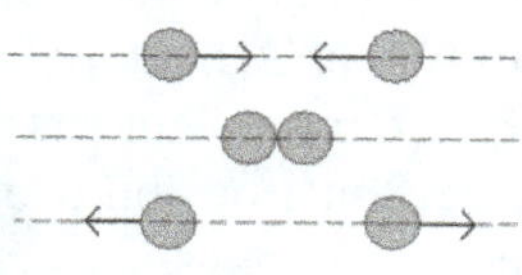	2 et 3 points-masse.		– Lois du choc des corps.	Dynamique		Huygens.
			– Forces centrales. – Force centripète. – Gravitation. – Problème des deux corps. – Problème des trois corps.			Newton.

Comme nous l'avons décrit, dans les années 1670 à 1700 environ, les procédures infinitésimales permettent de travailler mathématiquement sur un nombre croissant de phénomènes physiques, de statique et de cinématique. De manière concomitante, les causes de la modification du mouvement, soit en termes de passage du *simple* au *composé* dans la direction du mouvement, soit en termes d'accélération positive ou négative des mouvements, sont formalisées comme des forces s'exerçant à distance, ce qui est décrit par la dynamique qui commence elle aussi à être mathématisée.

D'une manière plus générale, à partir de cette période charnière entre les deux siècles, l'utilisation des mathématiques dans la *mécanique*, les *mathématiques mixtes* et la *philosophie naturelle* est désormais largement répandue et devient même la voie royale pour une étude rationnelle de la nature, la *science nouvelle* proposée par Galilée au début du XVIIe.

Le modèle du point affecté d'une masse reste le modèle principal, il a servi, comme on l'a vu, à étudier la translation uniforme et accélérée, les mouvements pendulaires, le choc des corps, les forces centrales et l'attraction à distance dans le modèle de la gravitation. Puis, il est toujours présent dans le déplacement de corps le long de trajectoires décrites par des courbes *mécaniques* diverses rendues accessibles à l'*analyse* par les procédures infinitésimales du calcul des différences de Leibniz et de la méthode des fluxions de Newton. Des problèmes plus complexes tels que les vibrations des cordes et le mouvement des fluides ont aussi commencé d'être mathématisés.

Du point de vue de la mathématisation, les premières décennies du XVIIIe siècle seront caractérisées sur le continent par la refonte de ses avancées en physique (statique, cinématique et dynamique, qu'on appelait alors majoritairement *philosophie naturelle*) au moyen de l'utilisation du calcul différentiel. Deux ensembles d'écrits sont représentatifs de cette période, les mémoires du savant et ecclésiastique français Pierre Varignon dans les années 1700-1710 et le traité *Mechanica* du mathématicien suisse Léonard Euler publié en 1736.

L'ouvrage central de l'époque, les *Principes mathématiques de la philosophie naturelle* de Newton, avait marqué à la fois l'avènement d'un nouveau système par la théorie physique de la gravitation et l'apogée de l'utilisation de la géométrie classique pour démontrer rationnellement les idées physiques avancées. Mais comme nous l'avons vu plus haut pour quelques exemples, les prouesses de Newton en géométrie représentent aussi la fin de ce langage mathématique qui s'essouffle et devient trop lourd et hermétique pour la complexité croissante des phénomènes physiques à décrire.

Comme nous allons le voir, la relève sera assurée par l'utilisation des avancées en *mathématique mixte* évoquées plus haut, d'abord de manière transitionnelle par Varignon dans les années 1700-1710, puis de manière plus développée par Euler dans son traité *Mechanica* dans les années 1730.

5.1. LES TRAVAUX DE VARIGNON (1701-1702)

Forces centrales et rayon des développées (1701)

Varignon (1654-1722) fut un membre très actif de l'Académie royale des sciences. Il contribua à tous les numéros de *L'Histoire de l'Académie* de 1699 à 1721. Ce savant, appartenant au groupe dit « malebranchiste » des mathématiciens ayant promu les nouvelles méthodes du calcul différentiel au sein de l'Académie royale des sciences, a été bien étudié par les spécialistes, notamment pour sa contribution au développement du calcul différentiel dans ses applications en mécanique[323].

Nous allons nous intéresser ici au traitement analytique des forces centrales par Varignon en lien avec la notion mathématique de développée d'une courbe. Ce sujet est intéressant dans le cadre de la mathématisation dans le début des années 1700 car il fait le lien entre la nouvelle représentation que donne Newton des forces centrales (et donc la théorie physique plus générale de la gravitation) dans les *Principes mathématiques de la philosophie naturelle* de 1687 et une idée mathématique antérieure de Huygens (les *développées)* présentée dans un autre ouvrage majeur de cette époque que nous avons déjà vu, l'*Horologium oscillatorium* de 1673. De plus, ce travail de Varignon s'inscrit dans la refonte de la mécanique au moyen du calcul différentiel qui est caractéristique des travaux scientifiques de cette période.

Ce traitement des forces centrales par les développées semble avoir marqué les idées scientifiques de cette époque, car c'est un sujet encore cité par d'Alembert, quelque quarante ans plus tard, à propos de l'application de la théorie des développées dans l'article qu'il consacre à ce sujet dans l'*Encyclopédie*. C'est donc un sujet jugé suffisamment important à l'époque par d'Alembert pour le choisir parmi tant d'autres pour un ouvrage universel de vulgarisation du savoir et des idées scientifiques. Par cet aspect épistémologique aussi, il est intéressant car représentatif de cet esprit du XVIIIe de volonté de mettre en évidence l'étroite relation entre les notions *a priori* des mathématiques et les lois physiques de la nature.

Rappelons les principales idées de Huygens sur les développées présentées dans la partie III *concernant les développées et la longueur des courbes* de son *Horologium oscillatorium* de 1673 :

Si une courbe quelconque est enveloppée d'un fil et que ce fil est tendu et évolue comme la tangente à cette courbe, son extrémité décrira une nouvelle courbe. On dit que la première courbe a été *développée*. La longueur du fil entre son attache à la première courbe et son extrémité sur la nouvelle courbe tracée est appelée *rayon de la développée*. Les rayons de la développée sont normaux à la nouvelle courbe[324].

---

[323] Voir notamment les travaux de Michel Blay tels que *L'Histoire de la science du mouvement* et ses écrits sur la construction de l'algorithme cinématique.
[324] Huygens, *Horologium oscillatorium*, 3e partie, proposition 1.

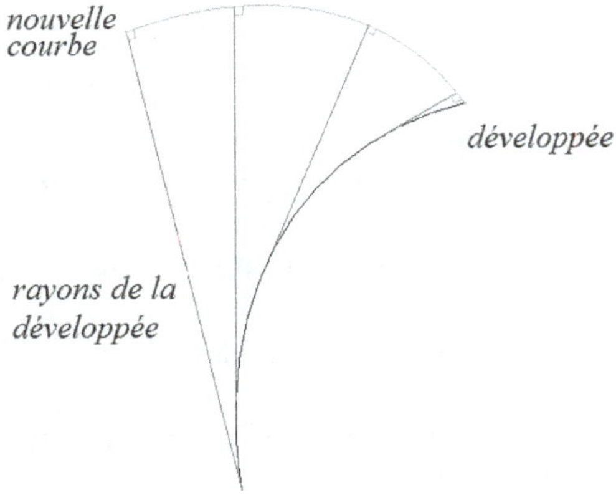

On rappelle aussi où en était alors la représentation des forces centrales depuis les *Principes mathématiques de la philosophie naturelle* de Newton : par exemple, la force centripète telle que décrite dans la proposition VI de la section II du livre 1 « *sur les forces centripètes* » :

> « *Si un corps décrit autour d'un centre immobile un orbe quelconque dans un espace non résistant et qu'on suppose que la flèche de l'arc naissant, que ce corps parcourt dans un temps infiniment petit et qui partage la corde en deux parties égales, passe étant prolongée par le centre de force : la force centripète dans le milieu de l'arc sera en raison directe de cette flèche et en raison doublée inverse des temps*[325]. »

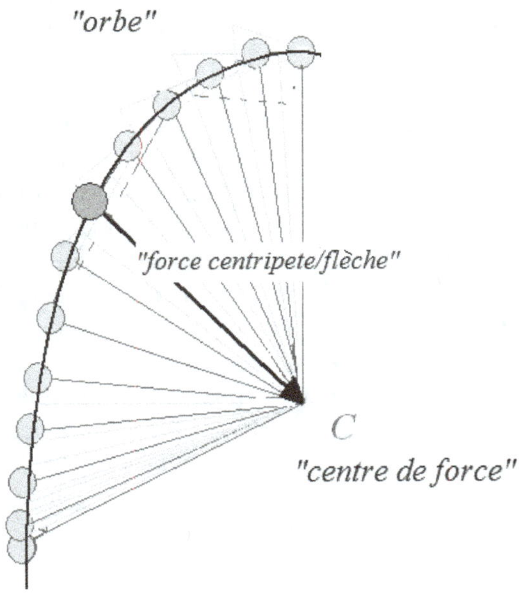

[325] Newton, *Principes mathématiques de la philosophie naturelle*, 1687, traduction française de Madame du Châtelet, Édition de 1776, p. 58.

Varignon va combiner les propriétés mathématiques des courbes développées trouvées par Huygens en les reliant au phénomène physique de la force centrale à laquelle est soumis un point qui évoluerait sur cette développée. Il présente ces idées dans différents mémoires de l'Académie des sciences en 1700 et 1701[326]. Dans un de ces mémoires, il établit notamment que :

« *Afin qu'un corps se meuve uniformément sur une courbe quelconque, il faut que les directions des forces centrales requises pour la décrire soient toutes perpendiculaires à cette courbe*[327]. »

Ce qui peut être représenté comme suit[328] :

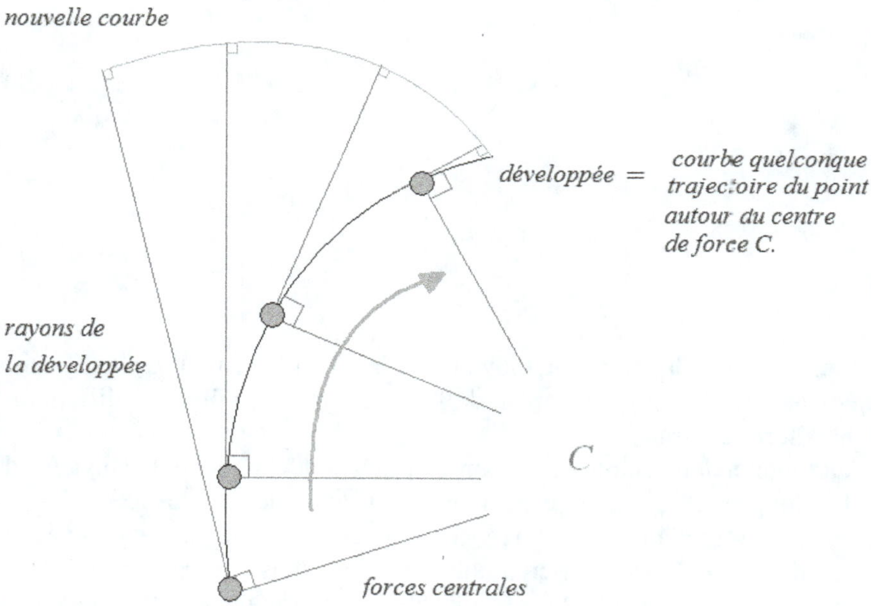

La correspondance qu'établit Varignon entre les rayons de la développée et les forces centrales est résumée dans les recensions de l'Académie des sciences (année 1701) :

« *M. Varignon a trouvé le moyen de passer de la connaissance du rayon de la développée à celle de la force centrale, de sorte que quand on aura le rayon de*

[326] Il faut voir notamment le mémoire du 29 janvier 1701 : « Autre règle générale des forces centrales. Avec une manière d'en déduire et d'en trouver une infinité d'autres à la fois, dépendamment et indépendamment des rayons osculateurs qu'on va trouver aussi d'une manière infiniment générale », *Mémoires de l'Académie royale des sciences*, année 1701, p. 21.

[327] *Mémoires de l'Académie royale des sciences*, année 1701, p. 22.

[328] À noter que toutes les forces centrales ne concourent pas à une position unique, au même centre de force, car le mouvement est le long d'une courbe quelconque, dans chaque instant, le centre de force change.

la développée d'une courbe quelconque, on puisse avoir la valeur de la force centrale d'un corps, qui, étant mû par cette courbe, se trouverait au même point où ce rayon se termine, ou réciproquement, que par la force centrale, on ait le rayon de la développée ; tout cela, par l'entremise de différents rapports d'infiniment petits[329]. »

En effet, Varignon utilisera la méthode du triangle différentiel (« *l'entremise de différents rapports d'infiniment petits* »), celle-ci permettra de travailler sur ce que Guillaume de l'Hospital décrivait *comme des petits triangles faits d'une particule de courbe*[330]. Voyons ce qu'il en est à un point quelconque de la trajectoire/développée en regardant la *particule de courbe* :

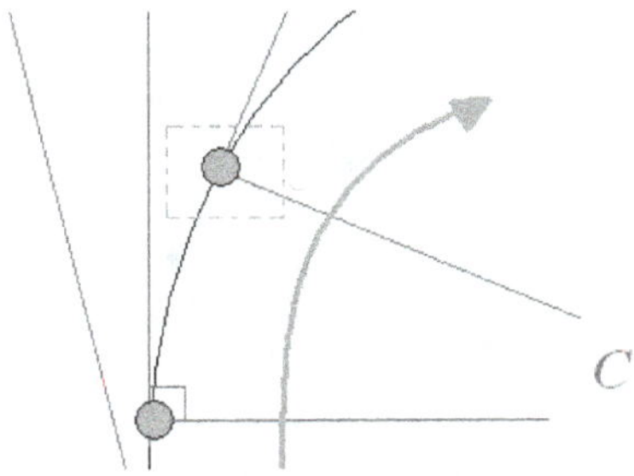

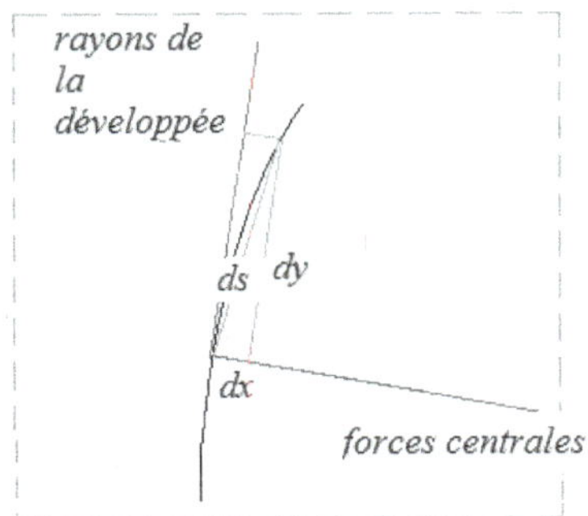

Il existe une relation par le moyen du triangle différentiel *dx*, *dy*, *ds* entre l'élément différentiel *dy* du rayon de la développée et l'élément différentiel *dx* de la force centrale.

Varignon a donc établi, en partant de l'idée mathématique de Huygens de la développée et de la représentation physique des forces centrales de Newton, une relation entre force centrale et rayon de la développée au moyen d'une expression différentielle. De plus, dans ces travaux, la notion de composante tangentielle et composante normale d'un mouvement commence à émerger, nous verrons qu'elle sera systématisée par Euler dans son traité *Mechanica* quelques années plus tard.

Nous voyons donc dans cet exemple une notion mathématique *a priori* sur les lignes courbes (le couple développée/développante) qui a interagi étroitement avec des nouvelles idées physiques (forces centrales agissant à distance) et permis de nouvelles avancées dans l'étude analytique du mouvement.

329 Mémoires de l'Académie royale des sciences, année 1701, p. 82.

330 Guillaume de l'Hospital, *Analyse des infiniment petits pour l'intelligence des lignes courbes*, 1696. Préface.

Varignon et l'horloge à ressort

Toujours au début de la décennie 1700, parmi les nombreuses nouvelles utilisations du calcul différentiel qui caractérisent cette période de découverte et de controverse à propos de la rigueur et de la validité de ces nouvelles procédures de *l'algèbre de l'infini*, Varignon travaille à un problème technique très concret. Ce travail n'est pas sans rappeler, encore une fois, l'*Horologium oscillatorium* de Huygens puisqu'il traite du même sujet, la recherche d'un dispositif fiable pour la mesure du temps. Comme chez Huygens, avec la cycloïde et l'horloge à pendule, il y a dans ce travail de Varignon un lien entre le dispositif technique, le problème physique et le travail analytique et géométrique sur la courbe optimale recherchée. C'est un cas typique de *mathématique mixte* dans l'esprit de cette époque.

Le dispositif technique consiste en un ressort et une *fusée* ou fuseau. La perte de force du ressort au cours de son déroulement est compensée par la forme de la *fusée* pour maintenir une vitesse de fonctionnement constante au mécanisme de l'horloge. Le problème physique est lié au rapport entre la force du ressort et la vitesse de rotation de la fusée. Le problème géométrique est donc de déterminer la bonne courbe dont le solide de révolution aura la forme adéquate pour la fusée. Varignon résume bien ces différents aspects dans sa présentation du problème :

> « *C'est ainsi qu'on a essayé jusqu'ici de corriger les inégalités des ressorts différemment bandés pour en tirer le mouvement égal des horloges et il est visible qu'on y aurait réussi si l'on avait trouvé un fuseau qui eut les rayons ou les distances de la surface à son axe partout en raison réciproque des forces du ressort qui agissait dessus, c'est-à-dire un fuseau dont les rayons multipliés par les forces du ressort qui agissait dessus eussent fait partout des produits égaux. Il est bien vrai que l'expérience a fait voir que ce fuseau devait être un peu creusé vers le milieu et non pas tout à fait de figure conique ; mais personne que je sache n'a encore trouvé la véritable curvité de ce creux, c'est-à-dire la nature de la courbe, qui, en tournant sur son axe, serait capable de produire un tel fuseau*[331]. »

[331] Varignon, « De la figure ou curvité des fusées des horloges à ressort », *Mémoires de l'Académie royale des sciences*, année 1702, p. 193. Voir, sur ce mémoire de Varignon, Gowing R. "Pierre Varignon and the measurement of time", *Revue d'histoire, des sciences*, 1997, tome 50, n° 3, p. 361-368.

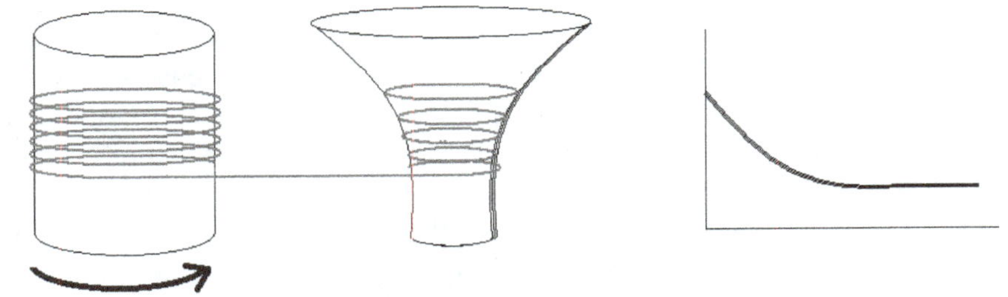

Mouvement perdant de la force progressivement.

Compenser cette perte régulière par la forme appropriée pour conserver un mouvement constant

Trouver la courbe dont le solide de révolution donne la forme appropriée.

Pour résumer le processus sans entrer ici dans les calculs, Varignon utilise le triangle différentiel et les données physiques du problème de la même manière que nous l'avons vu plus haut sur d'autres courbes de *mathématiques mixtes* traitées à cette époque. Les données physiques combinées au triangle différentiel sont notamment le nombre de tours que la corde doit faire sur la *fusée*, et les circonférences du solide de révolution que représente cette *fusée*.

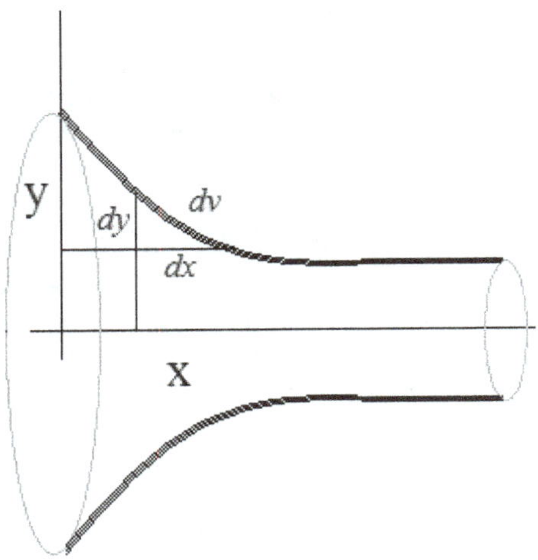

Comme nous l'avons vu plus haut pour d'autres exemples de courbes de *mathématiques mixtes*, le triangle différentiel met en relation les données physiques du problème et les différentielles dx, dy et dv par la relation $dv^2 = dx^2 + dy^2$, et Varignon obtient une équation différentielle $dx = f(dy)$ de la courbe recherchée qui permet de travailler sur la bonne courbure à donner à la *fusée* du dispositif pour obtenir l'effet de compensation de la détente du ressort.

Après avoir vu plus haut un exemple du travail de Varignon sur le sujet assez général des forces centrales, nous avons donc ici un exemple d'application concrète du calcul différentiel pour une réalisation technique dans le même style que l'*horologium oscillatorum* de Huygens.

Cet aspect universel de la nouvelle approche scientifique, à la fois théorique et applicable aux techniques, commence à cette époque à interpeller les philosophes.

Ainsi, quelques années après ces travaux de Varignon datant de 1700, un autre ecclésiastique philosophe, l'Irlandais George Berkeley (1685-1753), écrira en 1710 dans ses *Principes de la connaissance humaine* :

> « *Il y a certaines lois générales qui parcourent la chaîne entière des effets naturels : elles s'apprennent par l'observation et l'étude de la Nature, et les hommes les appliquent aussi bien pour construire des choses artificielles utiles à la vie et qui l'embellissent, que pour expliquer les divers phénomènes*[332]. »

Un philosophe sur la *philosophie naturelle* dans les années 1710 : les *Principes de la connaissance humaine* de Berkeley

Bien que *les Principes de la connaissance humaine* soit un traité de jeunesse, écrit par Berkeley alors qu'il n'avait que vingt-cinq ans, cet écrit est intéressant car il est chronologiquement le premier traité d'un philosophe sur la connaissance qui ait été écrit après que les *Principes mathématiques de la philosophie naturelle* de Newton ait commencé à avoir un réel impact sur la communauté intellectuelle. Plus que l'*Essai sur l'entendement humain* de Locke écrit seulement trois ans après les *Principia* de Newton, les *Principes de la connaissance humaine* de 1710 de Berkeley est bien un traité de la philosophie de la connaissance au cœur de la période et du système newtoniens.

Il en porte d'ailleurs la marque, plusieurs chapitres du traité de Berkeley font référence explicitement au nouveau *système de Newton* et à ses méthodes : « *Le grand principe mécanique maintenant en vogue, c'est l'attraction* »[333] ou encore, à propos de la grammaire pour comprendre la *langue de la Nature :* « *La meilleure grammaire du genre dont nous parlons est, on le reconnaîtra facilement, un traité de mécanique, démontrée et appliquée à la nature par un philosophe d'une nation voisine que tout le monde admire*[334]. »

Dans son traité sur les *Principes de la connaissance*, Berkeley ne consacre donc pas moins de dix-huit chapitres à la *philosophie naturelle* et aux questions qui lui sont liées ainsi que quinze chapitres qui sont consacrés aux mathématiques. La science mathématisée tient donc chez ce philosophe une grande place dans ses réflexions sur la connaissance. Pourtant, l'attitude du philosophe vis-à-vis de ces disciplines et du pouvoir intellectuel montant

---

[332] Berkeley, *Principes de la connaissance humaine*, chapitre 62, 1710.
[333] *Ibid.*, chapitre 103.
[334] *Ibid.*, chapitre 110. On rappelle que Berkeley était irlandais.

qu'elles représentent est un mélange de respect et de scepticisme. Respect envers la solidité de leurs combinaisons intellectuelles, scepticisme quant à la finalité réelle d'un système trop spéculatif et trop abstrait à son goût.

Pour Berkeley, deux sciences spéculatives émergent des connaissances humaines :

> « *Les deux grands domaines de la science qui traitent des idées reçues par le sens et de leurs relations sont la philosophie naturelle et les mathématiques*[335]. »

En ce qui concerne la *philosophie naturelle,* Berkeley commente en quelque sorte le succès de Newton et le triomphe des *principes mathématiques* utilisés pour l'explication de très nombreux phénomènes naturels. Berkeley reconnaît le caractère intellectuellement satisfaisant du système cohérent mis en place par la *philosophie naturelle :*

> « *Ces règles, fondées sur l'analogie et l'uniformité observée dans la production des effets naturels, conviennent bien à l'esprit et il les recherche ; car elles étendent notre perspective au-delà de ce qui est présent et proche de nous, et nous rendent capables de faire des conjectures très probables touchant des choses qui ont pu arriver à une très grande distance dans le temps et dans l'espace, et de prédire les choses à venir. Cette sorte d'effort vers l'omniscience est très attrayante pour l'esprit*[336]. »

Cependant, Berkeley, qui était aussi un homme de religion, reproche à ce système de trop se concentrer sur l'explication des mécanismes sans envisager de finalité aux phénomènes naturels et de substituer des règles naturelles à une volonté divine qui régirait la nature selon ses propres règles, inaccessibles à l'Homme. Selon lui, les principes régissant la nature ne sont pas « *le résultat de manières d'être ou de relation immuable entre les choses mais uniquement de la bonté de Dieu et de sa bienveillance pour les hommes, dans l'administration du monde.* »[337]

Dans un registre moins dépendant de ses croyances religieuses, il oppose aussi le bon sens à des notions trop abstraites telles qu'avancées par Newton comme l'espace et le *lieu absolu.* Il considère qu'il est incapable de concevoir autre chose qu'un mouvement relatif.

> « *Comme le mouvement relatif est celui qui est perçu par le sens et qu'on prend en considération dans la vie courante, il semble que tout homme pourvu de bon sens sait ce que c'est, aussi bien que le meilleur philosophe*[338]. »

Il en va de même pour l'espace absolu que Berkeley appelle *pur espace :*

> « *Nous ne pouvons pas même forger l'idée d'un pur espace exclusif de tous corps. Cela, je dois l'avouer, semble impossible parce que c'est une idée très abstraite*[339]. »

---

[335] *Ibid.*, chapitre 101.
[336] *Ibid.*, chapitre 105.
[337] *Ibid.*, chapitre 107.
[338] *Ibid.*, chapitre 113.

Nous avons donc bien avec Berkeley dans cette première décennie du XVIIe un autre philosophe, s'intéressant à la connaissance, qui est influencé, comme l'ont déjà été ses prédécesseurs du siècle précédent, par la montée en puissance des sciences mathématisées. On peut dire même qu'il est préoccupé par cette question et notamment par l'excès de formalisme qu'il reproche à l'utilisation extensive de *principes mathématiques :*

> « *Les hommes, qui forgent des règles générales à partir des phénomènes, et qui dérivent ensuite les phénomènes de ces règles, semblent être des grammairiens et leur art, la grammaire, de la nature.* »[339]

Le principal *grammairien* étant, comme nous l'avons vu plus haut, Isaac Newton, et Berkeley de mettre en garde sur l'utilisation trop systématique de règles générales :

> « *De même qu'il est fort possible d'écrire improprement en observant trop rigoureusement les règles générales de la grammaire, ainsi, en raisonnant à partir des règles générales de la nature, il n'est pas impossible que nous n'étendions trop loin l'analogie et tombions par-là dans l'erreur*[340]. »

Berkeley est aussi connu pour l'*Analyste,* un essai qu'il écrivit un peu plus tard, en 1734, et qui remet en question la rigueur des méthodes mathématiques basée sur les infinitésimaux et, en particulier, la méthode des fluxions de Newton[341]. Nous allons voir cependant qu'à peine deux ans après les critiques publiées par Berkeley en 1734 sur les procédures infinitésimales, le mathématicien Euler publie en 1736 un traité majeur de description du mouvement exclusivement au moyen du calcul différentiel qui achève de consolider l'utilité de ce nouveau standard en mécanique.

5.2. LEONHARD EULER

> « *La carrière des mathématiques, alors qu'Euler l'aborda, n'était rien moins qu'encourageante. Un talent médiocre ne pouvait guère espérer de s'y faire un nom ; il fallait ne pas y entrer ou s'y distinguer d'une manière brillante. La mémoire des grands hommes, qui avaient illustré la fin du dix-septième siècle et le début du suivant, était présente à la pensée de tous ; à peine Newton et Leibniz, qui avaient fait changer de face à la Géométrie, étaient-ils morts, on discourait encore sur les importants services que les découvertes de Huygens, de Bernoulli, de Moivre, de Tschirnausen, de Taylor, de Fermat et de tant d'autres géomètres avaient rendus à toutes les branches des sciences mathématiques.*

---

[339] *Ibid.*, chapitre 116.
[340] *Ibid.*, chapitre 108.
[341] Voir à ce sujet Blay M. « Deux moments de la critique du calcul infinitésimal », *Revue d'histoire des sciences*, 1986, tome 39, n° 3, p. 223-253.

Après cette époque brillante, que restait-il à Euler ? Pouvait-il espérer que la nature, qui n'est pas prodigue de ses dons, fît encore un miracle en sa faveur, après avoir organisé tant de têtes mathématiques à la fois ? »[342]

Éloge de Léonhard Euler prononcé par Nicolas Fuss devant l'Académie impériale de Saint-Pétersbourg en séance solennelle.

Leonhard Euler (1707-1783) est sans conteste un des mathématiciens les plus emblématiques et les plus influents du XVIIIe siècle. Comme Huygens pour le XVIIe siècle, la période d'activité d'Euler couvrit la presque totalité du XVIIIe. Avec plus de huit cents traités et mémoires scientifiques, Euler a été extrêmement prolifique et diversifié dans les sujets qu'il a traités. Ayant tenu une place centrale dans les académies des sciences de Saint-Pétersbourg (de 1727 à 1741 puis de 1766 à 1783) et de Berlin (de 1741 à 1766), il fut également très influent sur l'évolution de la science et de la réflexion scientifique du *Siècle des lumières.* Originaire de Bâle, il fut très proche de la dynastie des Bernoulli, il bénéficia ainsi de l'aide de Johann Bernoulli dans son apprentissage initial des mathématiques. Par la suite, il resta très lié à Daniel Bernoulli avec qui il travailla à l'Académie des sciences de Saint-Pétersbourg de 1727 à 1734. Bien que moins versé dans la philosophie que certains de ses contemporains comme d'Alembert, par exemple, il a composé un certain nombre d'écrits dans ce domaine en traitant de sujets proches des sciences. On peut citer notamment ses *Réflexions sur l'espace et sur le temps* de 1748, différentes parties de ses *Lettres à une princesse d'Allemagne,* ou encore les nombreuses réflexions épistémologiques qui enrichissent ses mémoires scientifiques ou les préfaces de ses différents traités mathématiques.

Le traité *Mechanica*, formalisation de la mécanique au moyen des nouvelles méthodes différentielles (1736)

Dans ce traité, dont le sous-titre est « *Du mouvement traité par la méthode analytique* », Euler applique les nouvelles méthodes du calcul différentiel pour la première fois de manière systématique à l'étude du mouvement. Dans sa préface, le savant veut marquer le pas d'une transition d'une méthode mathématique à une autre en expliquant les limites de l'approche géométrique employée par Newton (et par Hermann dans son traité *Phoronomiam)* :

« *D'autre part, et ce qui gêne le plus le lecteur, vient du fait que tout y est fait selon la méthode synthétique, les démonstrations étant présentées selon la manière de l'ancienne géométrie et l'analyse en est cachée et n'est reconnue qu'à la fin de l'ouvrage [de Hermann]. L'ouvrage d'Hermann n'est pas très différent de la manière dont sont composés les* Principes mathématiques de la

[342] Éloge de Léonhard Euler prononcé par Nicolas Fuss devant l'Académie impériale de Saint-Pétersbourg en séance solennelle, *Œuvres complètes en français de L. Euler*, tome 1.

philosophie naturelle *de Newton dont la science du mouvement a tiré le plus grand bénéfice. Mais comme tous les écrits composés sans l'usage de l'analyse, et ceci est principalement le lot de la mécanique, l'examen des propositions n'est pas fait de manière suffisamment claire et distincte pour que le lecteur soit convaincu de la vérité de celles-ci : ainsi les mêmes questions légèrement changées ne peuvent être résolues avec ce qui est donné à moins d'utiliser l'analyse et d'expliquer ces propositions par la méthode analytique. Ainsi, ai-je toujours la même difficulté quand j'ai l'occasion de parcourir les* Principia *de Newton ou la* Phoronomie *de Hermann, même si la solution d'un problème particulier me semble acquise, en le changeant ne serait-ce que très légèrement, je n'arrive pas à résoudre le nouveau problème par leur méthode. Ainsi, ai-je renoncé depuis longtemps maintenant d'utiliser l'ancienne méthode synthétique pour passer à la résolution des mêmes problèmes au moyen de ma propre méthode analytique, et en travaillant avec celle-ci, j'ai considérablement gagné en compréhension*[343]. »

Euler va donc s'atteler à la tâche de reprendre la mécanique de son époque au moyen du calcul différentiel ou encore, selon les termes de l'époque, de faire un traité sur *la science du mouvement exposée analytiquement*. Le traité *Mechanica* est composé de deux volumes, le premier sera terminé en 1734 et le deuxième en 1736, l'ensemble sera publié la même année aux imprimeries de l'Académie des sciences de Saint-Pétersbourg dont Euler était titulaire de la chaire de mathématiques.

Dans la préface du premier volume, Euler précise qu'il va travailler sur des corps infiniment petits, chaque corps pouvant être assimilé à un point géométrique :

« *Car comme en géométrie qui s'occupe de la mesure des corps, il est de coutume de commencer par discuter de points, de même le mouvement des corps de taille finie ne peut être expliqué si le mouvement des points, dont sont considérés être constitués les corps, n'a pas été étudié avec attention* [...] *pour cela, cette partie, concernant l'étude du mouvement des points, est fondamentale et particulière pour l'ensemble de la mécanique, c'est sur elle que s'appuie le reste de cette science. Ainsi, j'ai décidé que ces deux premiers volumes seraient consacrés à l'étude du mouvement des points*[344]. »

---

[343] Euler, *Mechanica*, 1736, Préface du tome I (dans la traduction de Ian Bruce sur le site : http://www.17centurymaths.com/). On peut noter au passage que quelques années plus tard, d'Alembert aura le même genre d'appréciation qu'Euler à propos des mathématiques utilisées par Newton dans les *Principia*, il exprime ceci dans l'article « Application » de l'*Encyclopédie* :
« *À l'égard de l'avantage qu'on veut donner aux démonstrations faites à la manière des anciens, d'être plus rigoureuses que les démonstrations analytiques, je doute que cette prétention soit bien fondée. J'ouvre les* Principes de Newton, *je vois que tout y est démontré à la manière des anciens, mais en même temps, je vois clairement que Newton a trouvé ses théorèmes par une autre méthode que celle par laquelle il les démontre, et que ses démonstrations ne sont proprement que des calculs analytiques qu'il a traduits et déguisés, en substituant le nom des lignes à leur valeur algébrique.* »
[344] Euler, *Mechanica*, 1736, p. 2 de la préface (dans la Traduction de Ian Bruce).

Le modèle d'Euler est donc toujours dans la continuation du modèle du point-masse, vu plus haut dans les exemples précédents (translation, chute des corps, cycloïde, forces centrales, etc.), et comme résumé dans notre tableau récapitulatif (p. 144). Dans son traité, Euler va continuer le travail de mathématisation du mouvement de ce point-masse en élargissant le nombre de conditions et de cas de figure (mouvement libre ou contraint, mouvement d'abord sans résistance puis en milieu résistant), nous mettons ci-dessous le tableau des chapitres du traité d'Euler de 1736, *Mechanica. Sive motus scientae analytica exposista,* ou *la science du mouvement exposée analytiquement*[345] :

Premier volume		
Chapitre 1	*Du mouvement en général.*	
Chapitre 2	*Sur l'effet des forces agissant sur un point libre.*	
Chapitre 3	*Sur le mouvement rectiligne d'un point libre soumis à des forces absolues.*	
Chapitre 4	*Sur le mouvement de points libres dans un milieu résistant.*	
Chapitre 5	*Sur le mouvement curviligne de points libres soumis à des forces absolues.*	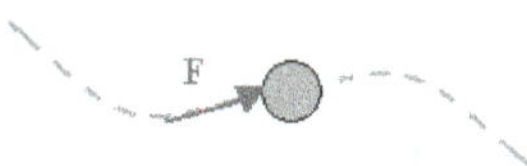
Chapitre 6	*Sur le mouvement curviligne de points libres dans un milieu résistant.*	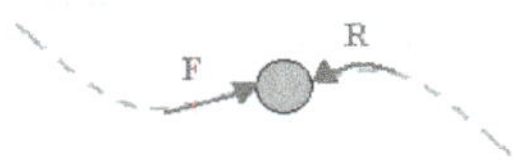

[345] Le traité en anglais ainsi que l'ensemble des figures est accessible à : http://www.17centurymaths.com/contents/mechanical.html

Deuxième volume		
Chapitre 1	*Sur le mouvement contraint.*	
Chapitre 2	*Sur le mouvement le long d'une ligne donnée dans le vide.*	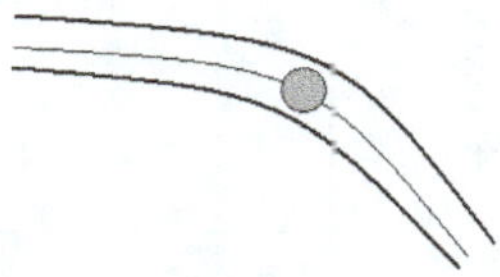
Chapitre 3	*Sur le mouvement le long d'une ligne donnée dans un milieu résistant.*	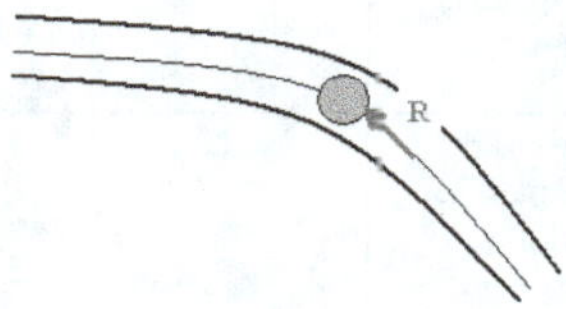
Chapitre 4	*Sur le mouvement d'un point sur une surface donnée.*	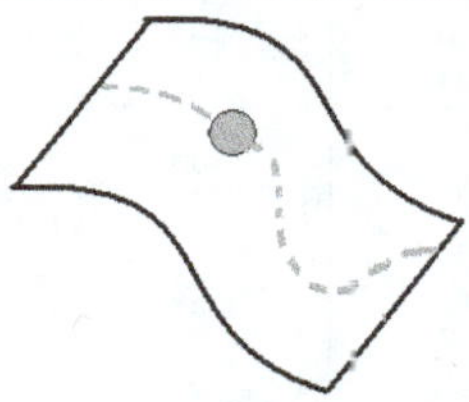

Ainsi Euler, au début de sa carrière (il n'avait que vingt-neuf ans) et dans deux volumes totalisant quelque 230 propositions, formalise, rend *analytique*, une grande partie de la cinématique telle qu'elle était connue dans les années 1730.

Le traité *Mechanica* est d'ailleurs considéré par ses pairs « *comme le premier grand ouvrage où l'analyse ait été appliquée à la science du mouvement*[346] ». Illustrons cela dans le tableau suivant par quelques exemples plus détaillés tirés du premier volume du traité *Mechanica* d'Euler.

Le triangle différentiel, décrit plus haut à propos des débuts de la *nova methodus* de Leibniz puis de ses premières applications sur les courbes mécaniques, continue d'être le standard d'approche de nombreux problèmes.

[346] Condorcet, « Éloge de Monsieur Euler », *Histoire de l'Académie royale des sciences*, année 1783.

Problème physique	**Schéma du problème avec ses variables**	**Paramètres pris en compte pour la mathématisation**	**Expressions différentielles du problème physique donné par Euler.**	**Références[347] dans *Mechanica* (1736)**
Résistance au mouvement rectiligne uniforme d'un point et variation de sa vitesse en fonction de la résistance du milieu.	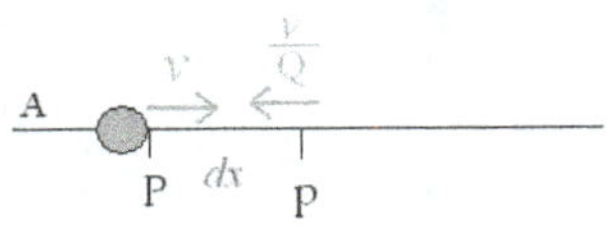	*dv, dx*, et un facteur V/Q qu'Euler nomme la "force de la résistance" dépendant de la densité du milieu Q et de la vitesse V	$dv = - V/Q\, dx$	volume 1, Chap. 4a, propositio n 50.
Même cas de figure mais le point est aussi soumis à une force *p* dans le sens de son déplacement.	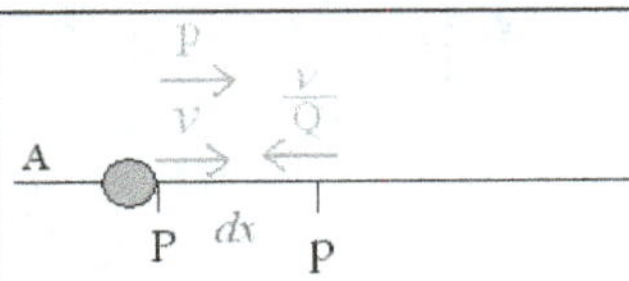	Mêmes variables, plus la *"force d'accélération" p*	$dv = p\, dx - V/Q\, dx$	volume 1, Chap. 4a, propositio n 50.
Projection verticale d'un point dans un milieu résistant, le point étant aussi soumis à une forge *g* le tirant vers le bas.	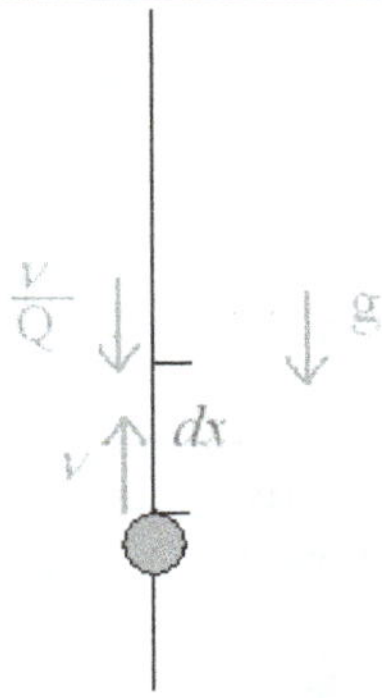	*dv, dx*, le facteur V/Q, la force *g* tirant le point vers le bas.	$dv = -g\, dx - V/Q\, dx$	volume 1, Chap. 4a, propositio n 55.
Le point se déplaçant de manière rectiligne et uniforme est dévié par une force oblique P.	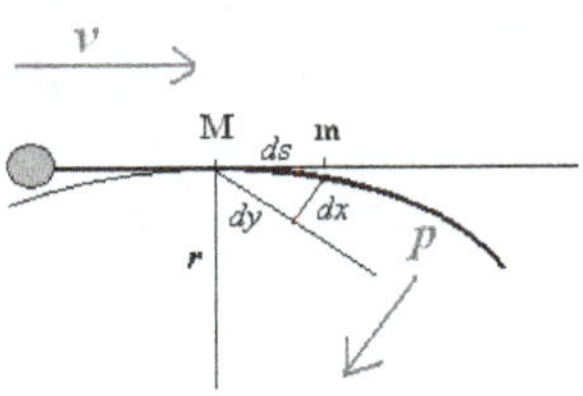	La courbure (qui crée le mouvement oblique) en M représentée par *r*, la vitesse *v* selon Mm, la force P détournant obliquement le point tout cela combiné à l'expression du triangle différentiel *dx, dy, ds*. (et répondant, comme nous l'avons vu, à l'équation $ds^2=dx^2 + dy^2$).	$Prdx = 2vds$ et $dv = Pdy$	volume 1, Chap. 5a, propositio n 71.

[347] Ces propositions sont extraites des traductions de *Mechanica* du latin faites par Ian Bruce et disponibles sur http://www.17centurymaths.com/contents/mechanica1.html

Le point projeté obliquement est dévié par une force vers le bas et sa vitesse est modifiée en conséquence.	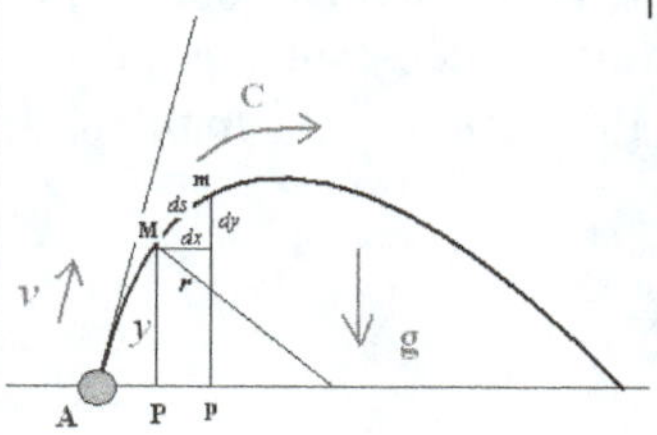	La courbure (qui change la direction du mouvement en M) représentée par *r*, la vitesse *v* du point au départ de A, la force *g* vers le bas, la hauteur *y* ou le mouvement devient oblique, la nouvelle vitesse C, tout cela combiné à l'expression du triangle différentiel *dx, dy, ds.*	$dv = -g\,dy$, $grdx = 2v\,ds$ et $dx/ds = \square C/c-gy$	volume 1, Chap. 5a, propositio n 72.
Le point est projeté et se déplace autour d'un centre de force, on veut travailler sur la forme de son mouvement et sur sa vitesse.	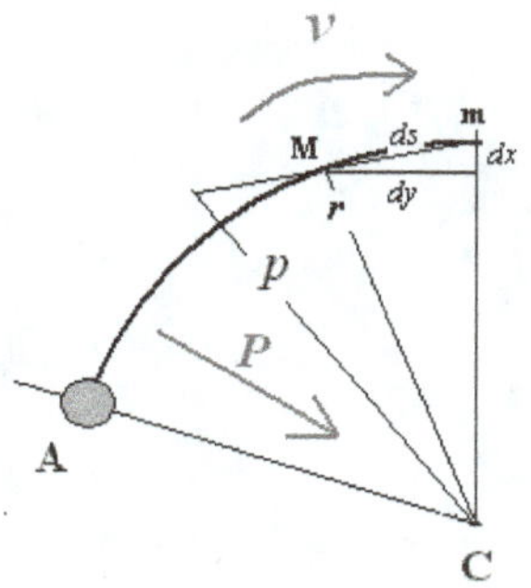	La courbure en M représentée par *r*, la force centripète P, une constante C (dépendant de la vitesse du point en A et sa direction de projection), la vitesse *v* du point en M, la distance *p* liée à la distance du point en mouvement au centre de force, tout cela combiné à l'expression du triangle différentiel *dx, dy, ds.*	$dv/v = -2dsdy/rdx$ *et* $Prdx=2Cds/p^2$	volume 1, chap. 5a, Propositi on 74
Le point se déplaçant sur une trajectoire curviligne est attiré vers le bas par une force et est freiné le long de sa trajectoire par la résistance du milieu.	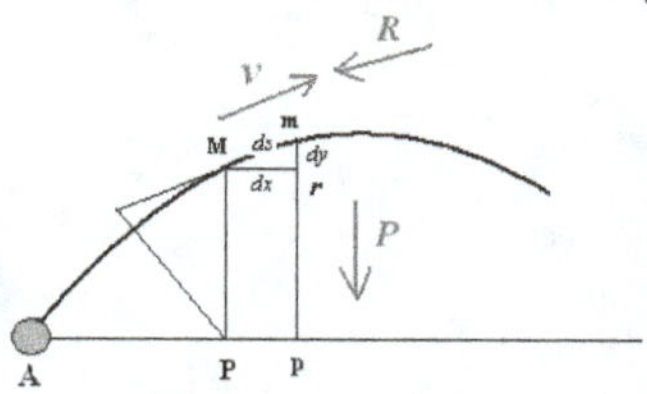	La courbure en M représentée par *r*, la vitesse *v* du point en M, la force vers le bas P, la résistance R du milieu ambiant, tout cela combiné à l'expression du triangle différentiel *dx, dy, ds.*	$P\,dx/ds = 2\,v/r$ *et* $dv = -P dy - R ds$	volume 1, chap. 6a, Propositi on 106
Le point animé d'un mouvement rectiligne est attiré vers le bas par une force constante et il est soumis à la résistance du milieu ambiant.	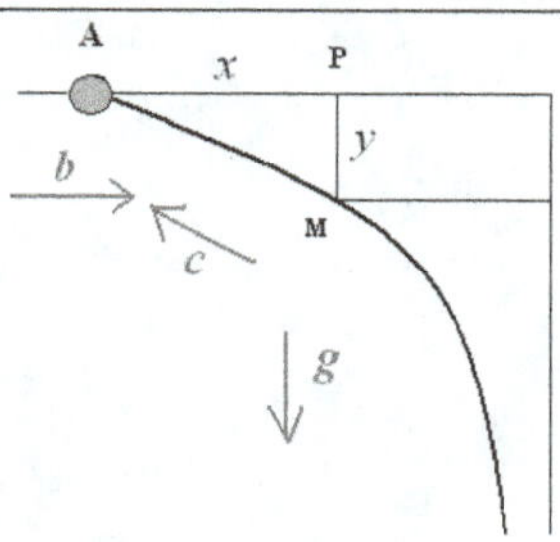	La force *g* agissant vers le bas, la résistance *c* du milieu ambiant, la vitesse b qu'a le point en A.	$dy = gxdx\square c / 2b \square c - x\square\square$	volume 1, chap. 6a, propositio n 109

Par cet aperçu du traité d'Euler *Mechanica*, nous avons voulu illustrer le fait qu'à ce stade de l'utilisation de l'analyse pour la mécanique dans les années 1730, la quantification et la possibilité de trouver des rapports algébriques entre grandeurs ne sont plus limitées qu'à des phénomènes de cinématique idéale. Les conditions expérimentales (résistance, frottements, etc.) commencent aussi à être accessibles à une forme de mathématisation et à être traitables par l'*analyse*. Ceci à son tour permettra des réalisations techniques et d'ingénierie qui, comme nous l'avons vu à propos du travail de Varignon sur l'horloge à fusée, seront fondées sur des principes rationnels quantifiés et non plus seulement sur l'expérience et l'habileté des artisans.

6. ENTRE LE *CALCUL* ET LA *NATURE* : SECONDE MOITIÉ DU XVIIIe SIÈCLE, EXTENSION DU DOMAINE DE L'*ANALYSE*

La seconde moitié du XVIIIe siècle verra une autre phase du rapport entre mathématisation et philosophie de la connaissance, et ceci, sur deux aspects.

Le premier aspect est que l'extension de la mathématisation à un nombre de phénomènes physiques de complexité croissante va se heurter aux limites du modèle dérivé de la cinématique du point-masse. Comme le dit Jean Dieudonné à propos du processus de développement des équations différentielles aux dérivées partielles : « *La difficulté est d'exprimer mathématiquement les lois mécaniques posées par Newton lorsqu'il s'agit de corps non rigides, c'est-à-dire de systèmes de points matériels liés par des forces de "cohésion" sur lesquelles on sait peu de choses*[348]. » En effet, la physique des milieux continus telle que la mécanique des fluides montre à cette époque les limites du modèle du point-masse. Si l'équation du mouvement d'un point-masse dans la diversité de forme et de trajectoire était approchable analytiquement, nous allons voir que le comportement d'une infinité de points-masse dans un fluide (liquide, gaz, etc.) devient d'une complexité hors d'atteinte et nécessitera de nouvelles représentations physiques.

La transition vers un nouveau modèle physique se fera dans la continuité de l'étude des cordes vibrantes. L'approche analytique héritée du modèle du point-masse sera d'abord envisagée sur une chaîne de points-masse alignés dans une dimension et reliés entre eux par certaines « forces de cohésion » : ce seront les développements liés à l'étude des cordes vibrantes que nous verrons en détail. Ultérieurement, les idées développées pour décrire l'enchaînement en une dimension de points-masse le long des cordes vibrantes seront ensuite étendues à deux, puis trois dimensions pour les membranes et les fluides[349]. Dans l'augmentation du nombre de ces dimensions et celle de la complexité qui s'ensuit naîtront les premières idées de champs.

---

[348] Dieudonné J., 1978, *Abrégé d'histoire des mathématiques*, p. 46.

[349] Enfin, au XIXe, les modèles de fluides extraits des travaux d'hydrodynamique seront à leur tour ensuite utilisés pour d'autres fluides : les fluides *calorique* et *magnétique*.

Le deuxième aspect du rapport entre mathématisation et philosophie de la connaissance caractéristique du XVIIIe siècle et en quelque sorte hérité de ce premier aspect vient de l'interrogation sur la possibilité d'une science mathématisée. Alors qu'au XVIIe siècle la mathématisation avait plus été un modèle pour la méthode de l'acquisition et du classement des connaissances sans autre prolongement des questions épistémologiques, au XVIIIe siècle, les savants et les philosophes commencent à essayer de comprendre comment cette mathématisation est possible.

Avancées et généralisation de l'analyse

Vers le milieu du XVIIIe siècle, comme nous l'avons vu, la *méthode analytique*, idée philosophique, déclinée mathématiquement par l'utilisation d'équations entre, soit des grandeurs finies (courbes algébriques), soit des grandeurs infinies (transcendantes, infinitésimales), a permis d'élargir progressivement le domaine de la mathématisation en donnant des expressions analytiques à un nombre croissant de formes et de mouvements.

Comme nous l'avons vu, de nombreux modèles de *mathématiques mixtes* seront couverts : tractrice, brachistochrone, tautochrone, cycloïde, *elastica*, *velaria*, etc. ainsi qu'un grand nombre de cas de figure du mouvement uniforme d'un point-masse comme étudié extensivement par Euler dans son traité *Dynamica* de 1736.

Pourtant, deux conditions restaient encore nécessaires pour la possibilité de cette analyse, elles avaient déjà été exprimées par Descartes dès le début : la continuité et l'uniformité.

Autrement dit, toutes sortes de formes et de mouvements, de phénomènes physiques de la statique ou de la cinématique, pouvaient être représentées par des courbes. Ces courbes pouvaient avoir une expression analytique qui représentait un rapport, une loi entre des grandeurs. Mais l'expression analytique qui était donnée n'était valable pour l'ensemble de la courbe, du phénomène, que si la loi entre les grandeurs était uniforme et continue.

À partir de la seconde moitié du XVIIIe siècle environ, l'interrogation va se prolonger sur la possibilité de trouver une expression analytique générale sur des « qui ne sont plus uniquement des lois uniformes » mais « peuvent varier au cours du développement du processus ». Par exemple, dans la problématique des cordes vibrantes, le mouvement de la corde n'est plus simplement le sinusoïdal (courbe transcendante) mathématique mais, selon les termes physiques d'Euler, « *le mouvement d'une corde qui au commencement n'a été ébranlé que dans une partie* ».

Aspects de la mathématisation dans la seconde moitié du XVIIIe : équations d'ondes, différentielles partielles et naissance de la notion de fonction

Parmi les nombreux sujets de *mathématiques mixtes* qui ont été traités au XVIIIe siècle par les différents savants tels qu'Euler, Lagrange, d'Alembert, Laplace, etc., nous avons choisi d'étudier en détail le traitement des cordes vibrantes (et de ses prolongements sur le mouvement des fluides et la propagation du son) car il est riche d'enseignements sur les relations à cette époque entre mathématique et physique.

D'autre part, après les plans inclinés de Galilée, les lentilles optiques de Descartes, la balance de Pascal, l'horloge à pendule de Huygens ou l'horloge à ressort de Varignon, les cordes vibrantes sont un modèle dans la lignée de ceux évoqués à propos du processus de mathématisation en cours depuis le début du XVIIe siècle qui montre le lien étroit à ces époques entre créativité mathématique et observation de dispositif physique simple.

L'étude de la vibration des cordes est aussi à l'origine de la mécanique des milieux continus et du développement des équations aux dérivées partielles. Enfin, elle est liée à la notion de continuité et, par là, a joué un rôle important dans la maturation de la notion de fonction née au XVIIIe siècle.

6.1. Mathématisation autour du problème des cordes vibrantes (1747-1767)

Nous allons donc dans cette partie essayer de voir comment s'est effectuée, dans l'étude du phénomène *des cordes vibrantes*, l'interaction entre l'étude du phénomène physique et les développements mathématiques concomitants. Un certain nombre de mémoires, notamment ceux d'Euler et de d'Alembert, publiés dans les différentes académies lors des décennies 1740 à 1760, permettent de suivre l'évolution des idées sur ce sujet de *mathématique mixte*.

Les différents mémoires considérés partent tous d'un objet physique : une corde tendue fixée à ses deux extrémités.

Cet objet physique est représenté de manière géométrique dans les figures accompagnant les mémoires comme un segment de droite entre deux points A et B.

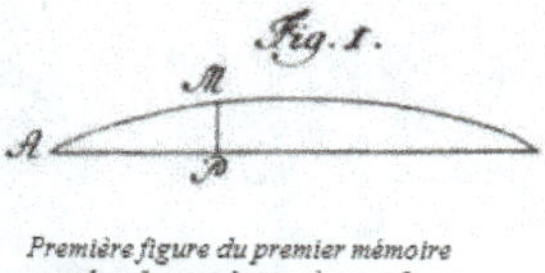

Première figure du premier mémoire « recherches sur la courbe que forme une corde tendue mise en vibration » de d'Alembert sur de 1747

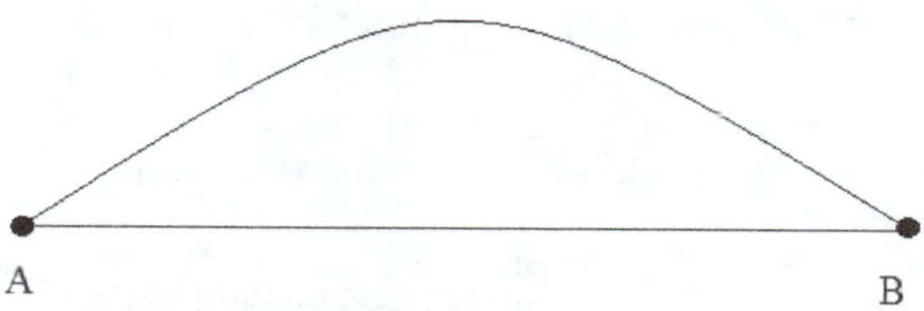

Le problème à étudier est posé en des termes concrets : cet objet physique voit sa position initiale perturbée et il faut en déterminer le mouvement, ce qui est présenté par Euler comme suit :

> « *Si une corde d'une longueur et d'une masse données est tendue par une force ou un poids donnés ; qu'au lieu de la situation droite, on lui donne une figure quelconque, qui ne diffère cependant de la droite qu'infiniment peu et qu'ensuite, on la lâche tout à coup, déterminer le mouvement vibratoire total dont elle sera agitée*[350]. »

Ou encore par d'Alembert dans les termes suivants :

> « *On met ordinairement une corde en vibration, en la touchant par quelqu'un de ses points avec un archet, ou un autre instrument, et en la faisant sortir par ce moyen de son état de repos*[351]. »

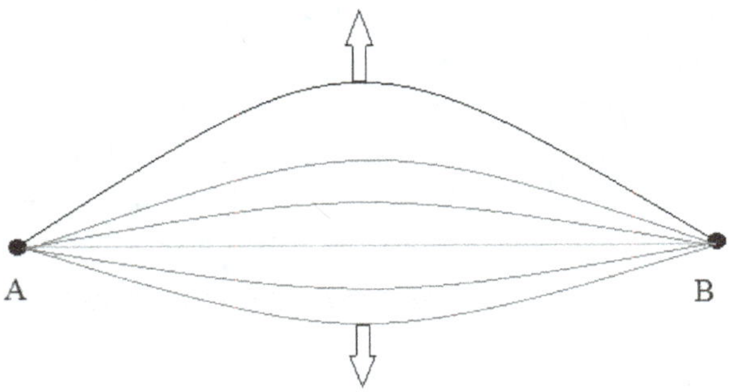

1- Premiers mémoires de d'Alembert : « Recherches sur la courbe que forme une corde tendue mise en vibration » et « Suite des recherches sur la courbe que forme une corde tendue mise en vibration », *Mémoire de l'académie de Berlin* de 1747

D'Alembert pose d'emblée la question de la mathématisation du phénomène physique de la vibration de la corde, son premier mémoire s'intitulant en effet « Recherches sur la courbe que forme une corde tendue mise en vibration ». La question est donc posée dès le début sous un angle mathématique et il y a adéquation entre l'objet physique (la corde en vibration) et l'objet géométrique (la courbe).

Dès le début du mémoire, d'Alembert veut montrer que l'objet mathématique proposé par ses prédécesseurs[352], la *compagne de la cycloïde allongée,* ne suffit pas à elle seule à décrire le comportement de l'objet physique.

Dans ce mémoire ainsi que dans le suivant, d'Alembert veut trouver une méthode générale pour donner la position des points de la courbe. Peut-être,

---

[350] Euler L. « Sur la vibration des cordes », *Mémoires de l'Académie de Berlin*, année 1750, p. 70.

[351] D'Alembert. « Suite des recherches sur la courbe que forme une corde tendue mise en vibration », *Mémoires de l'Académie de Berlin*, 1747, p. 245.

[352] Par Taylor notamment.

dans un souci de marquer rapidement la primauté de son avancée conceptuelle, d'Alembert explique dès les premières pages du premier mémoire que la manière la plus générale de modéliser le mouvement d'une corde mise en vibration doit être envisagée en considérant que la position *y* d'un point M quelconque de la courbe (représentant la corde en vibration) dépend de deux paramètres : de sa position sur l'axe longitudinal de la courbe (*s*) et du temps (*t*).

Pour décrire de manière *analytique* les différents cas de figure du mouvement physique de la corde, d'Alembert isole ces différentes composantes du mouvement et utilise la notation de dérivée partielle dès les toutes premières pages de ses deux mémoires (paragraphe III de son premier mémoire) et fait le lien entre géométrie et formalisme différentiel comme suit :

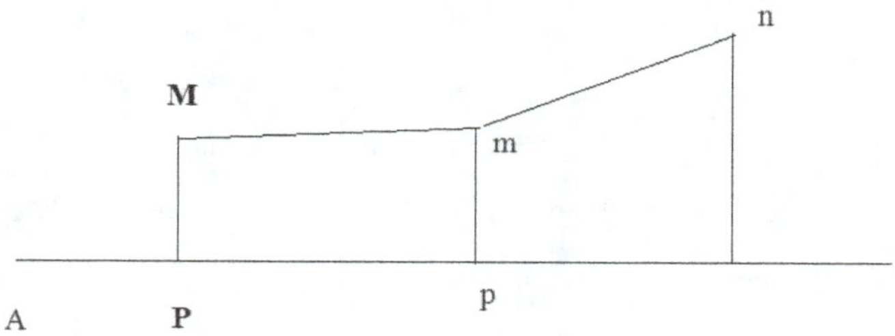

« De là, il s'ensuit que comme les côtés M*m, mn* appartiennent à la même courbe, on aura *pm*-PM égale à la différence de ϕ (*t,s*) en ne faisant varier que *s*, c'est-à-dire que *pm*-PM = *qds* = *dsq* et que la quantité que nous avons nommée ci-dessus *ddy*, c'est-à-dire la différence seconde de PM, prise en ne faisant varier que *s*. »

Donc, cette position y=ϕ (*t,s*) et sa différentielle est :

$$d\,\phi\,(\mathrm{t,s}) = pdt + qds$$

Puis, d'Alembert pose la forme la plus générale permettant de déterminer la position *y* :

$$y = \Psi\,(t + s) + \Gamma\,(t - s)$$

Cette formule très générale est établie dès l'article VII du premier mémoire.

Dans ses deux premiers mémoires publiés en 1747 par l'Académie de Berlin, d'Alembert a donc donné une formule *analytique* générale pour modéliser le mouvement physique de la vibration d'une corde : une fonction des variables d'espace *x*, et y et de temps *t* et une considération sur l'utilisation de la dérivée partielle pour représenter un phénomène physique.

Cette formulation analytique en fonction du temps et de la position géométrique d'un point de la courbe (*y* et *s* selon sa notation) est plus générale, par exemple, que le modèle géométrique particulier de la cycloïde proposé antérieurement par Taylor, par exemple.

Un autre aspect intéressant de ce premier couple de mémoire de d'Alembert sur les cordes vibrantes tient aux hypothèses qu'il donne pour décrire l'objet physique qu'est une corde :

« *Supposons que la corde [...] soit composée d'une infinité de petits poids ou corpuscules unis ensemble par des ressorts capables de dilatation*[353]. »

Puis, un autre modèle est proposé comme suit :

« *Il n'y a donc point d'autre chose à faire que de chercher le mouvement de la corde, en la regardant comme composée d'un grand nombre de points unis ensemble par des fils extensibles*[354]. »

Dans un mémoire suivant, en 1750, « Sur la vibration des cordes », le mathématicien Euler reprend les calculs de d'Alembert, il y reconnaît d'ailleurs les avancées de celui-ci :

« *M. d'Alembert s'est attaché le premier avec un succès des plus heureux à l'examen de ce problème, si difficile tant dans la mécanique que dans l'analyse et il en a communiqué à notre académie une très belle solution*[355]. »

Ce mémoire a été écrit par Euler en 1748 et publié en 1749 après la publication de son traité *Introduction à l'analyse infinitésimale,* un volumineux traité en deux volumes où le mathématicien s'est livré à un travail approfondi et détaillé sur les *fonctions de variable* et la *géométrie des courbes.* Ce travail, comme Euler le résume dans sa préface, aboutit à une classification des courbes :

« *Après en avoir exposé les propriétés générales, je les ai divisées en seize genres auxquels j'ai rapporté les soixante-douze espèces de Newton*[356]. »

---

[353] D'Alembert, « Suites des recherches sur la courbe que forme une corde tendue mise en vibration », *Mémoires de l'académie de Berlin*, année 1747, p. 245.
[354] *Ibid.*, p. 246.
[355] Euler, « Sur la vibration des cordes », *Mémoires de l'Académie de Berlin*, année 1750, p. 71.
[356] Euler, *Introduction à l'analyse infinitésimale*, vol. I, page X de la Préface de l'Édition française de 1797.

Dans cette classification quasi entomologique des courbes, Euler a aussi fait progresser ses notions de courbes continues et discontinues. L'exemple des courbes associées au mouvement des cordes vibrantes sert ici son propos et on peut noter, dans ce mémoire de 1750, les réflexions d'Euler à propos de ce qu'il appelle *les courbes anguiformes* qu'il sépare dans ce mémoire en deux catégories qu'il évoque à plusieurs reprises :

« *Ayant donc décrit une semblable courbe anguiforme, soit régulière, contenue dans une certaine équation, soit irrégulière ou mécanique*[357]. »

Ou encore :

« *Ayant donné ainsi la solution générale, comprenons-y encore quelques cas, auxquels la courbe anguiforme est une courbe continue, dont les parties sont liées en vertu de la loi de continuité de manière que sa nature puisse être comprise par une équation*[358]. »

Dans un autre mémoire sur le même sujet des cordes vibrantes et qui suit immédiatement le mémoire d'Euler de 1750, d'Alembert a aussi des considérations sur la nature des courbes et les lois qui les régissent. Le savant français fait aussi, comme Euler, la différence entre courbe *mécanique* et courbe *analytique.*

Pour d'Alembert, l'analyse n'est pas en mesure de déterminer la position d'un point de la courbe vibrante si cette courbe est mécanique.

« *En effet, on ne peut, ce me semble, exprimer* y *analytiquement d'une manière plus générale qu'en la supposant une fonction de* t *et de* s. *mais dans cette supposition, on ne trouve la situation du problème que pour les cas où les différentes figures de la corde vibrante peuvent être renfermées dans une seule et même équation. Dans tous les autres cas, il me paraît impossible de donner à* y *une forme générale*[359]. »

On peut à cette étape de l'évolution des idées et de l'avancement de la modélisation des cordes vibrantes noter plusieurs choses :

Vers 1750, après un échange de mémoires entre les différents mathématiciens, qui exposent tous un va-et-vient constant entre le *calcul* et la *nature,* il y a donc un avancement des travaux qui a permis de dépasser le modèle initial proposé par Taylor et qui présentait uniquement la courbe faite par une corde mise en vibration comme une forme de cycloïde.

L'équation proposée par d'Alembert et reconnue par Euler permet d'envisager plus généralement la courbe donnée par une corde mise en vibration comme une fonction *y* de deux variables, x et t. Cependant, la position d'un point donné de la courbe n'est déterminable, selon les deux mathématiciens, que si le mouvement de la corde est modélisable par une

[357] *Ibidem*, p. 80.
[358] *Ibid.*, p. 84.
[359] D'Alembert, « Addition au mémoire sur la courbe que forme une corde tendue mise en vibration », *Mémoires de l'Académie de Berlin*, année 1750, p. 358.

fonction *analytique*, et d'Alembert et Euler expriment tous deux à plusieurs reprises les limites de l'analyse dans le cas d'une courbe mécanique, soit une courbe quelconque relevant de conditions physiques.

On peut aussi noter que ces premiers mémoires ne comportent presque pas de mesures physiques expérimentales et que les notions physiques telles que poids, épaisseur de la corde, etc. entrent peu en considération dans les raisonnements. Par contre, la corde vibrante comme objet physique simple assimilable à une courbe est une base extrêmement féconde pour visualiser géométriquement les nouvelles lois analytiques proposées. Il y a une adéquation totale entre l'objet physique (corde), sa représentation géométrique (courbe) et l'appareillage de l'*analyse* qui sert à décrire son comportement. À tel point qu'on retrouve parfois chez d'Alembert des formules telles que « *courbe vibrante*[360] ». Le phénomène physique de la vibration des cordes est donc particulièrement intéressant pour étudier le processus de mathématisation à cette époque et par ces auteurs, il illustre bien le va-et-vient entre l'observation des *lois de la nature* et l'*analyse* qui est caractéristique des travaux des savants de cette période du XVIIIe siècle.

Ensuite en 1753, c'est le mathématicien Bernoulli qui revient sur la question et appuie la représentation de Taylor selon laquelle le mouvement de vibration d'une corde peut être représenté entièrement par une cycloïde. Il reproche à d'Alembert et Euler le fait que leur modèle analytique tendant à montrer que le mouvement vibratoire peut prendre d'autres formes est trop théorique et se détache de la réalité physique :

> « *J'ai vu aussitôt qu'on ne pouvait admettre cette multitude de courbes que dans un sens tout à fait impropre. Je n'en estime pas moins les calculs de M. d'Alembert et Euler qui renferment certainement tout ce que l'Analyse peut avoir de plus profond et de plus sublime, mais qui montrent en même temps qu'une analyse arbitraire, qu'on écoute sans examen synthétique de la question proposée, est sujette à nous surprendre plutôt qu'à nous éclairer*[361]. »

Dans son mémoire, Bernoulli veut donc recentrer le débat sur la réalité physique du phénomène :

> « *Il me semble à moi qu'il n'y avait qu'à faire attention à la nature des vibrations simples des cordes, pour prévoir sans aucun calcul tout ce que ces deux grands géomètres ont trouvé par les calculs les plus épineux et les plus abstraits dont l'esprit analytique se soit encore avisé*[362]. »

Et effectivement, dans une grande partie de son mémoire de 1753, Bernoulli ne fait pas de calculs et il fonde « *tout son raisonnement sur le*

---

[360] Par exemple, dans le second supplément au 25e mémoire de ces *opuscules mathématiques* de 1761.

[361] Bernoulli, « Réflexions et éclaircissements sur les nouvelles vibrations des cordes exposées dans les mémoires de l'académie de 1747 et 1748 », *Mémoires de l'Académie de Berlin*, année 1753, p. 148.

[362] *Idem*.

principe confirmé par l'expérience ». On peut remarquer que Bernoulli procède dans sa présentation différemment d'Euler et de d'Alembert. En effet comme nous l'avons vu, ceux-ci présentaient rapidement le modèle de la corde mise en vibration au début de leurs mémoires comme conditions du problème physique qui sert de base pour de longs raisonnements géométriques et analytiques. Bernoulli, lui au contraire, part du modèle de Taylor selon lequel une expression mathématique sert à décrire une infinité de conditions physiques :

> « *Suivant la théorie de M. Taylor, une corde tendue peut former ses vibrations d'une infinité de manières qui diffèrent entre elles pour le physique, mais qui reviennent au même pour le géométrique*[363]. »

Puis, il étaie ce modèle de description des vibrations par des exemples physiques variés d'autres vibrations : différents instruments de musique : trompette marine, cor de chasse, flûte traversière, et il élargit la description à d'autres phénomènes vibratoires : vibration de l'air, verge d'acier, etc.

Cette approche descriptive et physique de Bernoulli sera d'ailleurs plus tard qualifiée par Lagrange, toujours mathématicien rigoureux, « *d'espèce d'induction qu'il tire de la considération des mouvements d'un nombre de corps qui sont supposés former des vibrations régulières et isochrones.* »[364] On peut noter aussi que Bernoulli fait également une analogie intéressante entre les vibrations des cordes et la vibration de l'éther pour la propagation de la lumière.

Les idées de Bernoulli, contemporaines de celles d'Euler et de d'Alembert sur la question, sont intéressantes d'un point de vue épistémologique : Bernoulli fait appel à une approche plus empirique, à l'expérience et à la pratique ; et au long de ses réflexions sur les cordes vibrantes, on retrouve des considérations du type : « *L'expérience et la raison nous apprennent que* » ou « *ce n'est pas là une vérité abstraite seulement* ».

Selon Bernoulli, la forme sinusoïdale est la plus naturelle et la plus intuitive pour décrire globalement le mouvement d'une corde et il insiste sur la notion de modèle *synthétique* et *physique* qu'il propose, en soutenant le modèle d'un mouvement sinusoïdal par opposition à l'approche *analytique* d'Euler et de d'Alembert auxquels il reconnaît cependant la « *profonde sagacité* » dans l'utilisation du calcul mathématique :

> « *Si la méthode dont ils se sont servis pour résoudre leurs problèmes est beaucoup plus difficile que la mienne, je n'en admire que davantage la supériorité de leur génie*[365]. »

---

[363] *Idem.*

[364] Lagrange, « Recherches sur la propagation du son », *Miscellanea Taurinensia*, 1759, p. 69.

[365] Bernoulli, « Réflexions et éclaircissements sur les nouvelles vibrations des cordes exposées dans les mémoires de l'Académie de 1747 et 1748 ». *Mémoires de l'Académie de Berlin*, année 1753, p. 172.

Bernoulli s'intéresse donc plus au contenu physique des recherches :

« *Mon intention n'a été principalement que d'exposer ce que les nouvelles vibrations de MM. d'Alembert et Euler ont de physique*[366]. »

Le mémoire suivant, intéressant sur l'évolution des idées sur les cordes vibrantes, est celui d'Euler répondant à Bernoulli : *Remarques sur les mémoires précédents de M. Bernoulli*, publié dans les *Mémoires de l'Académie de Berlin* de 1753.

Ce mémoire est intéressant pour trois aspects principaux qui ont trait à l'avancée de la mathématisation et au lien entre mécanique et analyse :

Premièrement, ce mémoire de 1753 est le premier de la série sur les cordes vibrantes qui remarque l'importance des équations différentielles aux dérivées partielles et les décrit d'une manière générale, Euler note, par exemple :

« *À cette occasion, il sera à propos d'expliquer davantage cette manière, d'indiquer les différentiels des fonctions de plusieurs variables, en n'en faisant varier qu'une seulement ; puisque cette considération est d'une grande utilité dans quantité de problèmes mécaniques et hydrodynamiques*[367]. »

Après avoir donné une explication générale de l'utilisation des *différentiels des fonctions de plusieurs variables*, Euler revient au problème physique de la vibration d'une corde et à son expression sous forme de dérivée partielle :

« *Voilà donc à quoi le problème sur le mouvement de la corde se réduit : il s'agit de trouver pour* y *une telle fonction des deux variables* x *et* t *qui satisfassent à cette équation :*

$(\frac{ddy}{dt^2}) = \frac{Fa}{2M}\,(\frac{ddy}{dx^2})$ »[368]

Dans ce mémoire, Euler avertit de l'importance qu'aura pour la physique l'intégration d'équations différentielles, et la complexité des calculs que cette nouvelle procédure mathématique entraîne :

« *Il serait à souhaiter qu'on découvrît une méthode propre à résoudre d'autres formules semblables. Une telle méthode servirait à résoudre quantité de problèmes, qu'on a été obligés d'abandonner jusqu'ici*[369]. »

---

366 *Ibid.*, p. 158.

367 Euler, « Remarques sur les mémoires précédents de M. Bernoulli », *Mémoires de l'Académie de Berlin* de 1753, p. 206.

368 On écrirait en notation moderne $\frac{1}{c^2}\frac{\partial^2 y}{\partial t^2} = \frac{\partial^2 y}{\partial x^2}$ avec c la vitesse de propagation de l'onde le long de la corde vibrante, c dépendant de la masse linéïque μ et de la force de tension F par la relation $c = \sqrt{F/\mu}$.
Euler, « Remarques sur les mémoires précédents de M. Bernoulli », *Mémoires de l'Académie de Berlin* de 1753, p. 208.

369 *Ibid.*, p. 209.

Et il remarque aussi de manière plus générale, sur l'état d'avancement de la modélisation, des phénomènes vibratoires :

« *Ce ne sont pas les principes mécaniques qui nous abandonnent dans ces recherches, c'est plutôt l'analyse qui n'est pas encore portée à ce degré de perfection qu'il faudrait pour ces sortes de questions*[370]. »

On peut aussi remarquer que c'est dans ce mémoire de 1753 que les notations du type $(\frac{ddy}{dt^2})$ ou $(\frac{ddy}{dx^2})$ commencent à devenir prépondérantes et c'est à ce stade qu'Euler développe la méthode de d'Alembert proposée dans son mémoire de 1747.

Deuxièmement, c'est dans ce mémoire de 1753 d'Euler que dans le cadre de l'étude des cordes vibrantes, l'approche fonctionnelle et le calcul différentiel commencent à prendre le pas sur la géométrie pour traiter le phénomène. La correspondance entre le phénomène physique (vibration d'une corde), sa représentation géométrique (ligne courbe), la nouvelle notion de fonction et le lien avec l'équation différentielle sont clairement exposés, comme, par exemple, dans le paragraphe XXIX du mémoire :

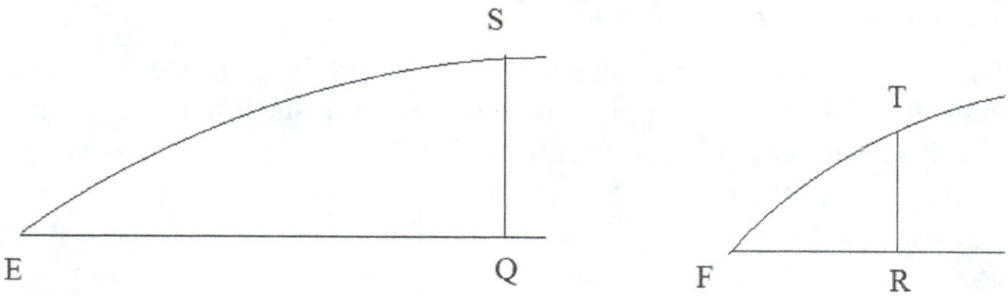

« XXIX. *Pour éclaircir cela mieux, il faut remarquer que toute fonction, de quelque nature qu'elle soit, peut toujours être représentée par une ligne courbe, dont l'appliquée exprime une certaine fonction de l'abscisse.*

Ayant donc construit pour la fonction marquée par Φ *une ligne courbe* ES, *et pour la fonction marquée par* Ψ *une autre ligne courbe* FT, *si nous prenons dans celle-là l'abscisse* $EQ = x + ct$ *et dans celle-ci l'abscisse* $FR = x - ct$, *les appliquées seront :*

$QS = \Phi(x + ct)$ et $RT = \Psi(x - ct)$.

Et la forme de ces deux appliquées, ou de leur multiple quelconque, nous fournira toujours une valeur convenable pour y *qui satisfera à l'équation* $\left(\frac{ddy}{dt^2}\right) = cc(\frac{ddy}{dx^2})$, *et qui, par conséquent, sera propre à nous représenter le mouvement véritable d'une corde*[371]. »

---

370 *Ibid.*, p. 203.
371 *Ibid.*, p. 214.

Dans ce mémoire, Euler n'a besoin que de très peu de figures géométriques pour décrire son propos[372], on se rapproche donc progressivement d'une mécanique purement analytique qui sera quelques décennies plus tard l'idéal de Lagrange[373].

Enfin, c'est dans ce mémoire de 1753 d'Euler qu'émerge progressivement une idée plus générale de la notion de fonction. Comme on l'a vu plus haut, la correspondance entre phénomène physique, représentation géométrique et expression analytique a été établie clairement par Euler. Cette correspondance est ensuite explorée dans les deux sens par Euler et l'idée apparaît que même une courbe *arbitraire* pourrait aussi être décrite par le moyen d'une fonction, et avoir une expression analytique. Euler note l'importance de cette idée en reprenant l'exemple de courbes quelconques traitées :

> « *Or, ce qui est le principal, ces deux courbes, appliquées de la manière enseignée, satisfont également, soit qu'elles soient exprimables par quelque équation, ou qu'elles soient tracées de manières quelconques, de sorte qu'elles ne puissent être assujetties à aucune équation. Le lecteur est prié de réfléchir bien sur cette circonstance, qui contient le fondement de l'universalité de ma solution contestée par M. d'Alembert*[374]. »

On peut à ce stade faire deux remarques sur le contexte de cet écrit d'Euler. En 1753 lors de la parution de ce mémoire sur les cordes vibrantes, le travail le plus volumineux et exhaustif d'Euler en termes de description mathématique des courbes, le volume II de l'*Introduction à l'analyse infinitésimale* est déjà achevé (en 1747) et a été publié (en 1748). Sur plus de quatre cents pages, le mathématicien a décrit des dizaines de courbes en termes de géométrie analytique. Comme on le voit aussi par les figures ci-dessous, il y a une grande similitude dans les représentations des courbes présentes dans l'*Introduction à l'analyse infinitésimale* et celles du mémoire de 1753 sur la vibration des cordes que nous venons d'étudier.

---

372 À comparer aux 26 figures pour le mémoire de d'Alembert de 1747.

373 L'idéal de Lagrange tel qu'il le présentera en 1788 dans l'*Avertissement* de son traité :
« *On ne trouvera point de figure dans cet ouvrage. Les méthodes que j'y expose ne demandent ni constructions géométriques ou mécaniques mais seulement des opérations algébriques, assujetties à une marche régulière et uniforme. Ceux qui aiment l'analyse en verront avec plaisir la mécanique en devenir une nouvelle branche et me sauront gré d'en avoir ainsi étendu le domaine.* »

374 Euler, « Remarques sur les mémoires précédents de M. Bernoulli », *Mémoires de l'Académie de Berlin* de 1753, p. 213.

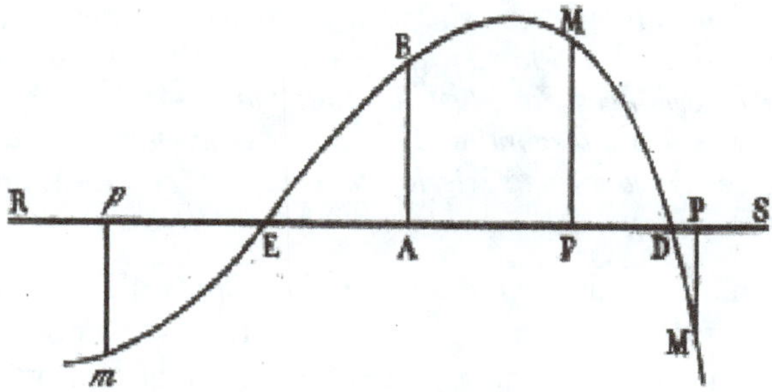

Euler, figure 2, planche 1 du volume II de *Introductio in analysin infinitorum* 1748, chap. 1 : « Des lignes courbes en général ».

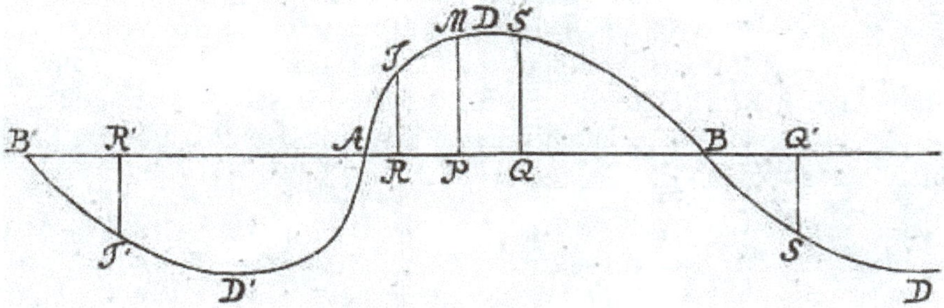

Euler, figure 3 du *Mémoire de l'Académie de Berlin* de 1753 sur les cordes vibrantes.

On peut aussi remarquer qu'en 1748 dans le volume II de son traité de mathématiques l'*Introduction à l'analyse infinitésimale*, Euler a donc établi, comme suit, la correspondance entre la courbe (objet physique et géométrique) et la notion de fonction analytique :

> « *Quoiqu'on puisse décrire mécaniquement plusieurs lignes courbes par le mouvement continu d'un point, qui présente aux yeux la courbe dans son ensemble, nous les considérons ici principalement comme le résultat de fonctions ; cette manière de les envisager étant plus analytique, plus générale et plus propre au calcul. Ainsi, une fonction quelconque de* x *donnera une certaine ligne droite ou courbe ; d'où il suit que réciproquement, on pourra rapporter aux fonctions les lignes courbes*[375]. »

Euler dépasse donc les représentations qui faisaient des courbes l'expression géométrique de formes de la statique ou de mouvement de la cinématique, celles-ci deviennent maintenant le tracé d'une relation entre deux variables, une *fonction*.

Puis, Euler sépare les courbes en *continues* et *discontinues/mixtes/ irrégulières* comme suit :

---

[375] Euler, *Introduction à l'analyse infinitésimale*, vol. 2, Chap. 1, par. 8, Éd. française de 1797.

« *La ligne courbe continue est celle dont la nature est exprimée par une seule fonction déterminée de* x. *Mais si la ligne courbe est composée de différentes portions [...] déterminées par plusieurs fonctions de* x *[...] nous appelons ces sortes de lignes courbes discontinues ou mixtes et irrégulières parce qu'elles ne sont pas formées suivant une seule loi constante et qu'elles sont composées de portions de différentes courbes continues*[376]. »

Ces définitions tirées du *Traité de mathématiques* d'Euler de 1748 sont à comparer aux considérations sur les courbes, que forme une corde lors de sa vibration, et sur la possibilité de représenter cette vibration par une formule analytique la plus générale possible.

D'Alembert et Euler, dans leurs *Mémoires de l'Académie de Berlin*[377] que nous avons étudiés, se rejoignent sur la même interrogation : étant donné les définitions citées plus haut sur la notion de courbe continue, est-il quand même possible de trouver une seule expression analytique (y fonction de x et t, par exemple) qui puisse décrire le mouvement d'une corde vibrante qui peut pourtant prendre toute sorte de formes physiques ? Comme le dit Euler dans sa description du phénomène physique dans son mémoire « Sur la vibration des cordes » :

« *La première vibration dépend de notre bon plaisir puisqu'on peut, avant que de lâcher la corde, lui donner une figure quelconque ; ce qui fait que le mouvement vibratoire de la même corde peut varier à l'infini suivant qu'on donne à la corde telle ou telle figure au commencement du mouvement*[378]. »

Ainsi, dans la situation la plus générale, la courbe effectuée par une corde mise en vibration sera une *ligne courbe discontinue composée de différentes portions [...] déterminées par plusieurs fonctions de* x correspondant à la définition présentée dans l'*Introduction à l'analyse infinitésimale.* Et ne pourra donc pas être décrite par une seule fonction. Et pour d'Alembert, cela pose le même problème :

« *En effet, on ne peut, ce me semble, exprimer* y *analytiquement d'une manière plus générale qu'en la supposant une fonction de* t *et de* s. *Mais dans cette supposition, on ne trouve la solution du problème que pour les cas où les différentes figures de la corde vibrante peuvent être renfermées dans une seule et même équation. Dans tous les autres cas, il me paraît impossible de donner à* y *une forme générale*[379]. »

Tel est donc dans les années 1750-1753 l'avancement des réflexions sur la possibilité de mathématiser le phénomène physique de la vibration d'une corde. Il s'appuie sur les définitions mathématiques récentes d'Euler dans

---

[376] *Ibid.*, par. 9.

[377] Euler L., « Sur la vibration des cordes » et d'Alembert, « Addition au mémoire sur la courbe que forme une corde tendue mise en vibration ».

[378] Euler L., « Sur la vibration des cordes », *Mémoires de l'Académie de Berlin*, année 1750, p. 70.

[379] D'Alembert, « Addition au mémoire sur la courbe que forme une corde tendue mise en vibration », *Mémoires de l'Académie de Berlin*, année 1750, p. 358.

l'*Introduction à l'analyse infinitésimale* de 1748, faisant correspondre des fonctions analytiques de la variable *x* aux lignes courbes *continues* et *discontinues* (aussi appelées mixtes et irrégulières) qu'on peut trouver en géométrie et dans la nature, par exemple, dans le mouvement d'une corde.

Mais la réflexion se heurte aussi à la conception mathématique, faisant aussi partie des définitions présentes dans l'*Introduction à l'analyse infinitésimale* de 1748, impliquant qu'un mouvement physique naturel, tel que la vibration d'une corde, qu'on voudrait décrire le plus généralement possible par une infinité de courbes *irrégulières,* ne peut pas, selon ces définitions mathématiques, être représenté par une fonction analytique unique.

Pour étudier la mathématisation, les réflexions sur les cordes vibrantes dans les années 1740-1750 sont donc bien un sujet central car elles montrent concrètement le lien entre les réflexions mathématiques *a priori* et l'étude d'un phénomène physique et comment ces deux aspects s'entraînent au fur et à mesure que les recherches progressent.

Par exemple, en ce qui concerne Euler, le concept et les idées mathématiques développées dans l'*Introduction à l'analyse infinitésimale* de 1748 précèdent historiquement les travaux sur la description du phénomène physique. La méthode de description de ce phénomène physique sera donc fortement imprégnée de ces travaux mathématiques antécédents.

Mais à son tour, l'étude des phénomènes physiques et notamment les considérations sur les différentes formes *arbitraires* que peuvent prendre l'objet physique qu'est une corde en vibration amènent Euler à modifier sa notion de fonction analytique et l'incitent à généraliser l'application de l'analyse au-delà des courbes continues et des mouvements réguliers ou uniformes, et à vouloir l'étendre à la description de toute forme de mouvement mécanique.

Ainsi, à partir de l'étude du phénomène physique de la vibration des cordes, Euler essaiera de rendre encore plus générale la notion mathématique de fonction. Cela se verra dans les travaux et les réflexions présentés dans les mémoires[380] des années 1760.

Le mémoire où Euler travaille « Sur le mouvement d'une corde qui au commencement n'a été ébranlé que dans une partie » présente deux parties. La première partie est la partie physique, la seconde, plus mathématique, est intitulée « Démonstration rigoureuse de ma construction du problème des cordes vibrantes ».

---

[380] Et notamment, dans deux mémoires de 1765 et 1767 :
« Sur le mouvement d'une corde qui au commencement n'a été ébranlé que dans une partie », (« notamment, partie : démonstration rigoureuse de ma construction du problème des cordes vibrantes »). Présenté en 1765, publié dans les *Mémoires de l'Académie de Berlin* de 1767, et « Éclaircissements sur le mouvement des cordes vibrantes », publié en1766 dans *Miscellaneae Taurinesae*.

Comme l'indique le titre du mémoire, Euler pose d'emblée l'irrégularité comme condition initiale du système physique qu'il va traiter. Ceci, entre autres, pour compléter le modèle de Bernoulli qu'il ne considère que comme un cas particulier et pour dépasser les réticences de d'Alembert pour qui l'analyse ne peut s'appliquer à des mouvements irréguliers. Ceci est illustré par la figure 3 du mémoire.

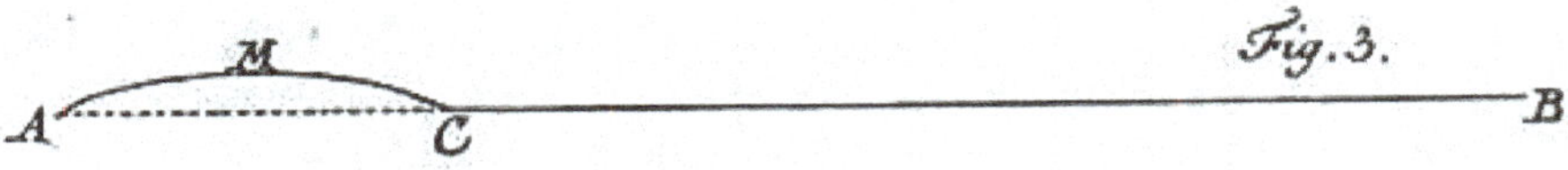

Où, effectivement, la forme irrégulière de l'objet physique qu'est la corde correspond bien à l'objet mathématique qu'est une courbe *discontinue* (ou *mixte*) telle qu'on l'a vue définie par Euler dans la définition citée plus haut et venant de l'*Introduction à l'analyse infinitésimale.* Puis, Euler passe en revue dans cette première partie physique de son mémoire les déplacements de l'onde le long de la corde mise en mouvement dans une partie quelconque, déplacement pour lequel il n'y a pas de régularité et où on se trouve dans le cas le plus général.

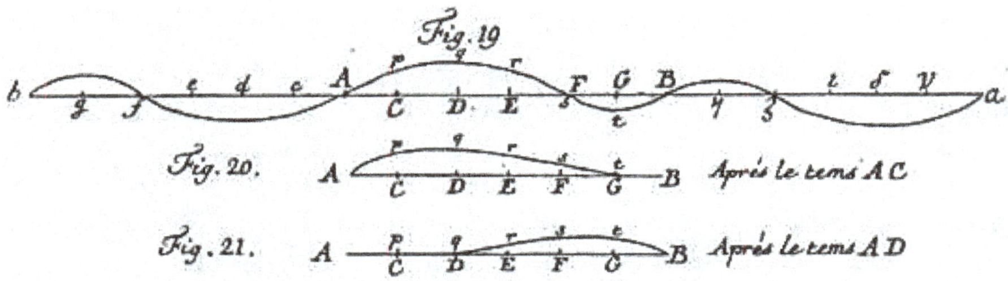

Le dernier paragraphe, de la première partie du mémoire d'Euler décrivant le modèle physique, est intéressant sur le lien entre mathématique et physique. Il illustre ce que nous avons mentionné plus haut sur le rôle des considérations physique dans l'évolution des idées mathématiques lors de l'émergence du concept de fonction, Euler remarque donc :

> « *Mais cette même circonstance qu'on a trouvé moyen d'appliquer l'analyse à des cas, qui en ont paru entièrement exclus, semble mériter l'attention de tous les géomètres. Jusqu'ici, on n'a pas cru que l'analyse fut applicable à des lignes courbes mécaniques, qui ne sauraient être enfermées dans aucune équation, ou qui sont destituées de toute loi de continuité. Cela est bien vrai à l'égard de l'analyse qui ne s'occupe que des fonctions d'une seule quantité variable, à laquelle on s'est presque uniquement appliqué jusqu'ici, mais dès qu'on traite des fonctions de deux ou plusieurs variables, comme dans le cas des cordes vibrantes, l'appliquée* y *doit être considérée comme une fonction non seulement de l'abscisse* x *mais aussi du temps* t *: cette partie de l'analyse est très essentiellement différente de la précédente et s'étend même à des fonctions destituées de toute loi de continuité. Cette partie, dont nous ne connaissons*

presque encore que les premiers éléments, mérite sans doute que tous les géomètres réunissent leur force pour la cultiver[381]. »

Euler remarquera aussi plus généralement l'avancée basée sur le fait que, si la forme mécanique (physique/quelconque) de la courbe faite par une corde mise en vibration peut être décrite par une fonction, alors le concept de fonction est applicable à toute sorte de courbe et non uniquement à des courbes *continues*. Cela a donc ouvert des perspectives qu'Euler note comme suit dans son mémoire *Éclaircissements sur le mouvement des cordes vibrantes* :

« *Mais si la théorie nous conduit à une solution générale, qu'elle s'étend aussi bien à toutes les figures discontinues que continues, il faudra avouer que cette recherche nous ouvre une nouvelle carrière dans l'analyse, en nous mettant en état d'appliquer le calcul à des courbes qui ne sont assujetties à aucune loi de continuité, et si cela a paru impossible jusqu'ici, la découverte sera d'autant plus importante*[382]. »

En mettant en avant les idées générales contenues dans cette série de mémoires de 1747 à 1767, nous avons donc essayé de présenter le déroulement historique d'un processus de mathématisation autour du problème physique des cordes vibrantes. C'est dans un de ces mémoires sur les cordes vibrantes (le premier mémoire des opuscules mathématiques de 1761 « Recherches sur les cordes vibrantes ») que d'Alembert aura dans le cours de ses réflexions une de ses formules bien tournées dont il a le secret :

« *La nature en ce point arrête, pour ainsi dire, brusquement le calcul.* »

Cette formule est tout à fait emblématique d'un esprit et résume bien l'interaction très étroite qui existe chez les savants du XVIIIe siècle entre l'approche *a priori* des mathématiques (*le calcul*) et l'observation des phénomènes physiques (*la nature*). Les travaux sur les cordes vibrantes montrent bien cette approche qui a fait d'un système physique (une corde mise en vibration) une base pour le développement de la réflexion mathématique, en particulier pour de nouvelles approches sur l'*analyse*, notamment pour le calcul différentiel aux dérivées partielles[383] et plus généralement, pour la maturation de la notion de fonction.

---

[381] Euler L., « Sur le mouvement d'une corde qui au commencement n'a été ébranlée que dans une partie », *Mémoires de l'Académie de Berlin*, année 1767, p. 324-325.

[382] Euler L., « Éclaircissements sur le mouvement des cordes vibrantes », *Miscellaneae Taurinensia*, année 1766, p. 4.

[383] On peut aussi lire à ce sujet Bouligand G., « La mécanique théorique des corps flexibles (1638-1788) et les premières tentatives de spéculations fonctionnelles au XVIIIe siècle », *Revue d'histoire des sciences et de leurs applications*, 1964, vol. 17, n° 1, p. 13-24. L'auteur résume cette interaction entre le *calcul* et la *nature* de manière suivante : « *L'ouverture d'un chantier où, tour à tour, la curiosité faisait primer la mécanique pure et revenait bientôt aux thèmes à mûrir, aux fins des problèmes où les dérivées partielles ont un rôle majeur pour y parfaire l'outillage trop pauvre encore de l'analyse.* »

6.2. EXTENSION DU PROCESSUS DE MATHÉMATISATION AU-DELÀ DES CORDES VIBRANTES

Des cordes aux fluides, passage à un nombre croissant de dimensions, limites du modèle physique

À partir du moment où le mouvement a commencé d'être modélisé par des équations différentielles aux dérivées partielles en partant du phénomène de la vibration des cordes, de nouvelles procédures mathématiques de description de ces phénomènes mécaniques étaient désormais en place. Comme on l'a vu de manière concomitante se développait l'approche fonctionnelle faisant correspondre toute courbe physique (continue ou discontinue dans l'acception eulérienne du terme) à une relation analytique liant deux ou plusieurs variables entre elles.

La façon de décrire le mouvement longitudinal le long d'une corde en impliquant deux variables (t) et (x) ayant été inaugurée, la voie était ouverte à l'extension de cette nouvelle approche pour des mouvements dans plusieurs dimensions et qui ne faisaient que rajouter des variables aux équations différentielles.

Cela sera fait rapidement par la suite, notamment par les mêmes savants (d'Alembert, Euler), ainsi que par Lagrange en appliquant les mêmes modèles opératoires pour l'étude de phénomènes physiques plus complexes et ayant des degrés de liberté plus nombreux. Des phénomènes physiques tels que le mouvement des fluides et la propagation du son dans l'air.

Ces recherches seront exposées par ces savants, soit dans la continuation, soit en retravaillant les résultats des recherches sur les cordes vibrantes, dans une série de mémoires[384]. Ces mémoires seront publiés dans les années

---

[384] Les mémoires principaux sur ces sujets sont :

1. Euler : « Principes généraux de l'état d'équilibre des fluides », présenté à l'Académie de Berlin le 11 octobre 1753, publié en 1757 dans les *Mémoires de l'Académie des sciences de Berlin*, vol. 11, p. 217-273.
2. Euler : « Principes généraux du mouvement des fluides », présenté à l'Académie de Berlin le 4 septembre 1755, *op. cit.*, p. 274-315.
3. Euler : « Continuation des recherches sur la théorie du mouvement des fluides », présenté à l'Académie de Berlin le 2 octobre 1755, publié en 1757, à la suite du mémoire précédent, *op. cit.*, p. 316-361.
4. Euler : « De la propagation du son », présenté à l'Académie de Berlin le 1er nov. 1759, publié en 1766, *op. cit.*, vol. 15, p. 185-209.
5. Euler : « Supplément aux recherches sur la propagation du son », présenté à l'Académie de Berlin le 13 décembre 1759, publié comme le précédent mémoire en 1766, *op. cit.*, p. 210-240.
6. Euler : « Continuation des recherches sur la propagation du son », publié à la suite du précédent mémoire en 1766, *op. cit.*, p. 241-264.
7. Lagrange : « Recherches sur la nature et la propagation du son », étroitement lié aux *Recherches sur les cordes vibrantes*, notamment par le chapitre II « Des vibrations des cordes ». *Miscellaneae Taurinensia*, 1759.

1750-1760 par Euler et Lagrange aux académies des sciences de Berlin et de Turin et par d'Alembert dans ses *Opuscules mathématiques*.

6.2.1. Mathématique : Évolution des équations, augmentation du nombre de variables

En ce qui concerne la description du mouvement des fluides dans ses mémoires des années 1753-1757, le degré de complexité du problème physique considéré s'élève progressivement et Euler continue le travail sur les équations différentielles aux dérivées partielles en augmentant le nombre de variables de ses équations.

Il étudie non plus le mouvement longitudinal d'une corde, consistant à trouver *l'appliquée y* en fonction de *t* et *s*, mais entreprend de décrire le mouvement des fluides, donc dans trois dimensions. Pour cela, Euler propose de travailler sur le modèle d'un volume de fluide parallélépipédique affecté des déplacements infinitésimaux *dx*, *dy*, *dz*.

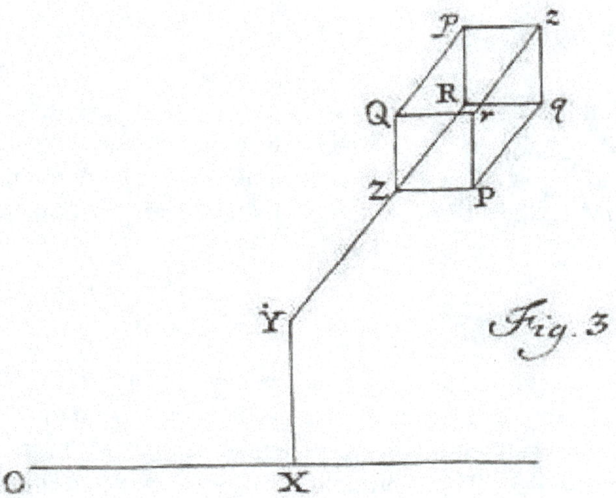

Figure 3 du mémoire d'Euler « Principes généraux du mouvement des fluides ». Mémoires de l'Académie des sciences de Berlin, année 1757.

8. Lagrange : « Nouvelles recherches sur la nature et la propagation du son », notamment le chap. II « Des fonctions irrégulières et discontinues », *Miscellaneae Taurinensia*, 1760-1761.
9. Euler : « Éclaircissements plus détaillés sur la génération et la propagation du son et sur la formation de l'écho », présenté à l'Académie de Berlin le 19 septembre et le 26 octobre 1765, publié en 1767 dans les *Mémoires de l'Académie des sciences de Berlin*, vol. 21, p. 335-363.

Euler note, comme c'est souvent le cas chez les savants à cette époque, que le problème physique se heurte à la limite de l'analyse, le *calcul* n'est pas encore assez puissant pour décrire *la nature* :

« *Car bien qu'une équation différentielle entre deux variables soit toujours possible, on sait qu'une équation différentielle, qui renferme trois ou plusieurs variables, n'est possible que sous certaines conditions, en vertu desquelles les termes de l'équation doivent tenir un certain rapport entre eux*[385]. »

Et plus loin :

« *Mais comme on n'a encore que fort peu travaillé sur la résolution de telles équations différentielles à trois variables, nous ne saurions espérer une solution complète de notre équation avant que les bornes de l'analyse ne soient étendues considérablement plus loin*[386]. »

Euler, pour simplifier le problème et le rendre plus accessible aux outils mathématiques, pose donc l'hypothèse que le fluide dont il étudie le mouvement est de densité constante, ce qui lui permet de travailler sur une solution particulière et de poser, en 1757, l'équation différentielle :

$$dW = udx + vdy + wdz + \Pi dt$$

Équation différentielle décrivant le mouvement des fluides, équation à trois variables d'espace x, y, z et une variable de temps t. À comparer à l'équation différentielle sur laquelle il avait travaillé en 1747 décrivant le mouvement longitudinal le long d'une corde qui mettait en relation deux variables d'espace, x et y et une variable de temps[387] :

$$dY = pdx + qdt$$

Il est à noter que les mémoires d'Euler, *Principes généraux de l'état d'équilibre des fluides* de 1753, ainsi que « Principes généraux du mouvement des fluides » et « Continuation des recherches sur la théorie du mouvement des fluides » de 1755 marquent un pas important dans la mathématisation des fluides. La clarté, l'approche nouvelle choisie et la généralisation du système présenté par le savant dans ces mémoires en font encore actuellement, après plus de deux siècles, des travaux dont même le

---

[385] Euler L. « Principes généraux du mouvement des fluides », *Mémoires de l'Académie de Berlin*, année 1757, p. 288.

[386] *Ibid.*, p. 289.

[387] Même avec cette complexification progressive augmentant le nombre de variables d'espace et étudiant leur comportement dans le temps, nous restons bien encore au point de vue de l'épistémologie de l'époque dans la *mécanique*, discipline qui, selon d'Alembert dans son *Essai sur les éléments de philosophie* de 1759 (donc, contemporain des mémoires d'Euler), se rapporte « *à l'espace, à la matière et au temps* ».

formalisme mathématique est, à peu de chose près, considéré comme toujours d'actualité[388].

Euler note dans son troisième mémoire de la série que ses équations permettent d'atteindre un degré de généralité qui englobe les résultats de ses prédécesseurs, par exemple, celui du modèle de l'écoulement du fluide en tranches, qui « *n'ont donné au fluide qu'une étendue par deux dimensions tout au plus, ou du moins, ils ont supposé que le mouvement de chaque particule se fasse dans le même plan.* »[389]

Ou d'autres cas particuliers d'écoulement unidirectionnel du fluide, qui, pour Euler, « *se réduit au mouvement des fluides par des tuyaux infiniment étroits, ou qu'on peut au moins regarder comme tels, de sorte que dans ces cas, on ne conçoit qu'une seule dimension tant dans le fluide que dans son mouvement.* »[390]

Ces cas particuliers de la dynamique des fluides évoqués par Euler (écoulement en tranches et écoulement dans un tuyau très étroit) font notamment référence aux travaux de Johann Bernoulli et de Maclaurin.

On peut noter, pour l'aspect historique, que ces travaux avaient déjà été passés en revue par d'Alembert en 1744 dans son *Traité de l'équilibre et du mouvement des fluides*. Mais à cette époque, le scientifique philosophe n'avait pas encore produit ses travaux sur les équations différentielles aux dérivées partielles qui, comme on l'a vu ailleurs, ont commencé à être mises en forme à propos des vibrations des cordes en 1747-1750. Le traité de d'Alembert de 1744 sur les fluides comprenait donc plus une accumulation de cas particuliers techniques[391] que la véritable élaboration de *principes généraux* comme on l'entendait à cette époque.

Comme dans le cas des travaux « Sur la vibration des cordes », il y a donc une évolution considérable qui se fait entre les années 1750 et 1760 vers un traitement de plus en plus mathématique des phénomènes physiques. L'utilisation des équations différentielles aux dérivées partielles et l'approche fonctionnelle introduite pour la modélisation des cordes vibrantes et pour le mouvement longitudinal permettent aussi une transformation dans le traitement des phénomènes des fluides et de leurs mouvements dans trois dimensions.

---

[388] On peut voir notamment à ce sujet A. Dahan-Dalmedico, « La théorie des fluides dans la tradition d'Euler », *Mathématisation, Augustin Louis Cauchy et l'école française*, 1992, p. 22 et *Histoire de la mécanique* de René Dugas, et le commentaire de G. Bouligand qui considère que « *Euler, en voulant clarifier la mécanique des fluides, a influencé à longue échéance toute l'analyse mathématique* ». Bouligand, G., « L'œuvre d'Euler et la mécanique des fluides au XVIIIe siècle », *Revue d'histoire des sciences et de leurs applications*, 1960, tome 13, p. 105-113.

[389] Euler, « Continuation des recherches sur la théorie du mouvement des fluides », *Mémoires de l'Académie de Berlin*, 1757, p. 325.

[390] *Idem*.

[391] Plus d'une soixantaine de cas de systèmes hydrauliques y sont décrits et accompagnés de plus de 160 figures.

Mais le bon conceptuel avait été déjà fait dans le cas de la modélisation du premier phénomène physique tandis que dans le cas du deuxième, les outils mathématiques continuent d'être perfectionnés en augmentant le nombre de variables.

Dans les deux cas, la réflexion sur la continuité liée à la notion de fonction qui a émergé au même moment s'adapte à une étude plus précise de la continuité des milieux physiques étudiés et de leurs mouvements.

En ce qui concerne les cordes vibrantes, les études ont ainsi pu dépasser, comme on l'a vu, les quelques modèles de courbes hérités de la géométrie (sinusoïde, trochoïde, etc.) pour généraliser à toute sorte de mouvement longitudinal, quelle que soit la forme initiale donnée à la corde. Plus tard, dans le cas des fluides, on a dépassé les modèles plus restrictifs de l'écoulement de fluides en tranches ou unidimensionnel (*tuyaux infiniment étroits*) pour arriver à la description plus générale du mouvement continu d'un élément infinitésimal quelconque du fluide dans trois dimensions, comme le résument les spécialistes de la question :

> « *Les équations aux dérivées partielles, développées mathématiquement en conjonction avec leur utilisation dans l'élaboration de la mécanique des fluides (par les travaux pionniers de d'Alembert suivis par ceux d'Euler), devinrent la "langue" de la physique des milieux continus et des champs [...]. Ces formes mathématiques devinrent le moyen indispensable de la pensée physique qui put ainsi étendre son domaine et ses objets*[392]. »

6.2.2. Modèles physiques

Cordes, fluides : du modèle corpusculaire newtonien à celui de continuité de la matière

Qu'en est-il des hypothèses physiques des savants de cette époque et qui servaient de base au développement de leurs opérations mathématiques ? On voit qu'il y a là aussi une évolution progressive des représentations. Le modèle newtonien de la gravitation entre corps sert de base, puis il est décliné et modifié progressivement jusqu'à devenir inadapté pour représenter les milieux continus.

Comme on l'a vu plus haut, d'Alembert dans ses premiers mémoires en 1747 sur les cordes vibrantes utilise le modèle suivant pour décrire l'objet physique qu'est une corde :

> « *Supposons que la corde [...] soit composée d'une infinité de petits poids ou corpuscules unis ensemble par des ressorts capables de dilatation*[393]. »

---

[392] Paty M. « La notion de grandeur et la légitimité de la mathématisation en physique », *De la philosophie à la physique*, 2001.

[393] D'Alembert, « Suites des recherches sur la courbe que forme une corde tendue mise en vibration », *Mémoires de l'Académie de Berlin*, année 1747, p. 245.

Lagrange, dans ses mémoires de 1759-1760 sur « *La nature et la propagation du son* » reprendra le modèle de l'alignement de corpuscules et, faisant référence à Newton, il établit un lien direct entre les cordes et les fluides comme suit :

> « *Je regarde avec M. Newton les fluides élastiques comme un amas de corpuscules qui se fuient mutuellement selon les lois connues de l'élasticité. Imaginons donc une suite de corps qui aient tous la même masse et qui soient rangés sur une même ligne droite à distances égales les unes des autres ; supposons de plus que ces corps se repoussent mutuellement par des forces élastiques qui suivent la raison inverse des distances et pour contenir l'action continuelle de ses forces de répulsions qui tendent sans cesse à écarter les corps les uns des autres, qu'on considère les deux extrêmes comme fixes et immobiles en sorte que quelques mouvements qu'on excite dans leur système, ils demeurent toujours enfermés entre les deux limites données*[394]. »

une suite de corps qui aient tous la même masse et qui soient rangés sur une même ligne droite à distances égales les unes des autres;

on considère les deux extrêmes comme fixes et immobiles en sorte que quelques mouvement qu'on excite dans leur système ils demeurent toujours enfermés entre les deux limites données

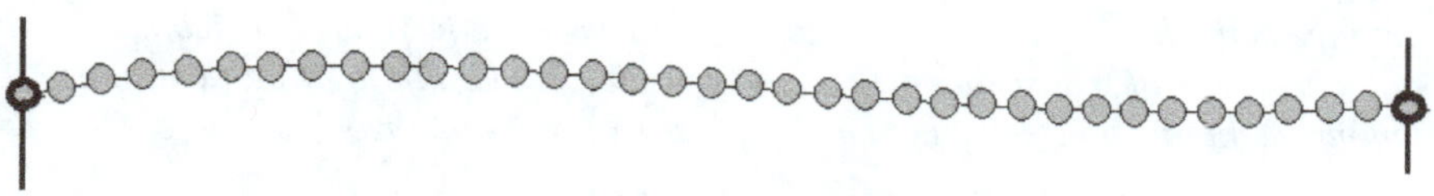

Pour Lagrange donc, la manière d'appréhender le mouvement d'une corde peut commencer par la considérer comme une fraction d'un fluide élastique. Le savant isole dans le fluide une suite de corps qui sont alignés et fixés à leur extrémité, et pour *traiter des causes qui peuvent produire de tels ébranlements dans les parties intimes des fluides élastiques*, il passe à l'étude du cas particulier des cordes vibrantes *dont les mouvements sont plus connus et qui sont peut-être les seuls de cette espèce qui ne se refusent pas à l'analyse.*

Plus loin dans les réflexions de Lagrange, l'alignement de corps liés entre eux et fixés à leur extrémité devient, par une sorte de processus de passage à la limite, la corde vibrante :

[394] Lagrange, « Recherches sur la nature et la propagation du son », *Miscellaneae taurinensia*, 1759, p. 58.

« Imaginons que le nombre de corps augmente à l'infini et que leur masse diminue en même raison, les globules rangés en ligne droite formeront des fibres élastiques telles qu'on peut les concevoir dans l'air commun, et la corde tendue deviendra une corde uniformément épaisse dans toute sa longueur, comme le sont les cordes de musique[395]. »

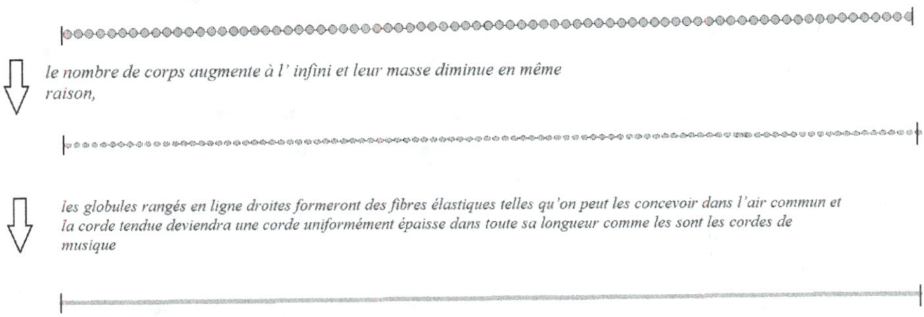

Par contre, chez Euler, on ne retrouve pas, pour l'étude des cordes vibrantes, le modèle d'un alignement de corpuscules tel qu'il existe chez d'Alembert et Lagrange. Le modèle physique d'inspiration newtonienne pour décrire une corde comme une infinité de corpuscules liés entre eux de manière unidimensionnelle et s'attirant ou se repoussant selon des forces élastiques est dépassé par Euler qui a une vision plus mathématique de la question en assimilant directement l'objet physique qu'est la corde à une courbe mathématique, ainsi, dans un de ses mémoires (1753), il présente le problème de la vibration des cordes comme suit :

« Voilà donc l'étendue qu'il faut donner à mon avis au problème sur le mouvement des cordes : Ayant donné à la corde une figure quelconque, soit algébrique, soit transcendante, soit même mécanique, il s'agit de déterminer le mouvement que poursuivra la corde après avoir été relâchée[396]. »

Par la suite, en ce qui concerne les fluides chez Euler, dans son premier mémoire sur les « principes généraux de l'état d'équilibre des fluides », c'est le modèle newtonien des corps s'attirant et se repoussant qui est d'abord envisagé par le savant : « Or, un amas de plusieurs corps solides déliés entre eux approche déjà davantage de la nature du fluide », dit-il, puis après avoir présenté une analogie entre particules du fluide avec un groupe de plusieurs sphères, Euler procède, comme le faisait plus haut Lagrange, avec le modèle des cordes, en opérant en quelque sorte un passage à la limite en assimilant le milieu continu qu'est le fluide à une infinité de sphères infiniment petites :

« Qu'on conçoive ces sphères infiniment petites et leur nombre infiniment grand et il pourra arriver que l'état d'équilibre demandera une infinité de forces, qui agissent de côté sur cet amas, de sorte que si une en manquait, l'équilibre serait

---

[395] *Ibid.*, p. 60.

[396] Euler, « Remarques sur les mémoires précédents de M. Bernoulli », *Mémoires de l'Académie de Berlin* de 1753, p. 201.

détruit. On pourrait aussi concevoir un tel arrangement parmi ces corpuscules que toutes les forces requises pour l'équilibre deviennent égales entre elles, ce qui représenterait exactement l'état d'un fluide[397]. »

Mais ce modèle est finalement repoussé par Euler, sur l'argument qu'un fluide après avoir été perturbé revient immédiatement à l'état d'équilibre, ce qui selon lui ne serait pas possible avec le modèle précédent. Euler débute donc son étude sur les fluides en posant clairement un modèle différent de celui des corpuscules newtoniens :

« *D'où il est clair que la fluidité ne saurait être expliquée par un amas de corpuscules solides, quand même on les supposerait infiniment petits, entièrement déliés entre eux et leur nombre infiniment grand*[398]. »

Plus tard, dans sa description du comportement des fluides dans son mémoire sur les « Principes généraux du mouvement des fluides » de 1757, Euler développe le modèle d'un parallélépipède isolé théoriquement dans le volume du fluide et ne fait plus référence à un modèle corpusculaire, les mouvements des fluides étant décrits de manière infinitésimale par des déplacements *continus* de la matière dans les trois directions du volume du fluide (*dx*, *dy*, *dz)*.

On voit donc qu'au XVIIIe siècle, le modèle newtonien de corpuscules, liés entre eux par des forces d'attraction mutuelles, analogue à l'attraction gravitationnelle entre corps, sert de base de réflexion et il est envisagé, tant chez d'Alembert que chez Lagrange et Euler, à des échelles microscopiques et sur une infinité de corpuscules pour décrire les mouvements d'élasticité.

Corpuscules qui, dans le cas des cordes, « *soient rangés sur une même ligne droite à distances égales les unes des autres* » donc, le long d'une dimension ou dans le cas des fluides, ces corpuscules sont alignés en envisageant un amas infiniment grand de corpuscules solides infiniment petits disposés dans les trois dimensions

Corpuscules alignés dans une dimension = Corde

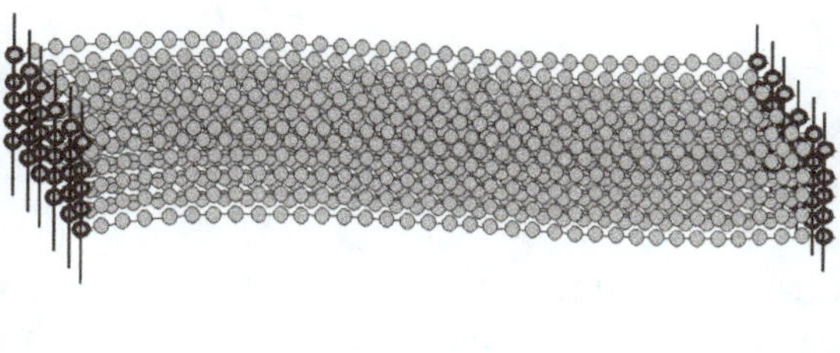

Corpuscules alignés dans trois dimensions = fluide

[397] Euler, « Principes généraux de l'état d'équilibre des fluides », *Mémoires de l'Académie de Berlin*, présenté en 1753 et publié dans les *Mémoires* de l'année 1757, p. 220.
[398] Euler, « Principes généraux de l'état d'équilibre des fluides », *Mémoires de l'Académie de Berlin*, année 1757, p. 220.

Chez Euler pourtant, l'importance de notion de *continuité* va changer cette approche. D'une part, en concomitance avec les réflexions sur la notion de *courbe continue/discontinue* pour décrire les cordes vibrantes, comme on l'a vu plus haut, d'autre part, en termes de *continuité de la matière* (dans le sens de ce qu'on appelle depuis la mécanique des milieux continus).

La notion de continuité l'emporte donc et permet de dépasser conceptuellement le modèle newtonien de corpuscules discrets, innombrables et infiniment petits qui était souvent à la base des réflexions physiques depuis les *Principia* de 1687.

Une nouvelle façon de décrire le mouvement est nécessaire pour l'étude des fluides

En ce qui concerne les mouvements des fluides, il y a donc chez Euler une évolution par rapport à l'étude de la vibration des cordes. Comme on l'a vu, l'approche choisie par Euler pour la description de la vibration des cordes est l'étude du mouvement des différents points physiques de la corde :

> « *Aussitôt que la corde sera lâchée de son état ALlB, la force tendant pressera d'abord vers la situation naturelle AB que tous les points atteindront ou à la fois ou en divers moments, par conséquent, la corde changera continuellement de figure et tous les points participeront au mouvement vibratoire jusqu'à ce que la résistance ait calmé toute l'agitation or, pour connaître parfaitement en quoi consiste ce mouvement, il suffira d'avoir assigné pour chaque temps l'état de la corde, c'est-à-dire sa figure. Car tandis que, d'un côté, on définit le changement de figure par la succession instantanée, on détermine en même temps, de l'autre, la vitesse de chaque point de la corde et ainsi, on parvient à la connaissance de tout le mouvement*[399]. »

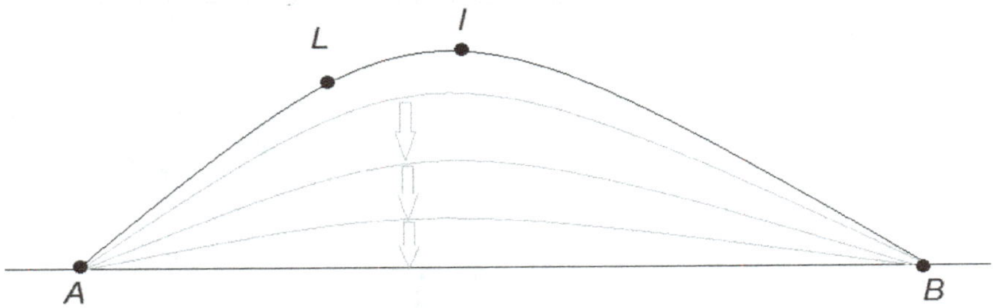

Par contre, en ce qui concerne les fluides, Euler, *pour développer les formules analytiques qui renferment les* « Principes des mouvements des

[399] Euler, « Sur la vibration des cordes », *Les Mémoires de l'Académie de Berlin* en 1750, p. 71.

fluides »[400], choisit une autre approche ; il ne cherche pas à décrire le mouvement des particules du fluide mais à isoler théoriquement un volume du fluide et décrire un certain nombre de paramètres en un endroit quelconque de ce fluide.

« *Quel que soit l'espace que le fluide occupe à présent, je commence par considérer un point quelconque Z qui se trouve dans la masse fluide [...] pour chaque point conçu dans la masse fluide, ces trois coordonnées* x, y, *et z auront des valeurs déterminées, et en donnant à ces trois coordonnées successivement toutes les valeurs possibles, tant positives que négatives, on parcourra tous les points de l'espace infini et, partant, aussi ceux de l'espace que le fluide occupe à chaque instant*[401]. »

Et en ce point Z, Euler envisage donc de décrire à chaque instant les conditions physiques : les forces accélératrices selon les trois directions de l'espace (P,Q,R), la chaleur (*r*), la densité (*q*), la pression (*p*) et les trois composantes de la vitesse du mouvement du fluide (*u*, *v*, *w*). C'est le début de la notion de champs.

« *Pour connaître bien le mouvement dont le fluide sera porté, il faut déterminer pour chaque instant et pour chaque lieu tant le mouvement que la pression du fluide qui s'y trouve*[402]. »

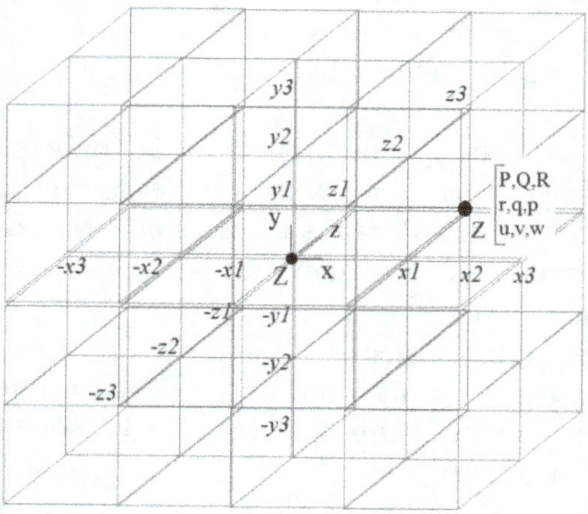

Pour n'importe quel point Z du fluide Euler decrit à chaque instant les conditions physiques :

- les forces accélératrices selon les trois directions de l'espace (P,Q,R),
- chaleur (*r*)
- densité (*q*)
- pression (*p*)
- les trois composantes de la vitesse du mouvement du fluide (*u*, *v*, *w*).

On a donc entre la description de la vibration d'une corde et celle du mouvement d'un fluide deux approches différentes. Pour la description du premier, Euler travaille sur les formules analytiques permettant de calculer la position d'un point physique de la corde en fonction du temps tandis que pour les fluides, Euler choisit de chercher les équations analytiques

---

[400] Euler, « Principes généraux des mouvements des fluides », *Mémoires de l'Académie de Berlin*, année 1757, p. 274.
[401] *Ibid.*, p. 276-277.
[402] *Idem.*

permettant de décrire la variation, l'état du système en un endroit Z du fluide.

Il est intéressant de voir comment la complexité *analytique* de la modélisation du mouvement d'un fluide est contournée par Euler en travaillant sur différents paramètres de ce fluide en un endroit théorique Z qui n'est pas un point-masse mais un *lieu.* Cette nouvelle approche a en fait un antécédent philosophique présenté par Euler dans un mémoire antérieur.

« Un corps dans une eau dormante » : mouvement dans un fluide et *lieu absolu* chez Euler

Euler publia dans *Les Mémoires de l'Académie de Berlin* en 1750, soit cinq ans avant son mémoire sur *Les Principes généraux des mouvements des fluides*, un mémoire intitulé « Réflexions sur l'espace et le temps ». Dans cet écrit plus philosophique, Euler compare les idées d'espace et de temps dans la mécanique et dans la métaphysique.

Il faut préciser qu'à cette époque, le terme *métaphysique* désignait une forme de connaissance des *principes* de toutes choses. La distinction faite entre corps de savoir à cette époque entre mathématique et métaphysique correspond à peu près à notre distinction actuelle entre mathématique et philosophie. Les idées sur l'espace et le temps qu'Euler attribue à la métaphysique correspondent à ce que nous avons vu dans les parties précédentes consacrées au « paysage philosophique » entourant la mathématisation.

La partie qui nous intéresse ici est celle où Euler réfléchit à la notion de *lieu.* Selon les idées qu'Euler avance dans ce mémoire sur l'espace et le temps, les métaphysiciens et les mécaniciens n'ont pas la même notion de ce qu'est le *lieu*. Nous n'allons pas reprendre ici la démonstration d'Euler mais plutôt nous intéresser aux représentations qu'il utilise.

Pour illustrer son propos, Euler utilise justement, dans son « Mémoire philosophique » de 1750 (mémoire 1), l'exemple d'un corps plongé dans un fluide et il emploie déjà la représentation qu'il utilisera ensuite en 1755 dans son « Mémoire de mécanique des fluides » (mémoire 2).

La présentation dans le mémoire 1 est comme suit :

> « *On doit soutenir qu'un corps A, étant environné des corps B, C, D, E, etc., tâchera de se conserver perpétuellement dans ce même voisinage*[403]. »

[403] Euler, « Réflexions sur l'espace et le temps », *Mémoires de l'académie de Berlin*, année 1750, p. 326.

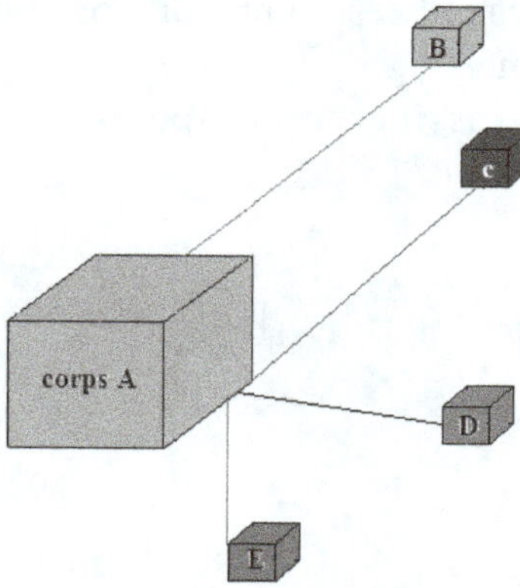

« *Supposons pour mieux fixer nos idées que le corps A soit dans une eau dormante et pendant qu'il demeure au même lieu, il demeurera aussi dans le même voisinage des particules d'eau*[404]. » Les particules d'eau sont l'équivalent des corps B, C, D, E des paragraphes précédents :

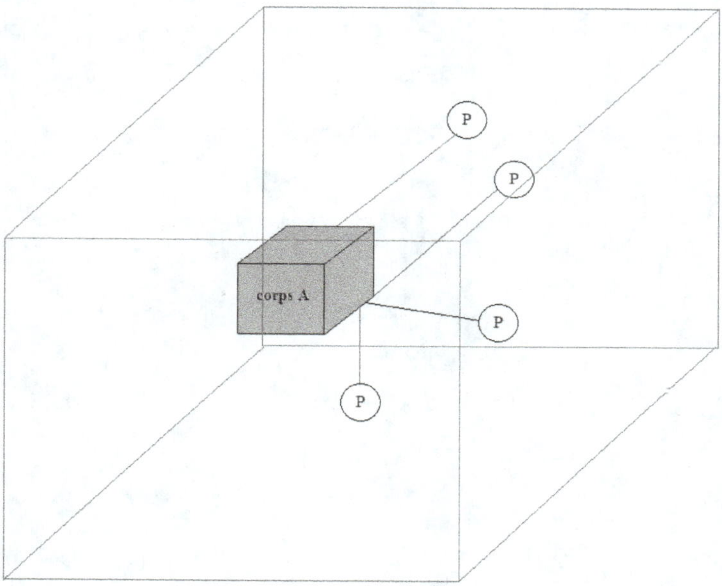

Corps A *"dans une eau dormante" et demeurant au "même voisinage des particules d'eau".*

Puis, Euler décrit un système où le corps A, quand l'eau commence à s'écouler, se comporte selon deux possibilités, soit il suit le fluide, soit il reste à la même place.

---

[404] *Ibid.*, p. 327.

- Dans le premier cas, il reste immobile par rapport aux particules de fluide l'environnant.
- Dans le deuxième cas, il change de position par rapport aux particules de fluide l'environnant.

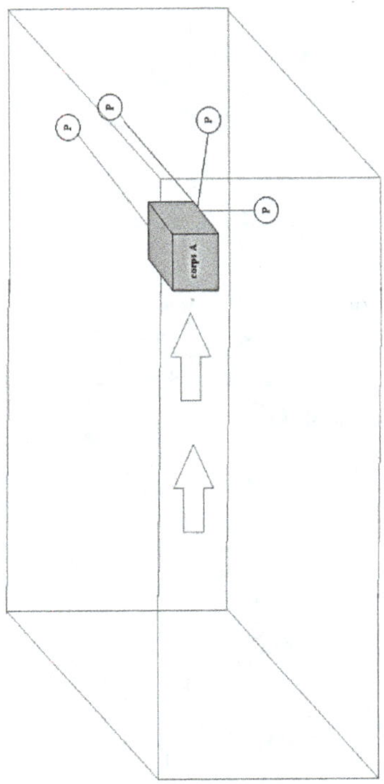

1ère hypothèse : le corps reste immobile par rapport aux particules de fluides qui l'environnent.

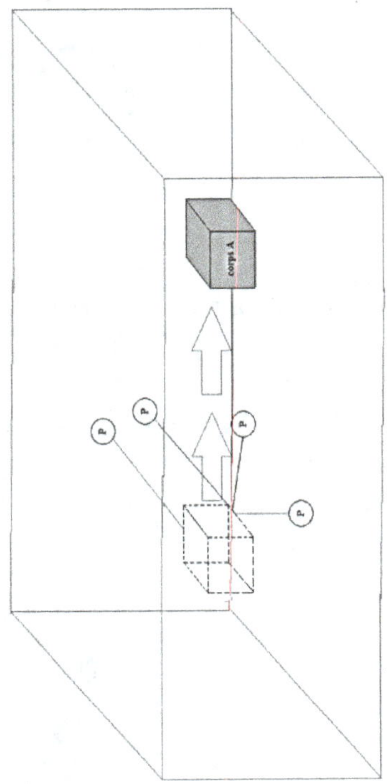

2ème hypothèse le corps change de postion par rapport aux particules de fluide qui l'environnent.

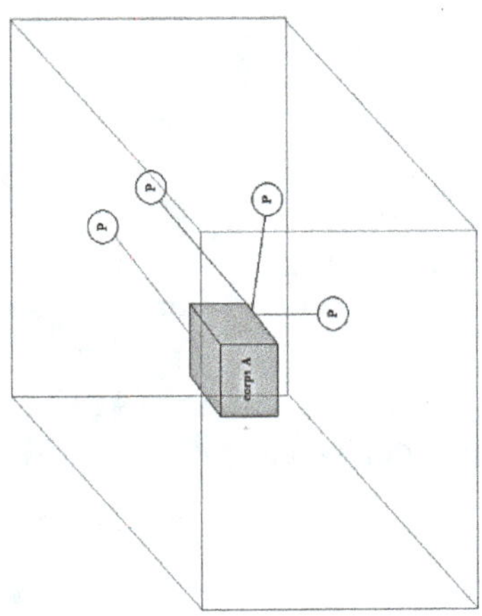

Corps A *"dans une eau dormante"* et *demeurant au "même voisinage des particules d'eau".*

Pour Euler (et donc, contre les métaphysiciens), le lieu occupé par le corps A est un *lieu absolu* et cette position existe en elle-même, indépendamment des corps qui l'entourent (particule d'eau P l'environnant, ou aux autres corps B,C,D,E, etc.)

« *Et partant, quand le mathématicien dit qu'un corps en repos reste dans le même lieu, par rapport à l'espace absolu : le métaphysicien dira que ce corps se conserve dans la même relation par rapport aux autres corps qui l'environnent*[405]. »

Ou encore,

« *La conservation de l'état des corps se règle sur le lieu, tel qu'on le conçoit dans la mathématique et point du tout sur le seul rapport aux autres corps. Or, on ne saurait dire que ce principe de mécanique soit fondu sur une chose, qui ne subsiste que dans notre imagination : et de là, il faut conclure absolument que l'idée mathématique du lieu n'est pas imaginaire, mais qu'il y a quelque chose de réel au monde, qui répond à cette idée. Il y a donc au monde, outre les corps qui le constituent, quelque réalité que nous nous représentons par l'idée de lieu*[406]. »

Le corps A, en se déplaçant, passera donc d'un *lieu absolu* à un autre *lieu absolu.*

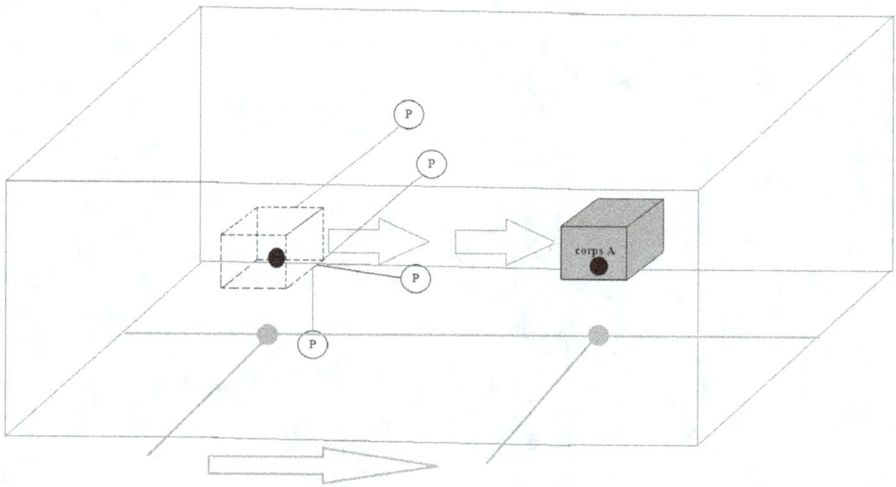

Mouvement du corps d'un "lieu absolu" vers un autre "lieu absolu".

Dans son mémoire 2, « Mémoire de mécanique des fluides » écrit cinq ans plus tard, Euler reprend les mêmes idées que dans son mémoire

405 Euler, « Réflexions sur l'espace et le temps », *Mémoires de l'Académie de Berlin*, année 1750, p. 326-327.
406 *Ibid.*, p. 329.

« Réflexions sur l'espace et sur le temps », il considère un point Z dans le fluide qui a trois coordonnées x, y, z.

> « *Quel que soit l'espace que le fluide occupe à présent, je commence par considérer un point quelconque Z qui se retrouve dans la masse fluide*[407]. »

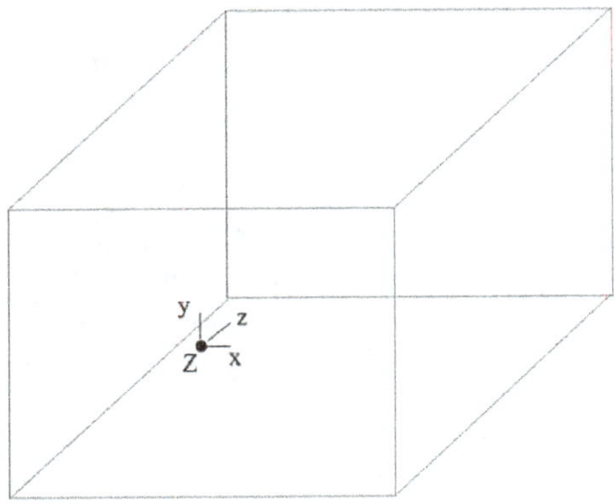

Puis, Euler continue :

> « *Pour chaque point conçu dans la masse fluide, ces trois coordonnées* x, y *et* z *auront des valeurs déterminées, et en donnant à ces trois coordonnées successivement toutes les valeurs possibles, tant positives que négatives, on parcourra tous les points de l'espace infini et, partant, aussi ceux que le fluide occupera en chaque instant*[408]. »

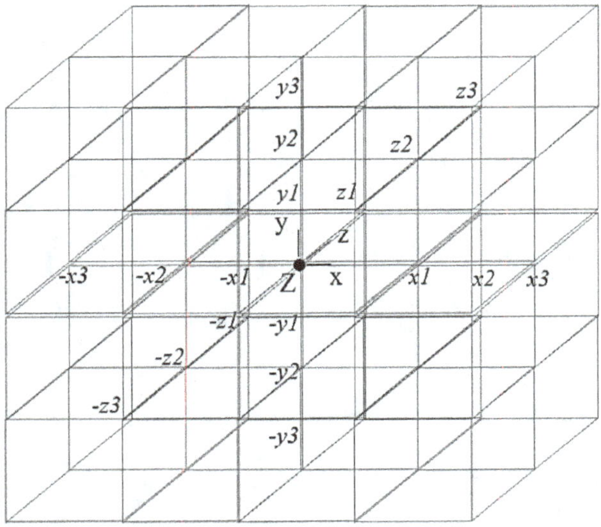

---

[407] Euler, « Principes généraux du mouvement des fluides », *Mémoires de l'Académie de Berlin*, communiqué par Euler en 1755 et publié dans les mémoires de l'année 1757, p. 276.
[408] *Ibid.*, p. 277.

Puis autour de ce point Z, Euler construit théoriquement un volume de fluide, lequel se déplacera d'un lieu à un autre comme se déplaçait le *corps A* dans son mémoire de 1750 :

« *Donc, si nous considérons un parallélépipède rectangle* ZPQRzpqr *formé des trois côtés ZP=*dx, *ZQ=*dy, *et ZR=*dz, *le fluide qui occupait cet espace sera transporté pendant le temps* dt *à remplir l'espace Z'P'Q'R'*z'p'q'r' *[...] car les côtés ZP, ZQ, ZR, étant transportés en Z'P', Z'Q',Z'R', on ne saurait douter que le fluide contenu dans le premier espace ne soit transporté dans l'autre espace pendant le temps* dt[409]. »

Ainsi, le parallélépipède ZPQR*zpqr* du mémoire de 1755 se déplace-t-il comme le corps A du mémoire de 1750 « *sur l'espace et sur le temps* ».

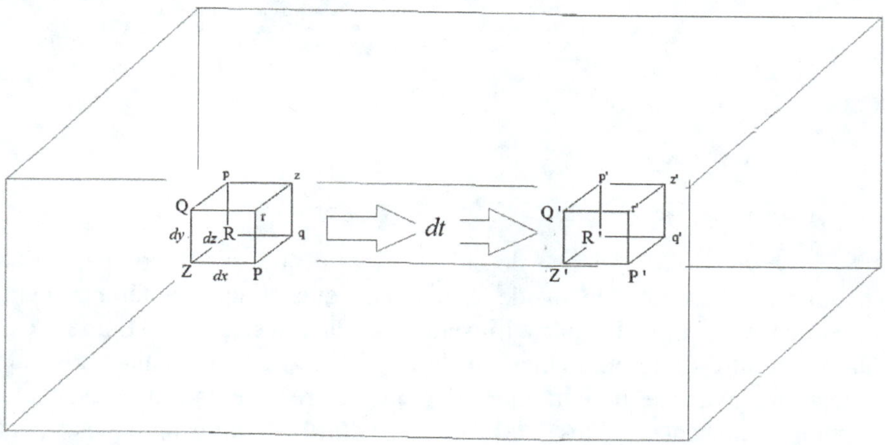

Nous retrouvons donc la même idée dans les deux mémoires. L'idée initiale générale du *corps* a évolué et est devenue un volume théorique isolé dans le fluide.

[409] Euler, « Principes généraux du mouvement des fluides », *Mémoires de l'Académie de Berlin*, année 1757, p. 282.

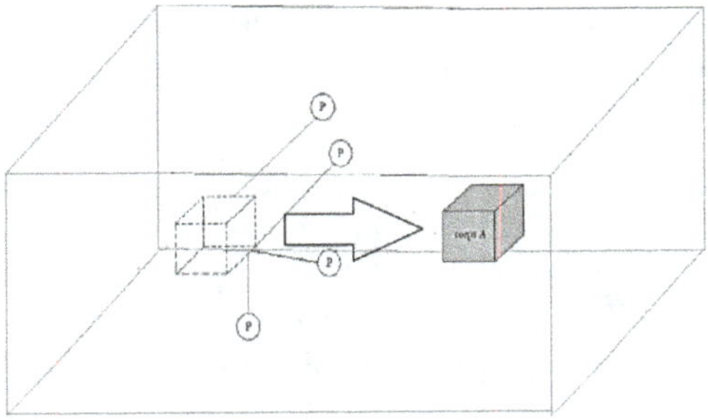

Représentation du mouvement d'un corps A d'un "lieu absolu" vers un autre dans l'exemple du comportement de ce corps A dans un fluide. Exposé dans le mémoire d'Euler de 1750 "reflexions sur l'espace et le temps".

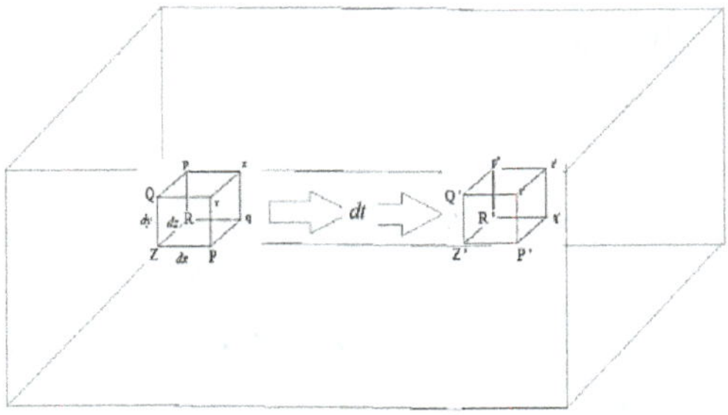

Representation du mouvement " *d'un parallélépipède rectangle* ZPQR*zpqr*" dans le mémoire d'Euler de 1755 sur les *"principes généraux des mouvements des fluides"*.

Nous voyons donc ici que des idées d'ordre philosophiques nées d'un débat entre Euler et les tenants de la métaphysique, conçues antérieurement, sont proches du modèle qu'il utilisera pour la physique des fluides. Cet exemple montre l'intérêt, même pour le XVIIIe siècle où la mathématisation est déjà bien avancée, de continuer d'étudier les représentations d'espace et de temps présentes dans des débats d'ordre philosophiques pour contextualiser ces avancées en mathématisation.

Après cet exemple de sujet commun à un débat philosophique et à la physique des fluides, continuons de voir les considérations sur les différents modèles physiques de fluides discutés par les savants dans les années 1750-1760.

Remarque sur ce nouveau modèle pour les fluides : Euler en opposition à Lagrange

L'étude de la dynamique des fluides pose donc aux savants du XVIIIe siècle un problème de modélisation. Le modèle newtonien de la gravitation entre particules n'est plus applicable directement car les savants du XVIIIe ne savent pas si la structure interne des fluides permet de l'appliquer. Aussi bien d'Alembert qu'Euler notent ce problème dans les introductions de leurs travaux sur les fluides. Dans la préface de son traité *De l'équilibre et du mouvement des fluides* de 1744, d'Alembert note :

> « *Si on connaissait la figure et la disposition mutuelle des particules qui comportent les fluides, il ne faudrait point d'autres principes que ceux de la mécanique ordinaire, pour déterminer les lois de leur équilibre et de leur*

mouvement [...], mais comme nous ignorons la forme et la disposition des particules fluides, la détermination des lois de leur équilibre et de leur mouvement est un problème qui, envisagé comme purement géométrique, ne contient pas assez de données et pour la solution duquel on est obligé d'avoir recours à de nouveaux principes[410]. »

Entendre par là que les modèles physico-mathématiques applicables ont atteint leurs limites et qu'il faut envisager de nouvelles représentations physiques.

Plus tard, Euler dans son mémoire de 1757 note aussi cette question de modélisation pour étudier ce nouveau champ de la physique :

« *Or, tout revient à bien fixer la première idée, sur laquelle doivent être fondés tous les raisonnements, que nous aurons à faire pour parvenir à notre but : c'est l'idée de la fluidité en général [...] Il s'agit de connaître la différence véritable qui distingue les fluides des solides, ce qui est une question bien agitée entre les philosophes et les physiciens ; mais de tout ce qu'ils en ont dit, nous ne saurions rien déduire qui fut propre à notre dessein. Que les moindres particules d'un fluide n'aient aucune liaison entre elles et qu'elles se trouvent dans un mouvement continuel est peut-être vrai, mais cette vérité serait absolument stérile par rapport aux recherches dont il est question. Il faut pour cet effet approfondir bien davantage la nature des corps fluides*[411]. »

Les deux savants notent donc la nécessité d'une approche macroscopique puisque la structure fine de la matière échappe à la connaissance. D'Alembert en 1744 présente le problème comme suit :

« *Les particules du fluide étant des corps, il n'est pas douteux que le principe de la force d'inertie et celui du mouvement composé ne conviennent à chacune de ces parties, il en serait de même du principe de l'équilibre si on pouvait comparer séparément les particules fluides entre elles mais nous ne pouvons comparer ensemble que des masses dont l'action mutuelle dépend de l'action combinée de différentes parties qui nous sont inconnues : l'expérience seule peut nous instruire sur les lois fondamentales de l'hydrostatique*[412]. »

Et Euler de rajouter plus tard, toujours dans son mémoire sur les fluides de 1757 que :

« *La fluidité ne saurait être expliquée par un amas de corpuscules solides, quand même on les supposerait infiniment petits, entièrement déliés entre eux et leur nombre infiniment grand*[413]. »

Par contre, la manière de Lagrange d'envisager les fluides diffère des deux savants précédents ; en effet, celui-ci s'attache à décrire le

---

[410] D'Alembert, 1744, *Traité de l'équilibre et du mouvement des fluides*, p. viij.

[411] Euler, 1757, « Principes généraux de l'état d'équilibre des fluides », *Mémoires de l'Académie de Berlin*, présenté en 1753 et publié en 1757, p. 219.

[412] D'alembert, 1744, p. viij.

[413] Euler, « Principes généraux de l'état d'équilibre des fluides », *Mémoires de l'Académie de Berlin*, 1757, p. 220.

comportement individuel des particules des fluides en fonction du temps. C'est cette approche qu'il soutient et qu'il utilise dans ses premiers travaux sur les fluides de 1760 qui sont en fait l'application de sa méthode mathématique *pour déterminer les maxima et les minima des formules intégrales indéfinies*. Les différents chapitres traitant des fluides font appel au modèle *d'un système quelconque de corpuscules* dont le système d'équation analytique qu'il développe s'attache à décrire la position en fonction du temps[414]. Pour Lagrange, il n'y a pas de changement d'approche comme chez d'Alembert et Euler, et chez ce savant, un fluide est considéré comme une forme spéciale d'accumulation de corps solides.

Ceci sera présenté plus explicitement encore dans sa description plus tardive des principes d'hydrostatique dans sa *Mécanique analytique* de 1788 où Lagrange prend clairement le contre-pied de l'approche macroscopique traitant de masse globale en équilibre et se concentre sur l'étude du mouvement des particules du fluide :

> « *Le principe de l'égalité de pression en tous sens est donc jusqu'ici le fondement de la théorie de l'équilibre des fluides, et il faut avouer que ce principe renferme, en effet, la propriété la plus simple et la plus générale que l'expérience ait fait découvrir dans les fluides en équilibre. Mais la connaissance de cette propriété est-elle indispensable dans la recherche des lois de l'équilibre des fluides ? Et ne peut-on pas dériver ces lois directement de la nature même des fluides considérés comme des amas de molécules très déliées, indépendantes les unes des autres, et parfaitement mobiles en tous sens ?* »[415]

Dans sa volonté unificatrice de rassembler toute la mécanique sous quelques grands principes et de la formaliser entièrement par l'*Analyse*, le savant pousse à l'extrême le modèle de mécanique rationnelle basé sur l'étude du comportement des corps (ici, multipliés à l'infini, microscopique, sans liaison, etc.) selon le modèle newtonien, et contrairement à Euler et d'Alembert, il évite de poser de nouvelles hypothèses physiques venant de *l'expérience.*

Ces deux approches aboutiront donc à deux manières de décrire les fluides qui ont été résumées par A. Dahan Dalmedico comme suit :

> « *– Les équations d'Euler permettent de déterminer à chaque instant l'état de mouvement du fluide en un point donne de l'espace [...] ;*
>
> *– Mais quand on veut déterminer à chaque instant la position occupée par un point matériel du fluide, ce sont les équations de Lagrange qui sont les plus*

[414] Lagrange, « Application de la méthode exposée dans le mémoire précédant à la solution de différents problèmes de dynamique », *Miscellanea taurinensia*, 1760-1761, chapitres XL à LII.
[415] Lagrange, *Mécanique analytique*, 1788, p. 172.

adaptées. Elles permettent directement de suivre le mouvement de ce point choisi et fixe dans le fluide, et conduisent aux trajectoires des éléments du fluide[416]. »

Si on veut replacer ces différences de conceptions dans un cadre épistémologique en lien avec la philosophie de la connaissance à cette époque, on peut remarquer deux choses : premièrement, d'un point de vue de la classification des sciences telle qu'elle se présentait au XVIIIe siècle, chez d'Alembert et Euler, du fait de la nécessité de formuler de nouvelles hypothèses expérimentales pour l'appréhender, la mécanique des fluides est plus une science expérimentale, tandis que pour Lagrange, elle se déduit naturellement de la mécanique rationnelle. Deuxièmement, en ce qui concerne le lien avec la théorie de la connaissance à cette époque[417], Kant en 1786 dans ces *Principes métaphysiques de la science de la nature* départagera ce type de connaissances en *connaissance rationnelle appliquée* et *connaissance pure de la nature*.

6.3. Propagation du son : entre cordes vibrantes et fluides

Il est à noter que l'étude sur la propagation du son est, historiquement et conceptuellement, à mi-chemin entre les travaux sur les cordes vibrantes et ceux sur les fluides.

6.3.1. Propagation du son dans une dimension et *fibre sonore*

Les trois mémoires d'Euler sur la propagation du son ont fait l'objet de présentation à l'Académie de Berlin en 1759, puis ont été publiés à la suite dans les *Mémoires*[418] de cette académie en 1766. Les travaux de Lagrange *Sur la nature et la propagation du son* ont été publiés dans les mélanges de l'Académie de Turin en 1759 et 1760-1761. Dans le premier de ses trois mémoires, Euler fait référence aux travaux de Lagrange.

On peut rappeler au passage pour l'aspect historique que ces *Mémoires de l'Académie des sciences de Turin* de 1759 sur la propagation du son ont été un des tout premiers écrits scientifiques de Lagrange à d'Alembert. Le savant philosophe salue d'ailleurs ces premiers travaux du jeune savant

---

[416] A. Dahan-Dalmedico, *Mathematisation, Augustin Louis Cauchy et l'école française*, 1992, p. 56.

[417] Cf. Annexe 1 de notre texte.

[418] Euler : « De la propagation du son », présenté à l'Académie de Berlin le 1er nov. 1759, publié en 1766, dans les *Mémoires de l'Académie des sciences de Berlin*, vol. 15, p. 185-209.
Euler : « Supplément aux recherches sur la propagation du son », présenté à l'Académie de Berlin le 13 décembre 1759, publié comme le précédent mémoire en 1766, dans les *Mémoires de l'Académie des sciences de Berlin*, vol. 15, p. 210-240.
Euler : « Continuation des recherches sur la propagation du son », publié à la suite des deux précédents mémoires en 1766, dans les *Mémoires de l'Académie des sciences de Berlin*, vol. 15, p. 241-264.

piémontais, de 19 ans son cadet, et termine sa lettre à Lagrange du 27 septembre 1759 par un encourageant et prémonitoire :

> « *Adieu, Monsieur, vous êtes destiné, si je ne me trompe pas, à jouer un grand rôle dans les sciences, et j'applaudis d'avance à vos succès*[419]. »

Sur le plan épistémologique, on note que pour l'étude de la propagation du son, les savants de l'époque sont partagés entre deux modèles physiques. Ils envisagent le son comme propagé par le mouvement des particules de l'air, et le déplacement de ces particules est envisagé selon le modèle d'un fluide mais, d'autre part, les savants se concentrent sur l'*origine* du son et, pour cela, passent généralement par l'objet physique solide de la corde de musique et de sa vibration qui entraîne le déplacement initial des *particules de l'air*. Il y a donc, d'un côté, le modèle de la corde vibrante et, de l'autre, le modèle du fluide, le son est le résultat de l'action de l'une sur l'autre.

En effet selon Lagrange en 1759, dans un premier lieu :

> « *Le son ne consistant que dans de certains ébranlements imprimés aux corps sonores, et communiqués au milieu élastique qui les environne, ce n'est que par la connaissance des mouvements de ce fluide qu'on peut espérer découvrir sa véritable nature, et déterminer les lois qu'il doit suivre dans sa propagation*[420]. »

Puis plus loin, il imagine que les particules des fluides qui sont impliquées dans la propagation du son se constituent en ce qu'il appelle une *fibre sonore* qui va se comporter, en fait selon lui, de la même manière qu'une corde vibrante :

> « *Je doute qu'on puisse jamais réduire le problème sur les mouvements de l'air qui produisent le son à un énoncé plus simple que celui-ci, savoir : Étant donné un nombre infini de particules élastiques rangées en ligne droite, qui se soutiennent en équilibre en vertu de leurs forces mutuelles de répulsion, déterminer les mouvements que ces particules doivent suivre dans le cas qu'elles aient été, comme que ce soit, dérangées sans sortir de la même droite.[...] En examinant les équations trouvées d'après ces seules données, je me suis bientôt aperçu qu'elles ne différaient nullement de celles qui appartenaient au problème des* chordis vibrantibus, *pourvu qu'on suppose les mêmes corpuscules disposés de la même manière dans un cas que dans l'autre ; d'où il s'ensuit qu'en augmentant leur nombre à l'infini, et diminuant les masses dans la même raison, le mouvement d'une fibre sonore dont les particules élastiques se touchent mutuellement doit être comparé à celui d'une corde vibrante correspondante*[421]. »

La *fibre sonore* ou *fibre aérienne* sera le modèle central des mémoires de Lagrange sur la propagation du son.

---

[419] *Œuvres de Lagrange*, tome XIII, section 6, correspondance de Lagrange avec d'Alembert, Paris, 1882. p. 4.

[420] Lagrange, « Recherches sur la nature et la propagation du son », *Miscellanea taurinensia*, 1759, p. 39.

[421] *Ibid.*, p. 44.

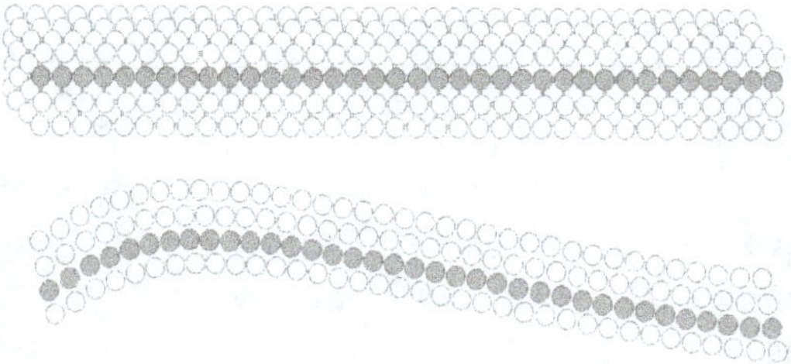

air composé d'un empilement de particules comme dans un fluide.

⇩

le son dérange ces particules dont le mouvement est alors comparable au modèle de la corde vibrante, c'est la *"fibre sonore"*.

Euler, dans le premier de ses mémoires[422] de 1766, étudie aussi la propagation du son en ligne droite et pose les conditions expérimentales particulières afin que *les circonstances auxquelles il faut appliquer le calcul soient parfaitement déterminées,* et il pose le système physique suivant :

« *Je ne considère qu'une seule étendue de l'air suivant la ligne droite AE, tout comme si l'air était renfermé dans un tuyau infiniment mince AE que je supposerai de plus bouché aux deux extrémités A et E*[423]. »

L'équation lui permettant de décrire le déplacement d'une particule d'air en fonction du temps sera aussi une équation d'onde du même type que celles des cordes vibrantes[424].

6.3.2. Analogie avec les cordes vibrantes, possibilité de modélisation des deux phénomènes par des fonctions discontinues

On peut noter que les travaux physico-mathématiques sur la propagation du son, tant dans le mémoire de 1761 de Lagrange que dans le premier mémoire de Euler présenté en 1759, sont aussi l'occasion pour les deux savants de développer de nature plus théorique et, en particulier, de travailler sur la notion de fonction discontinue.

Ainsi, Lagrange adjoint-il à son deuxième mémoire de 1761 *Nouvelles recherches sur la nature et la propagation du son* un chapitre purement mathématique consacré aux *fonctions irrégulières et discontinues* et sur *la nature et l'usage de ces fonctions*.

Tandis qu'Euler note aussi à son tour dans ses mémoires l'importance de cette nouvelle approche en analyse qui est la seule permettant de modéliser les phénomènes étudiés :

« *Ce n'est donc que l'adresse d'introduire des quantités discontinues dans le calcul qui nous peut conduire à la solution cherchée. Cela peut se faire d'une*

---

[422] Euler : « De la propagation du son », *Mémoires de l'Académie des sciences de Berlin*, vol. 15, p. 185-209. publié en 1766, mais présenté à l'Académie de Berlin en novembre 1759.

[423] *Ibid.*, p. 190.

[424] L'équation donnée par Euler est de la forme $\left(\frac{ddy}{dt^2}\right) = 2gh\left(\frac{ddy}{dx^2}\right)$ à rapprocher de l'équation sur les cordes vibrantes $\left(\frac{ddy}{dt^2}\right) = cc\left(\frac{ddy}{dx^2}\right)$ qu'il utilisait dans ses mémoires de 1750.

manière semblable à celle dont j'ai déterminé le mouvement d'une corde, à laquelle on aura donné au commencement une figure quelconque inexplicable par aucune équation[425]. »

Ainsi donc pour Euler, « *le mouvement d'une corde qui au commencement n'a été ébranlé que dans une partie* » et « *l'ébranlement dans une seule particule d'air pendant que les autres demeurent en repos* », pour la propagation du son en ligne droite, relèvent du même modèle physico-mathématique qu'il est possible de décrire par l'analyse au moyen des fonctions *discontinues*.

Le modèle physico-mathématique corde vibrante/courbe discontinue est donc étendu par Lagrange et Euler à la propagation du son dans l'air.

Pour Lagrange, cette application du modèle des cordes vibrantes passe par l'intermédiaire du modèle de la *fibre sonore,* sorte d'objet théorique analogue à une corde vibrante constituée d'*un nombre infini de particules élastiques rangées en ligne droite, qui se soutiennent en équilibre en vertu de leurs forces mutuelles de répulsion.*

Pour Euler, le modèle applicable aux *chordis vibrantibus* est aussi applicable aux déplacements des particules d'air *dans une étendue de l'air en ligne droite* comme dans un *tuyau infiniment mince*.

La barrière conceptuelle, qui existait initialement à propos de la possibilité d'associer toute sorte de mouvements physiques même *discontinus ou irréguliers* aux procédures de l'*analyse* et qui avait fait controverse notamment entre Euler et d'Alembert à propos des cordes vibrantes, a été bel et bien dépassée, et l'approche fonctionnelle, pour décrire toute sorte de mouvements dans autant de dimension qu'on veut, a été confortée par les études sur la propagation du son.

6.3.3. Propagation du son dans deux, puis trois dimensions

Les trois mémoires d'Euler de 1766 sur la propagation du son développent donc *l'analyse* permettant de modéliser la propagation du son respectivement dans une, deux puis trois dimensions. Les équations différentielles aux dérivées partielles développées initialement lors des travaux sur les cordes vibrantes se déclinent donc dans le cas de la propagation du son pour aboutir aux formes suivantes de systèmes d'équations avec respectivement deux et trois variables spatiales, ce qui s'écrit en notations de l'époque :

Pour la propagation du son en fonction du temps (t) dans deux dimensions de l'espace[426] (x,y):

[425] Euler : « De la propagation du son », *Mémoires de l'Académie des sciences de Berlin*, 1766, vol. 15, p. 186.

[426] Euler, « Supplément aux recherches sur la propagation du son », *Mémoires de l'Académie des sciences de Berlin*, 1766, vol. 15, p. 210.

$$\frac{1}{2gh}\left(\frac{ddy}{dt^2}\right) = \left(\frac{ddy}{dX^2}\right) + \left(\frac{ddy}{dXdY}\right)$$
$$\frac{1}{2gh}\left(\frac{ddy}{dt^2}\right) = \left(\frac{ddy}{dY^2}\right) + \left(\frac{ddy}{dXdY}\right)$$

Pour la propagation du son en fonction du temps (t) dans trois dimensions de l'espace[427] (x,y,z):

$$\frac{1}{2gh}\left(\frac{ddy}{dt^2}\right) = \left(\frac{ddy}{dX^2}\right) + \left(\frac{ddy}{dXdY}\right) + \left(\frac{ddz}{dXdZ}\right)$$
$$\frac{1}{2gh}\left(\frac{ddy}{dt^2}\right) = \left(\frac{ddy}{dXdY}\right) + \left(\frac{ddy}{dY^2}\right) + \left(\frac{ddz}{dYdZ}\right)$$
$$\frac{1}{2gh}\left(\frac{ddy}{dt^2}\right) = \left(\frac{ddy}{dXdZ}\right) + \left(\frac{ddy}{dYdZ}\right) + \left(\frac{ddz}{dZ^2}\right)$$

Ces avancées mathématiques sur des systèmes d'équations différentielles aux dérivées partielles sont donc, comme on l'a vu, le résultat de travaux portant initialement sur des problèmes physico-mathématiques concrets. Comme le dit N. I Simonov : « *Les problèmes d'analyse les plus importants sont, d'après Euler, ceux qui sont directement liés au contenu physique du problème*[428]. »

Lagrange a aussi pour sa part un souci du lien entre la théorie mathématique et l'explication physique d'une question étudiée et il se soucie de ce sujet dès les premières lignes de ses travaux sur le son en 1759 :

« *Quoique la science du calcul ait été portée dans ces derniers temps au plus haut degré de perfection, il ne paraît cependant pas qu'on se soit beaucoup avancé dans l'application de cette science aux phénomènes de la nature*[429]. »

Et le savant de conclure son étude sur la propagation du son par la justification suivante :

« *Je suis bien éloigné de croire qu'elle contienne une théorie complète sur la nature et la propagation du son ; mais ce sera du moins avoir contribué à l'avancement des sciences physico-mathématiques que d'avoir démontré par le calcul plusieurs vérités qui avaient jusqu'ici paru inexplicables dans la nature, et l'accord de mes résultats avec l'expérience servira peut-être à détruire les préjugés de ceux qui semblent désespérés que les mathématiques ne puissent jamais porter de vraies lumières dans la physique*[430]. »

---

[427] Euler, « Continuation des recherches sur la propagation du son », *op. cit.*, p. 241.

[428] N. I. Simonov, « Sur les recherches d'Euler dans le domaine des équations différentielles », *Revue d'histoire des sciences et de leurs applications*, 1968, tome 21, n° 2, p. 150.

[429] Lagrange, « Recherches sur la nature et la propagation du son », *Miscellanea taurinensia*, 1759, p. 39.

[430] *Ibid.*, p. 46.

On retrouve donc bien chez Euler et Lagrange pour ces recherches sur le son dans les années 1760 cette même approche intellectuelle soucieuse d'une relation étroite entre *Calcul* et *Nature,* sujet sur lequel d'Alembert avait aussi étendu ses réflexions épistémologiques, comme on l'a vu plus haut, lors de ses recherches sur les cordes vibrantes.

Nous avons donc vu, à travers ces travaux sur les cordes vibrantes, les fluides et la propagation du son, une progression de la mathématisation dans les années 1740-1760.

D'un modèle initial de la courbe formée par une corde en vibration cantonnée à une représentation sinusoïdale, nous avons vu le passage à la formulation plus générale d'équation d'onde qui modélisera la propagation du mouvement dans la direction longitudinale du modèle de la corde. Les travaux sur ce sujet ont permis ensuite de produire des équations dans lesquelles entraient en compte un nombre croissant de dimensions d'espace plus la dimension de temps. L'étude des différentes possibilités de variation de ces dimensions les unes par rapport aux autres a contribué, en mathématiques, au développement du domaine des équations différentielles aux dérivées partielles.

Parallèlement, les exemples des phénomènes physiques ont également fait progresser les idées sur la continuité et ont permis de préciser l'objet mathématique de fonction et son domaine d'application. À partir de ces années du milieu du XVIIIe, on commencera à envisager systématiquement les courbes venant des phénomènes physiques au moyen de la théorie mathématique des fonctions.

Les modèles physiques de la matière eux aussi ont évolué, l'étude du comportement de *corps* individuels est devenue trop complexe du fait des modèles considérant un nombre croissant de corps et d'interactions entre eux. Une vision de systèmes, à la fois plus macroscopiques et plus continus, pour comprendre la matière est devenue nécessaire. À la description du mouvement individuel de *corpuscules* se rajoute une autre approche, l'étude des données générales (température, compressibilité, etc.) d'un système (fluide, solide). À la fin du XVIIIe siècle, cette approche expérimentale deviendra prédominante. Elle se déclinera de manière croissante autour de la notion de fluide avec notamment les modèles de fluides calorique, électrique, magnétique. D'un point de vue plus général, nous avons vu aussi que le modèle du fluide a aussi servi à Euler pour comparer l'espace et le temps des métaphysiciens de ceux des mathématiciens. Voyons donc maintenant les idées des différents philosophes contemporains de ces travaux de physico-mathématique.

7. PAYSAGE PHILOSOPHIQUE ENTOURANT LE PROCESSUS DE MATHÉMATISATION DANS LES DÉCENNIES 1730-1760

Nous avons vu plus haut les considérations philosophiques inspirées par la philosophie naturelle et les mathématiques au philosophe Berkeley dans les années 1710. Chronologiquement, viennent ensuite les écrits d'un autre penseur de langue anglaise, David Hume. Comme chez tous ses prédécesseurs, qu'ils soient mathématiciens, philosophes ou les deux à la fois, une réflexion se fait chez Hume sur deux questions : d'une part, les dimensions d'espace et de temps et, d'autre part, le fonctionnement de *l'entendement.*

Hume produira deux principaux écrits sur ces sujets à plusieurs années d'intervalle : *Le traité de la nature humaine* de 1739 dont le livre I traite de *L'entendement* et *l'enquête sur l'entendement humain* publié en 1758. Le premier traité de Hume est donc contemporain du traité *Mechanica* de Euler (1736). Le second est de l'époque de l'étude des cordes vibrantes et du mémoire d'Euler « Réflexions sur l'espace et le temps » de 1750.

Dans le livre I consacré à l'*entendement* dans son *Traité de la nature humaine,* Hume dédie entièrement sa deuxième partie aux *idées d'espace et de temps*.

Hume, l'espace et le temps dans le *Traité de la nature humaine* de 1739

On sait que Hume n'avait pas une grande pratique des mathématiques ou des sciences qui y étaient liées, ceci transparaît dans sa préface du *Traité de la nature humaine* de 1739. Hume y souligne l'éloignement selon lui des mathématiques par rapport à l'Homme :

« *Il est évident que toutes les sciences sont plus ou moins reliées à la nature humaine et que, si loin que certaines d'entre elles puissent en paraître s'en écarter, elles y reviennent toujours par une voie ou une autre. Même les mathématiques, la philosophie naturelle et la religion naturelle dépendent, dans une certaine mesure, de la science de l'HOMME*[431]*, puisqu'elles relèvent de la*

[431] Majuscules de l'auteur.

compétence des hommes et que ce sont leurs forces et leurs facultés qui en jugent[432]. »

D'autres sciences, selon Hume, sont plus « *intimement liées à la nature humaine* » comme la *logique*, la *morale*, la *critique* et la *politique*. Pourtant, Hume reconnaît que la méthodologie prônée au début par Bacon et qui, on le rappelle, préconise que l'entendement guide l'observation des faits de la nature, est antérieure dans la *philosophie naturelle* à la *philosophie morale,* et celle-ci doit prendre exemple sur celle-là :

> « *Considérer que la philosophie expérimentale s'applique aux sujets moraux plus d'un siècle après avoir été appliquée aux sujets naturels n'est pas une réflexion étonnante, puisque nous constatons en fait qu'il y a eu à peu près le même intervalle entre les commencements respectifs de ces deux sciences et que l'on compte, de THALÈS à SOCRATE, un temps à peu près égal à celui qui sépare Lord BACON de certains philosophes anglais récents*[433]. »

Dans sa partie II du traité, consacrée aux idées d'espace et de temps, Hume les aborde par le biais de la notion d'indivisibilité. Le philosophe traite indifféremment du temps et de l'espace et des *idées* de temps et d'espace ; selon lui, ce qui est valable pour les premières (idées) est valable pour les seconds (objets) :

> « *Chaque fois que les idées sont des représentations adéquates des objets, les relations, les contradictions et les accords entre les idées sont tous applicables aux objets et nous pouvons observer en général que tel est le fondement même de toute connaissance humaine*[434]. »

En ce qui concerne l'*étendue*, pour Hume, il n'est pas concevable qu'une étendue finie puisse être divisée en un nombre infini de parties. Pour ce qui est du temps, il est aussi composé d'éléments distincts et indivisibles :

> « *Il est donc certain que le temps, puisqu'il existe, doit être composé de moments indivisibles. En effet, si, dans le temps, on ne pouvait jamais parvenir au terme de la division et si chaque moment, lorsqu'il succède à un autre, n'était pas parfaitement isolé et indivisible, il y aurait coexistence d'un nombre infini de moments, ou des parties du temps, ce qui, je crois, peut être regardé comme une contradiction patente*[435]. »

L'élément unitaire de temps ou d'espace est comparé, par Hume, à l'unité par rapport au nombre. Pour Hume, il doit exister une unité indivisible dont l'addition constitue les nombres.

---

[432] Hume, 1739, *Traité de la nature humaine*, p. 33 de l'édition GF de 1995.
[433] *Ibid.*, Dans les « *philosophes anglais récents* », Hume cite en premier John Locke.
[434] *Ibid.*, p. 79.
[435] *Ibid.*, p. 81-82.

« *L'unité qui peut exister seule et dont l'existence est nécessaire à celle de tout nombre [...] il faut qu'elle soit parfaitement indivisible et il doit être impossible de la ramener à une unité plus petite*[436]. »

Pour le philosophe, c'est l'idée de disposition relative ou de coexistence qui est relative à l'étendue, tandis que c'est l'idée de succession qui est relative au temps.

« *C'est de la disposition des objets visibles et tangibles que nous recevons l'idée d'espace*[437]. »

« *Le temps ne peut se présenter à l'esprit, ni seul ni accompagné d'un objet stable et invariable, mais qu'il est toujours découvert grâce à la succession perceptible d'objets susceptibles de changer*[438]. »

Ou encore :

« *Il est évident que le temps, ou la durée, est composé de parties différentes, s'il en était autrement, nous ne pourrions concevoir une durée plus longue ou moins longue. Il est aussi évident que ces parties ne peuvent coexister car cette qualité de coexistence des parties appartient à l'étendue, et c'est ce qui la distingue de la durée*[439]. »

Dans le cadre de ses réflexions sur la *durée* et l'*étendue*, Hume se réfère de nombreuses fois aux idées mathématiques de son époque et notamment aux indivisibles qui, comme on l'a vu plus haut, n'étaient plus considérés en mathématiques et avaient laissé la place aux infinitésimaux. Hume voit un paradoxe dans ce rejet des indivisibles :

« *Une surface termine un solide, une ligne termine une surface, un point termine une ligne. Cependant, j'affirme que si les idées de point, de ligne ou de surface n'étaient pas indivisibles, il nous serait impossible de jamais concevoir ces terminaisons*[440]. »

D'autres idées mathématiques que Hume utilise dans ses raisonnements sont l'idée de comparaison. Comparaison qui permet de déterminer que deux entités géométriques (ligne ou surface) sont égales, supérieures ou inférieures ; ou encore comparaison entre deux lignes courbes ou droites. Pour le philosophe anglais, il n'est pas possible d'avoir dans ces comparaisons autre chose qu'une « *notion obscure et implicite* ». L'homme voit ce qui est égal, plus grand, plus petit, droit ou courbé mais il ne peut donner d'explication plus précise. L'entendement fait la comparaison entre ces objets par des mécanismes dont la « *raison nous échappe* » :

« *Nous pouvons appliquer les mêmes raisonnements aux lignes COURBES et DROITES. Rien n'est plus apparent pour les sens que la distinction entre une*

---

[436] *Idem.*
[437] Hume, 1739, *Traité de la nature humaine*, p. 86 de l'édition GF de 1995.
[438] *Ibid.*, p. 87.
[439] *Idem.*
[440] *Ibid.*, p. 96.

ligne courbe et une ligne droite ; et il n'est pas d'idées que nous formions plus aisément que celles de ces objets. Mais, si aisé qu'il nous soit de former ces idées, il est impossible d'en donner une définition qui fixe les limites précises qui les séparent. Lorsque nous traçons des lignes sur du papier, ou toute autre surface régulière, il existe un certain ordre, suivant lequel les lignes progressent de point en point, qui fait qu'elles produisent l'impression générale d'une ligne courbe ou droite, mais cet ordre est parfaitement inconnu et l'on ne peut observer que l'aspect d'ensemble[441]. »

À propos de ces idées de Hume, on peut faire la même remarque faite plus haut à propos de Locke et de Berkeley : on voit que vers cette époque, pour les penseurs qui s'intéressent aux notions liées à la réalité physique des objets (temps, espace), s'ils ne sont pas eux-mêmes aussi des acteurs des avancées en mathématiques, ils évoluent dans des domaines de réflexion qui s'éloignent de manière croissante des penseurs qui pratiquent les mathématiques.

Pour reprendre deux idées traitées par Hume dans son traité philosophique, les indivisibles et la courbure, nous avons vu, d'une part, qu'à son époque, les théories mathématiques ont déjà écarté les *indivisibles* et, d'autre part, que les mathématiciens commencent à avoir des idées assez claires sur le travail rationnel applicable à la compréhension des courbes, et donc ces avancées sont plus qu'une « *notion obscure et implicite* » et que la différence entre droites et courbure n'est plus « *parfaitement inconnue* ».

Après avoir vu ces écrits de Hume de 1739 qui traitent de l'espace et du temps, voyons un autre texte écrit quelque onze ans plus tard par Euler et publié dans les *Mémoires de l'Académie de Berlin* en 1750 : « Réflexions sur l'espace et le temps ». Nous avons déjà évoqué ce texte plus haut dans le cadre de la mathématisation de la mécanique des fluides par Euler. Ce texte est intéressant car Euler y compare les conceptions du temps et de l'espace qui sont en cours à son époque chez les mathématiciens et parmi ceux qu'il appelle les *Métaphysiciens*.

Euler contre les métaphysiciens dans un mémoire *sur l'espace et le temps* en 1750

En science comme en philosophie, le XVIIIe siècle, peut-être encore plus que le XVIIe, s'intéresse à la *Métaphysique*.

On peut en juger par les titres de travaux comme, par exemple, chez Maupertuis en 1748 sur *Les lois du mouvement et du repos déduites d'un principe métaphysique* ou encore *Essai d'une démonstration métaphysique du principe de l'équilibre* de Euler en 1753, on trouve aussi chez d'Alembert en 1767, le philosophe mathématicien des réflexions *Sur les principes métaphysiques du calcul infinitésimal*, ou encore *Sur l'usage et sur l'abus de*

[441] *Ibid.*, p. 102.

la métaphysique en géométrie et en général dans les sciences mathématiques. Plus tard encore, on trouve les *Prolégomènes à toute métaphysique qui voudra se présenter comme science* et les *Principes métaphysiques de la science de la nature* d'Emmanuel Kant respectivement en 1783 et 1786. Enfin à la fin du siècle, on trouve encore des *Réflexions sur la métaphysique du calcul infinitésimal* par Lazare Carnot en 1797.

Nous n'allons pas entrer ici en détail dans ce qu'était au XVIIIe siècle cette *Métaphysique.* On constatera seulement le fait qu'Euler dans ce mémoire de 1750 sur l'espace et sur le temps oppose, sur ces sujets, les idées de la *Métaphysique* à celles des mathématiciens.

Il est intéressant de noter qu'en 1763, lorsque Kant traitera lui aussi des relations entre *Métaphysique* et mathématique, il se référera précisément à ce mémoire du *célèbre Euler* sur l'espace et sur le temps[442].

Reprenons ce mémoire de 1750 que nous avons déjà vu plus haut dans le cadre de la mécanique des fluides. Pour Euler, la mécanique a ses principes, qui sont des « *vérités incontestables* » ou « *indubitablement constatées* ». Il cherche à les concilier avec les principes de la *Métaphysique*. Selon le savant, les recherches dans cette discipline doivent tirer avantage des principes de la mécanique :

> « *Car on sera en droit de rejeter dans cette science* [la métaphysique] *tous les raisonnements et toutes les idées, quelques fondées qu'elles puissent paraître d'ailleurs, qui conduisent à des conclusions contraires à ces vérités* [vérités de la mécanique] *et on sera autorisé de n'y admettre que de tels principes, qui pourront subsister avec ces mêmes vérités*[443]. »

Selon Euler, les *Métaphysiciens* considèrent que les principes de la mécanique ne sont pas valables car ils sont liés à des idées de temps et d'espace qui ne sont pas des idées réelles mais des idées imaginaires[444]. Les *métaphysiciens* d'Euler classent le temps et l'espace dans le domaine des concepts purement intellectuels :

> « *Il est vrai que les sens ne sont pas capables de nous fournir les idées de l'espace et du lieu, et que ce n'est que par réflexion que nous formons ces idées. De là, ils concluent que ce ne sont que des idées abstraites, semblables aux idées des genres et des espèces, qui n'existent que dans notre entendement, et auxquelles ne répond aucun objet réel*[445]. »

---

442 « *L'étude mathématique du mouvement, lié à la connaissance de l'espace, fournit pareillement de nombreuses données qui permettent de maintenir dans la voie de la vérité l'étude métaphysique du temps, le célèbre Euler en a donné le prétexte (a) Histoire de l'Académie royale des sciences et belles-lettres, l'année 1748* », Kant. E., 1763, *Essai pour introduire en philosophie le concept de grandeur négative*, p. 14.

443 Euler, « Réflexions sur l'espace et le temps », *Mémoires de l'Académie de Berlin*, année 1750, p. 324-325.

444 Voir plus haut les parties sur Locke et Berkeley notamment.

445 Euler, « Réflexions sur l'espace et le temps », *Mémoires de l'Académie de Berlin*, année 1750, p. 329.

Euler, au contraire, oppose aux thèses des métaphysiciens le lieu et le temps réels utilisés par les mathématiciens. Il utilise le principe d'inertie pour entreprendre de montrer que la conception de l'espace et du temps des métaphysiciens est erronée :

« *Dans la mécanique, on regarde l'espace et le lieu comme des choses réelles et par ce principe, on soutient qu'un corps, qui se trouve en quelque lieu sans mouvement, y demeurera perpétuellement, à moins qu'il n'en soit chassé par quelque force étrangère : dans ce cas donc, ce corps demeurera toujours dans le même lieu par rapport à l'espace absolu*[446]. »

Dans l'explication d'Euler, selon la mécanique, le mouvement est le déplacement d'un corps d'un lieu absolu à un autre lieu absolu causé par l'action d'une force étrangère qui s'applique à ce corps.

Par contre, toujours selon Euler, dans la *métaphysique,* le mouvement d'un corps est défini uniquement par le changement de position de ce corps par rapport à d'autres corps qui l'environnent. Euler, pour sa démonstration, utilise l'image d'un fluide :

1°) Un corps flottant dans un liquide immobile est également immobile selon les critères de la mécanique et ceux de la métaphysique : selon la mécanique, il est dans un lieu absolu dont il ne bouge pas ; selon la métaphysique, il est immobile du fait que sa position ne varie pas par rapport aux particules d'eau qui l'environnent.

« *Supposons pour mieux fixer nos idées que le corps A est dans une eau dormante, et pendant qu'il demeure au même lieu, il demeurera aussi dans le même voisinage des particules d'eau qui l'environnent, et ce corps se réglera également sur la règle de mathématique que sur celle de métaphysique*[447]. »

---

[446] *Ibid.*, p. 324-325.
[447] *Ibid.*, p. 327.

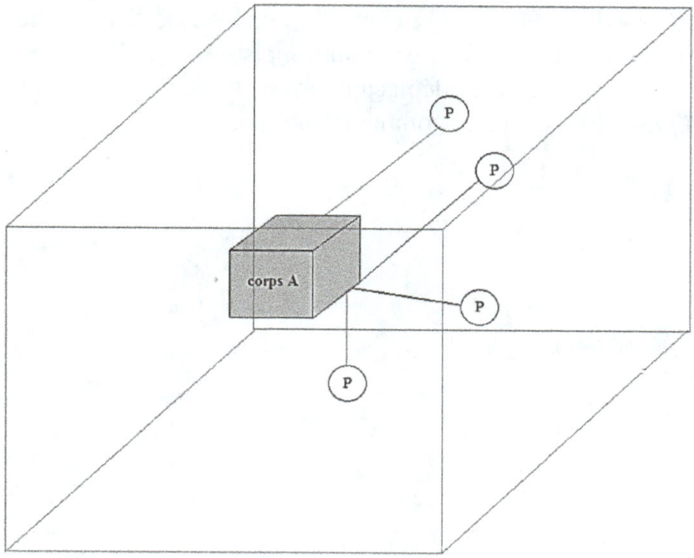

Corps A *"dans une eau dormante" et demeurant au "même voisinage des particules d'eau"*.

2°) Si le liquide contenant le corps flottant commence à s'écouler, le corps peut soit rester immobile s'il résiste aux forces d'entraînement du courant, soit dans le cas contraire bouger et suivre le courant. Dans les deux cas, selon Euler, *mécanique* et *métaphysique* ne sont plus en accord.

Si le corps résiste au courant, il reste dans son lieu absolu, donc selon la règle *mécanique,* il est immobile ; mais comme les particules d'eau l'entourant se déplacent, ce corps est alors considéré en mouvement selon la règle *métaphysique.*

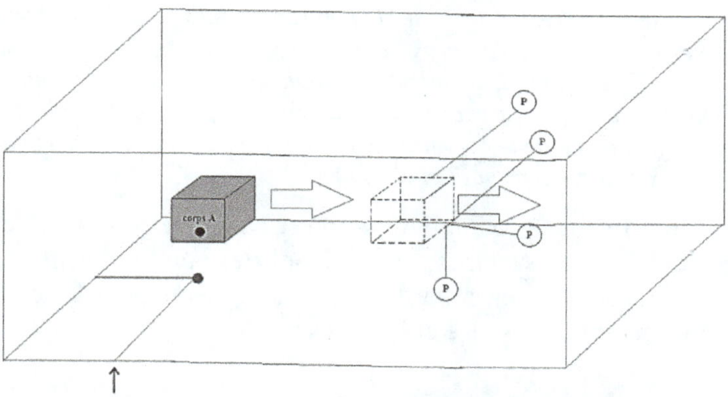

Si le corps est entraîné par le courant, il change de lieu absolu, donc est en mouvement selon la règle *mécanique*, mais comme il suit les particules d'eau environnante en se déplaçant avec elles, alors selon la règle *métaphysique*, il est considéré comme immobile.

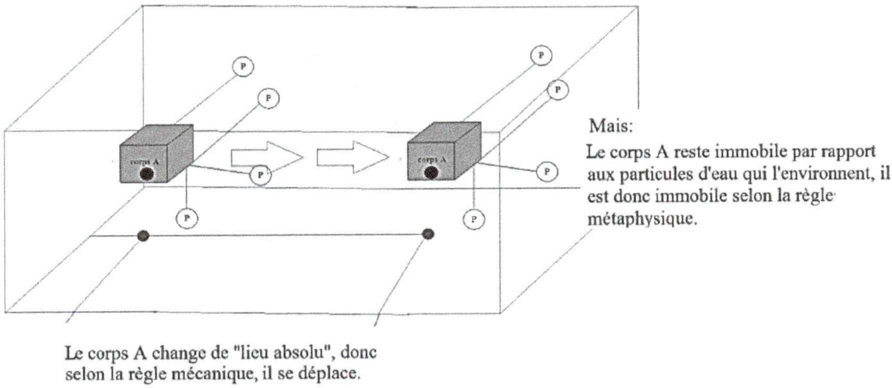

Quelle est la bonne règle ? Selon Euler, c'est la règle mécanique. Car celle-ci utilise comme critère l'inertie et l'intervention d'une force extérieure comme facteur de changement de position du corps et non le seul critère de position du corps par rapport aux particules d'eau qui l'environnent comme le voudrait la métaphysique.

> « *Consultons là-dessus l'expérience, laquelle nous apprendra qu'un corps, ayant été en repos dans une eau dormante, sera mis en mouvement dès que l'eau commence à couler, ce qui semble favoriser la règle conçue métaphysiquement. Mais la mécanique nous fait voir très clairement que le corps ne suit pas le courant d'eau qu'en tant qu'il est frappé par les particules de l'eau, et que c'est par conséquent une force étrangère qui met le corps en mouvement. Donc sans cette force, le corps resterait aussi bien en repos, dans l'eau courante, que dans la dormante, et, partant, le corps dans la conservation de son état ne se règle point sur les corps qui l'environnent immédiatement. De là, il s'ensuit que ce qui est nommé lieu dans la mécanique ne souffre pas de l'explication de la métaphysique par laquelle on veut que le lieu ne soit autre chose que la relation du corps aux autres corps qui l'environnent*[448]. »

Donc, selon Euler, la *Métaphysique* n'est pas en accord avec les vérités de l'expérience. Ses principes, considérant le *lieu* uniquement comme position relative, sont erronés. Par là, il en va de même pour les conceptions des métaphysiciens sur l'espace et le temps.

---

[448] Euler, « Réflexions sur l'espace et le temps », *Mémoires de l'Académie de Berlin*, année 1750, p. 327-328.

Cette démonstration d'Euler n'est pas tant intéressante pour une quelconque exactitude ou rigueur absolue[449] que pour le fait qu'elle montre comment le savant essaie de faire une correspondance entre représentations de registres de savoirs différents, ceux de la mécanique et ceux de la *métaphysique*. Il est intéressant aussi de voir qu'Euler ne retire pas à la *Métaphysique* la possibilité d'avoir aussi des démonstrations et principes dans son domaine propre :

> « *Les principes de la mécanique sont déjà si solidement établis qu'on aurait grand tort si l'on voulait encore douter de leur vérité. Quand même, on n'en serait pas en état de les démontrer par les principes généraux de la métaphysique*[450]. »

Ou encore :

> « *Aussi les métaphysiciens, bien loin de nier ces principes de la vérité desquels la mécanique nous assure, ils tâchent plutôt de les déduire et de les démontrer par leurs idées*[451]. »

Il est intéressant enfin de noter aussi chez Euler, pourtant à la tête des avancées en physique mathématisée dans ces années 1750, une présentation du rapport entre *corps*, *étendue* et *lieu* qui n'est pas sans rappeler les explications que nous avons vues dans les débats du XVIIe sur ces sujets, notamment chez Descartes, Hobbes ou Gassendi :

> « *Mais l'idée du lieu qu'un corps occupe ne se forme pas en retranchant quelques déterminations du corps ; elle résulte en ôtant le corps tout entier : de sorte que le lieu n'ait pas été une détermination du corps, puisqu'il reste encore, après avoir enlevé le corps tout entier avec toutes ses quantités. Car il faut remarquer que le lieu qu'un corps occupe est bien différent de son étendue, parce que l'étendue appartient au corps et passe avec lui mais le mouvement d'un lieu à l'autre ; au lieu que le lieu et l'espace ne sont susceptibles d'aucun mouvement*[452]. »

On voit donc que parallèlement aux avancées utilisant le temps et l'espace comme variables de la physique mathématisée, il subsiste encore, même chez des savants à la pointe de la mathématisation comme Euler, une réflexion d'un genre différent sur ces mêmes sujets.

Concomitamment à l'œuvre d'Euler qui a été un des principaux acteurs de la mathématisation des sciences au XVIIIe, les dernières décennies du siècle, notamment des années 1760 à la fin des années 1780, verront en quelque sorte l'apogée de la mathématisation. Un ouvrage comme la *Mécanique analytique* de Lagrange de 1788 marque un accomplissement

---

[449] Les réponses aux objections possibles qu'il fournit dans les paragraphes XI et XII en envisageant le mouvement par rapport aux étoiles sont incomplètes.
[450] Euler, « Réflexions sur l'espace et le temps », *Mémoires de l'Académie de Berlin*, année 1750, p. 324.
[451] *Ibid.*, p. 325.
[452] *Ibid.*, p. 330.

dans ce domaine, il servira de livre de référence en mathématiques jusque tard dans le XIXe siècle. On rappelle que Lagrange dans sa préface y célèbre l'avènement de l'analyse supplantant les autres formes de représentations notamment géométriques :

> « *On ne trouvera point de figures dans cet ouvrage. Les méthodes que j'y expose n'y demandent ni constructions, ni raisonnements géométriques ou mécaniques, mais seulement des opérations algébriques, assujetties à une marche régulière et uniforme. Ceux qui aiment l'Analyse verront avec plaisir la Mécanique en devenir une nouvelle branche, et me sauront gré d'en avoir ainsi étendu le domaine*[453]. »

Les dernières décennies du XVIIIe siècle seront témoins également, dans la philosophie de la connaissance, d'une interrogation en profondeur sur la possibilité de cette mathématisation, notamment avec les écrits du philosophe Emmanuel Kant tels que *Critique de la raison pure,* les *Prolégomènes à toute métaphysique future qui pourra se présenter comme science* et les *Premiers principes métaphysiques de la science de la nature*. Les deux principales « *questions transcendantales capitales* » de Kant dans ces écrits seront : « *Comment la mathématique pure est-elle possible ?* » et « *Comment la science pure de la nature est-elle possible ?* »[454]. Il est intéressant d'ailleurs de voir la conjoncture historique de l'aboutissement de ces deux champs de réflexion : La *Mécanique analytique* de Lagrange est publiée en 1788 et le corpus de Kant sur la *Possibilité de la science* est composé[455] entre 1780 et 1787. Kant était très influencé par l'environnement scientifique de son époque. On sait que Kant a été en contact avec Euler[456]. Nous avons vu plus haut qu'il cite les « Réflexions sur l'espace et le temps » d'Euler au moins une fois[457], en 1763 dans son petit *Essai pour introduire en philosophie le concept de grandeur négative* (quelques développements sur les liens possibles entre la description de la science par les encyclopédistes, d'Alembert en tête, et la pensée de Kant sont aussi proposés dans l'annexe).

---

[453] Lagrange, « Avertissement de la première édition de la *Mécanique analytique* », 1788.

[454] Plan des *Prolégomènes à toute métaphysique future qui pourra se présenter comme science*, 1783.

[455] La première édition de *Critique de la raison pure* date de 1781, celle des *Prolégomènes à toute métaphysique future qui pourra se présenter comme science* date de 1783 (année de la mort d'Euler), les *Premiers principes métaphysiques de la science de la nature* datent de 1786 et la seconde édition de *Critique de la raison pure* date de 1787.

[456] Voir là-dessus R. Calinger, "Kant and the newtonian science the precritical period", *ISIS*, 1979, vol. 70, p. 349-362 et E. McKinnon, "The development of Kants conception of scientific explanation", *PSA*, 1978, vol. 1, p. 18-30.

[457] « *L'étude mathématique du mouvement, lié à la connaissance de l'espace, fournit pareillement de nombreuses données qui permettent de maintenir dans la voie de la vérité l'étude métaphysique du temps, le célèbre Euler en a donné le prétexte (a) Histoire de l'Académie royale des sciences et belles-lettres, l'année 1748* », Kant E. 1763, *Essai pour introduire en philosophie le concept de grandeur négative*, p. 14.

CONCLUSION

Nous voici maintenant arrivés à la fin de ce voyage de quelque cent cinquante ans dans l'évolution de la pensée scientifique et philosophique.

Nous avons essayé de donner un aperçu historique de quelques moments de la mathématisation, depuis les premiers écrits de Galilée sur la chute des corps dans les années 1630 aux traités d'Euler de la période 1660-1670. Nous avons mis en parallèle cette mathématisation avec l'évolution de la philosophie de la connaissance.

Durant cette période, la réflexion de l'Homme sur son environnement physique et ses phénomènes a donc été témoin de la combinaison renforcée de deux processus intellectuels : le développement de la réflexion mathématique et l'observation de plus en plus précise et raisonnée des phénomènes physiques.

Comme nous l'avons vu, ces deux domaines étaient initialement séparés. La classification des sciences du chancelier Bacon en 1605 nous a montré que les mathématiques n'avaient qu'une part limitée dans l'explication du monde. Explication héritée de la pensée aristotélicienne qui avait pour l'essentiel structuré les connaissances humaines pendant plus de mille ans.

L'utilisation des mathématiques pour donner un cadre explicatif aux phénomènes naturels a donc été à cette époque une révolution dans la connaissance du monde. À son tour, l'observation des phénomènes physiques (formes, trajectoires, mouvements, etc.) a nourri les réflexions mathématiques et leur a ouvert de nouveaux et riches champs de développement.

La période que nous avons étudiée se termine sur la toute-puissance de l'analyse avec Lagrange qui, on se rappelle, se félicitait de faire de la mécanique un de ses sous-domaines, consacrant par là un aboutissement certain de cette mathématisation à l'œuvre depuis cent cinquante ans. Parallèlement, comme on l'a vu chez Euler, apparaît la notion de champs qui sera si importante au XIXe siècle. Tandis que les équations aux dérivées partielles développées dans le cadre des cordes vibrantes serviront par extension à la mathématisation du concept de fluide qui sera décliné en *calorique*, *électrique*, *magnétique* et prépareront les travaux du XIXe. En même temps, la fin du XVIIIe voit aussi l'émergence de nouvelles formes de sciences et de calculs qui prennent leur liberté par rapport à l'approche mécanistique et à l'analyse : la chimie, l'histoire naturelle, le *calcul des conjectures*, etc.

En ce qui concerne l'évolution des types et façons de penser, nous avons aussi vu que le processus d'application des mathématiques à la *philosophie naturelle,* du fait de ses succès dès la moitié du XVIIe, a rapidement incité les penseurs à s'en inspirer pour de nouvelles méthodes de réflexion et d'organisation des connaissances en général. Nouvelles méthodes d'autant plus nécessaires qu'au sortir de l'ère scolastique et par le rejet du système clos et achevé que celle-ci représentait, il fallait tout réinventer. Seules la certitude et la rigueur *géométrique* donnaient la force nécessaire pour faire accepter la remise en question de l'ancien système de pensée.

Nous avons vu aussi, à travers l'évolution des idées sur le temps et l'espace, que la philosophie non mathématique de la connaissance de ces deux notions était toujours présente en toile de fond et a parfois guidé l'émergence de nouvelles représentations dans les sciences physiques (notions de lieu, distance et durée absolues et relatives, etc.). Une telle étude, consacrée aux idées philosophiques sur le continu (divisibilité, indivisibilité), et la matière (impénétrabilité, solidité, etc.) à comparer avec l'évolution des théories physiques sur ces mêmes sujets seraient également à faire.

En ce qui concerne l'influence de la pensée de type mathématique sur la philosophie de la connaissance, on peut dire qu'il y a eu une évolution entre le XVIIe et le XVIIIe siècle. Le XVIIe était plus à l'émerveillement de la puissance de nouvelles méthodes (géométrie algébrique, calcul différentiel...) qu'à une réflexion proprement dite sur la mathématisation et sa possibilité. Le XVIIIe siècle au contraire, avec un corps de sciences mathématisées déjà solidement constitué[458], cherche premièrement, avec l'idée omniprésente de *métaphysique*, à comprendre les *principes généraux,* unificateurs, de la connaissance tant mathématique que philosophique, et deuxièmement, s'interroge sur la possibilité d'une science mathématisée dans laquelle l'*a priori* est parfois l'essence et l'anticipation des lois physiques. En termes de rapport entre la mathématisation et la philosophie de la connaissance, le XVIIe siècle est plus le siècle de l'*application* d'une nouvelle méthode et le XVIIIe est celui de la *réflexion sur les principes et la possibilité* de cette méthode.

Plus tard, au tournant des XVIIIe et XIXe siècles, les philosophes et scientifiques s'interrogeront beaucoup sur ces *principes* des sciences et la *métaphysique* derrière tout ça. L'existence d'une telle métaphysique sera questionnée de plus en plus ouvertement et le règne de la *raison pure* aura également sa critique. Les réflexions complexes et imagées que nous avons vues chez les philosophes des XVII-XVIIIe sur la nature du temps et de l'espace, par exemple, deviendront obsolètes, faisant de ces notions quasi

[458] Cf. la présentation en annexe sur la classification des sciences à la fin du XVIIIe.

exclusivement des variables de la physique. Au XIXe siècle, la *philosophie naturelle* cédera progressivement le pas à la *science physique*.

Quel enseignement pouvons-nous tirer de cette période ? La capacité que montre l'esprit humain à comprendre efficacement le monde qui l'entoure dépend du raisonnement mathématique qui en quelque sorte structure l'entendement et lui donne les clés d'analyse. La capacité certaine aussi de l'esprit humain à reconnaître dans les phénomènes naturels les lois fondamentales, ces *Principes mathématiques de la philosophie naturelle* si chers à Newton.

De là sont nées ensuite toutes les possibilités de combiner ces lois de la nature en vue d'un but, celui de nous rendre, comme le disait Descartes, « *comme maîtres et possesseurs de la nature* »[459], possibilités qui se manifestent quotidiennement dans les innombrables exemples technologiques qui nous entourent.

Espérons que nous saurons nous montrer dignes de ce riche héritage de savoirs et de réflexions qui nous a été légué par des Galilée, Huygens, Newton et Euler et continuer à essayer de comprendre notre place dans la nature au regard de ses ressources et de ses lois.

[459] Descartes, *Discours de la méthode*, sixième partie, 1637.

ANNEXE

QUELQUES ASPECTS DE LA CLASSIFICATION DES SCIENCES DANS LES ANNÉES 1750-1780 : LA *SCIENCE DE LA NATURE* VUE À TRAVERS DES TEXTES DE D'ALEMBERT, DIDEROT ET KANT

Au XVIIIe, les disciplines des sciences exactes deviennent de plus en plus techniques du fait de l'utilisation de formalismes mathématiques de plus en plus poussés pour étudier les phénomènes naturels. De plus, les disciplines scientifiques deviennent de plus en plus nombreuses et se différencient et se spécialisent. Parallèlement à cela, les applications techniques, industrielles, militaires des sciences sont de plus en plus nombreuses, elles acquièrent donc une légitimité et un prestige social croissant. Cette croissance, à la fois en quantité et en variété des sciences et de leur impact social, a été accompagnée de deux choses : Premièrement, la volonté de classifier ces sciences pour en avoir une vue générale, ceci a été l'œuvre du collectif de l'*Encyclopédie*. Bien que d'autres entreprises intellectuelles de ce genre aient été menées à des époques précédentes, tout le monde s'accorde sur le fait que l'*Encyclopédie* a été le premier de cette ampleur et de cette exhaustivité. Il est le travail central fait au XVIIIe siècle en matière de classification des sciences et de leur diffusion dans le public. La deuxième chose qu'a suscitée le rôle prééminent des sciences exactes est une réflexion sur ces sciences. Une réflexion sur les moyens de leur acquisition, leurs méthodes, leurs possibilités. Au cœur de cette réflexion, personne ne contestera la place centrale de l'œuvre de Kant. Il y a donc dans la seconde moitié du XVIIIe siècle, entre la parution des premiers volumes de l'*Encyclopédie* en 1750 et la fin du siècle (mort de Kant en 1804), une intense période de création, de classification et de réflexion sur la science. On sait que Kant a été en contact avec Euler[460]. De par ses fonctions de professeur à l'Université de Königsberg, Kant était au fait de l'évolution des sciences et des réflexions

[460] Voir là-dessus R. Calinger, “Kant and the newtonian science the precritical period”, ISIS, 1979, vol. 70, p. 349-362 et E. McKinnon, “The development of Kants conception of scientific explanation”, PSA, 1978, vol. 1, p. 18-30.

philosophiques sur ces sciences. En ce qui concerne l'influence directe qu'aurait pu avoir un scientifique philosophe comme d'Alembert sur la réflexion de Kant sur les sciences, il est difficile de se prononcer. Peu de recherches ont été faites spécifiquement sur le lien entre la philosophie des encyclopédistes et la philosophie de la connaissance de Kant. Les quelques sources qu'on peut citer ne permettent pas de se faire une idée claire[461]. *L'Encyclopédie* aurait été diffusée en Prusse, mais son esprit, pas toujours accepté par les penseurs allemands et peut-être même « déconseillé » par Frédéric II, son message étant jugé comme trop controversé ou subversif. Frédéric II disait des encyclopédistes : « *Ce sont des polissons, dont la vanité voudrait jouer un rôle. On croit que raisonner hardiment de travers, c'est être philosophe ; avancer des paradoxes, c'est emporter la palme.* » Cependant, d'Alembert a reçu le prix de l'Académie de Berlin en 1746 pour ses *Réflexions sur la cause générale des vents*. La guerre de Sept Ans (1756-1763) qui opposa la France à la Prusse a certes pu ralentir la diffusion des travaux des savants et des philosophes français dans le pays de Kant, mais juste après cette guerre, d'Alembert s'est rendu à Potsdam et Berlin à l'invitation de Frédéric II[462]. D'autre part, « Le Discours préliminaire de l'*Encyclopédie* »[463] circulait dans les milieux intellectuels et académiques en Allemagne à l'époque où Kant a forgé sa philosophie de la connaissance. D'Alembert se félicitait de la lecture de ses éléments de philosophie par Frédéric II, ce qui s'est vraisemblablement accompagné de la diffusion de ses idées dans les milieux académiques et les universités de Prusse. On sait aussi que l'*Encyclopédie* faisait partie de la bibliothèque de Kant[464]. Il semble qu'il reste encore beaucoup de travail à faire sur ce sujet et notamment pour comparer les philosophies et les représentations de la science que se faisaient d'Alembert et Diderot et l'influence qu'ils ont pu avoir sur Kant. On pense notamment au processus de mathématisation de la physique jalonnée par les traités de d'Alembert, Euler (puis plus tard de Lagrange) qui s'est reflétée rapidement dans la classification des sciences présentée et diffusée par l'*Encyclopédie* dont d'Alembert était le moteur scientifique. La parution de l'*Encyclopédie* baignait dans une réflexion philosophique sur la science et la connaissance telles que le *Discours préliminaire* mais aussi *Les Essais sur les éléments de philosophie*, les écrits de Diderot, de Condorcet, etc. On peut avancer que Kant, même s'il n'a peut-être pas été influencé spécifiquement par les pensées de tel ou tel auteur de l'*Encyclopédie*, a su capter et fixer cet esprit scientifique de l'époque. Il a

---

[461] On peut voir à ce sujet A. Schober, « Les conceptions épistémologiques et politiques de d'Alembert vues à travers la pensée des Lumières, l'*Aufklârung* de Kant et le positivisme de Comte », *Studies on Voltaire and the eighteenth century*, vol. 319, 1994. ou encore, « Le rayonnement de l'*Encyclopédie* en Allemagne », *Cahier de l'association internationale des études françaises*, vol. 1, n° 1, 1951.

[462] « D'Alembert, mathématicien des Lumières », *Pour la science*, n° 39, juillet 2009, p. 25.

[463] Ainsi que les essais sur les éléments de philosophie de d'Alembert.

[464] M. Paty, *D'Alembert ou la raison physico-mathématique au Siècle des lumières*, 2004.

su approfondir cet ensemble de réflexions philosophiques sur la science et le prolonger avec son système transcendantal de la théorie de la connaissance. Ce système se voulant au final comme une synthèse englobant ce mouvement philosophique et scientifique, comme le dit Friedman à propos des rapports entre la science et la réflexion sur la science faite par Kant et sur les intentions du philosophe : "Newton's Principia serves as the object of an important application of transcendantal philosophy, and this application of metaphysics to physics is necessary for a full understanding of physics itself."[465] Si on envisage d'étudier comment la science s'est faite et comment les philosophes la voyaient au XVIIIe, il peut donc être intéressant de se concentrer sur les travaux des encyclopédistes et comparer leurs épistémologies à celle de Kant.

La construction de la science quantitative entre les années 1740 et 1800 a bien sûr en son centre la mathématisation de la physique, mais elle présente aussi l'émergence de nouvelles formes de sciences et de calculs qui prennent leur liberté par rapport à la mécanique et l'analyse : la chimie de Lavoisier, le *calcul des conjectures* (probabilités et statistiques). Elles sont en quelque sorte représentées philosophiquement par les réflexions de Diderot et elles ont aussi un rôle important dans la représentation que donne Kant des sciences de la nature.

Ce texte est donc une réflexion qui a pour cadre temporel la période 1740-1800, pour objet d'études les disciplines regroupées dans la partie *Science de la nature* du *système figuré des connaissances humaines* présente dans « Le Discours préliminaire de l'*Encyclopédie* » de 1751. L'esprit est de comparer les représentations qu'on trouve, d'une part, chez les encyclopédistes et, d'autre part, chez Kant sur les disciplines en tête de groupes (*mathématiques pures, mathématiques mixtes physico-mathématiques, physique particulière*) et deux disciplines émergentes : la chimie et *l'art de conjecturer*. Les sources premières seront les écrits de Diderot, de d'Alembert et de Kant.

PARTIE I. COMPARAISON DES CLASSIFICATIONS ENTRE LE *SYSTÈME FIGURÉ* ET LA PRÉFACE DES *PREMIERS PRINCIPES MÉTAPHYSIQUES*

Le sujet de cette partie est une lecture comparative entre deux textes sur la *science de la nature*. Le premier est la partie *Science de la nature* de *l'explication détaillée du système des connaissances humaines* de Diderot[466] de 1751 et le deuxième est la préface des *Premiers principes métaphysiques de la science de la nature* de Kant de 1786.

Les deux textes sont des textes introductifs où les auteurs expliquent leurs principes de la classification des disciplines liées à la connaissance de la

[465] M. Friedman, *Kant and the exact sciences*, 1992, p. 137.
[466] Qui fait partie du « Discours préliminaire de l'*Encyclopédie* ».

nature. Ces textes traitent tous deux de classification des sciences. Ces classements comme le dit Michel Malherbe sont toujours instructifs : « *Ils reflètent un aboutissement historique du savoir humain et la conscience qu'en prend une époque, au moment de transmettre ce savoir aux générations futures ; d'autre part, ils trahissent certaines difficultés dont le caractère constant donne à penser que le poids des traditions philosophiques exerce dans ce genre d'entreprise une influence déterminante*[467]. »

Il y a au moins deux intérêts à comparer ces textes : Premièrement, celui de voir à trente ans d'écart chez d'Alembert, Diderot et Kant les notions utilisées pour séparer les disciplines qui ont été mathématisées de celles qui ne sont encore qu'en phase préliminaire d'acquisition du formalisme mathématique. Deuxièmement, à travers la façon de classer qu'utilise Kant, on voit son apport au système de classification des encyclopédistes en termes d'épistémologie et de réflexion sur l'acquisition de la connaissance.

De même que la *Présentation discursive du système figuré des connaissances humaines* faite par Diderot explique l'arbre des connaissances qui accompagne « Le Discours préliminaire de l'*Encyclopédie* », on peut proposer de faire de la manière inverse[468] une transcription de la classification présentée par Kant dans la préface des premiers *Principes métaphysiques* et proposer le système figuré ci-joint[469]. La comparaison de ce schéma avec le *système figuré* des encyclopédistes nous permet de mieux cerner la différence et l'évolution entre les deux systèmes de classifications des disciplines.

Premiers points de comparaison entre la classification des encyclopédistes et celle de Kant

Similitudes en ce qui concerne la division science historique/science rationnelle

Les réflexions de Kant sur la classification des disciplines présentes dans les premières pages de la préface des *Premiers principes métaphysiques* sont proches de celles des encyclopédistes. On retrouve la division entre *science historique* et *science rationnelle,* la première étant la simple compilation d'une collection de faits et d'éléments (qui se rapporte à la *mémoire* dans la classification de l'*Encyclopédie*), la deuxième résultant du traitement par la *réflexion* des éléments de la première. Kant cependant introduit d'autres termes : il parle de *théorie historique* et de *science de la nature.*

---

[467] M. Malherbe, « Mathématiques et sciences physiques dans le "Discours préliminaire" de l'*Encyclopédie* », *Recherches sur Diderot et l'Encyclopédie*, vol. 9, octobre 1990, p. 109.

[468] *Ibid.*, p. 112.

[469] Les numéros de page indiqués dans les différentes parties du schéma correspondent au texte de Kant.

La *Théorie historique* de la nature n'est pas plus détaillée par Kant que comme « *ne contenant que des faits systématiquement ordonnés des choses de la nature* ». Les encyclopédistes parlaient eux de « *l'histoire prise par les sens* » des différents objets et phénomènes naturels, les *individus réels* de Diderot (planètes, phénomènes météorologiques, géomorphologiques, etc.) et cette *histoire prise par les sens* des objets et phénomènes physiques doit, selon lui, « *suivre la même distribution que l'histoire naturelle* ».

Les apports de la classification de Kant

En ce qui concerne la partie *Science de la nature*, on peut remarquer trois aspects intéressants qui sont des apports de Kant par rapport aux encyclopédistes :

1. La partie métaphysique est divisée en *science métaphysique de la nature générale* et en *science métaphysique de la nature particulière*.
2. Les propos liés à la *connaissance* donnent une analyse plus profonde que celle des encyclopédistes qui ne parlaient que de *science*. Ces propos créent une classification supplémentaire. On a une nouvelle approche de la part de Kant fondée sur l'articulation *science/connaissance*.
3. L'introduction de la notion de principes *a priori* et la dichotomie a *priori/empirique*.

On note que ces ajouts s'inscrivent à l'intérieur du *système figuré* des encyclopédistes puisque si on suit la classification de Kant, on retrouve bien les trois grandes subdivisions de la science de la nature des encyclopédistes présente dans le *système figuré* :

- la *métaphysique des corps* ou *physique générale* ;
- les *mathématiques* ;
- la *physique particulière*.

La clé de comparaison entre les deux systèmes de classification réside dans la définition que donne Kant de la science : « *Toute doctrine quand elle doit former un système, c'est-à-dire une totalité de la connaissance, ordonnée suivant des principes, s'appelle science*[470]. »

La *science de la nature* est définie par Kant par plusieurs aspects :

1. Par la <u>nature</u> des connaissances qui la constituent et qui sont :
   a. soit des connaissances *pures* ;
   b. soit des connaissances *rationnelles appliquées*.

2. Par la <u>liaison entre elles</u> des connaissances qui la constituent :

[470] Kant, *Premiers principes métaphysiques de la science de la nature*, p. 8.

a. si ces liaisons sont des liaisons de nécessité (« un enchaînement de raisons et de conséquences »), il parle de *science rationnelle*, les lois sur lesquelles elles se fondent sont des lois *a priori* ;
b. si les liaisons entre les connaissances sont des lois empiriques (ou lois d'expérience), il parle *d'art systématique*. Kant cite comme exemple la chimie.

La *science de la nature*, à proprement parler pour Kant, étant celle composée de *connaissances pures* liées entre elles par des lois naturelles connues *a priori.*

L'aspect novateur de cette classification réside dans le fait que Kant, par rapport au *système figuré des connaissances humaines,* s'occupe plus précisément de détailler ce qu'est la connaissance. En effet, dans le texte descriptif de la partie *Science de la nature* du système figuré des connaissances humaines, Diderot n'utilise que très peu le terme « connaissance » et ne le définit pas, bien que celui-ci soit dans le titre même du *système figuré.* Kant, au contraire dans sa définition de science, dès la deuxième page de sa préface, positionne entre elles les notions de connaissances, système, science, etc. dans la définition de la science citée plus haut.

Il y a donc dans la façon de classer de Kant une avancée qui approfondit la classification des encyclopédistes. La connaissance et la possibilité de la connaissance sont étudiées et détaillées par Kant dans ses mécanismes les plus intimes alors que les encyclopédistes en étaient restés au niveau plus général de science.

Au centre de cette analyse se trouvent les notions de *connaissances pures* et *d'*a priori, qui permettent, comme nous avons essayé de le décrire dans le schéma, de retrouver la classification des disciplines des encyclopédistes par une approche différente.

On peut avancer que ces notions de *connaissance pures* et *d'a priori* sont des notions philosophiques en lien direct avec l'évolution de la science à cette époque et notamment la mathématisation des phénomènes naturels. Pour étudier cet aspect, une des approches peut donc être de prendre les disciplines qui sont au centre de ce processus de mathématisation au XVIIIe siècle, à savoir la *mathématique mixte*, la *physico-mathématique* et la *physique particulière,* et de voir comment elles s'inscrivent successivement dans le *système figuré des connaissances humaines* et dans l'analyse de Kant.

Mathématique mixte

Il est à noter que Kant, dans la préface des *Premiers principes métaphysiques,* n'utilise pas les termes des encyclopédistes tels que mathématique pure, mixte, etc., il reste au niveau général de *mathématique*.

Cependant, on peut faire l'hypothèse que la *mathématique mixte* ferait bien partie dans le système de Kant des *sciences de la nature* puisqu'elle appartient à la mathématique dont les lois sont connues *a priori* et qui est constituée de connaissances *pures*.

Ce que Diderot dit de la mathématique mixte se trouve dans sa définition générale des mathématiques : « *La quantité, objet des Mathématiques, pouvait être considérée, ou seule et indépendamment des individus réels et des individus abstraits dont on en tenait la connaissance, ou dans ces individus réels et abstraits, ou dans leurs effets recherchés d'après des causes réelles ou supposées ; et cette seconde vue de la réflexion a distribué les Mathématiques en Mathématiques pures, Mathématiques mixtes, Physico-mathématiques.* »

On peut proposer un rapprochement en comparant les deux classifications : *l'abstrait quantité* de Diderot deviendra une *connaissance pure* chez Kant. La *quantité* se retrouve bien aussi là dans la table des concepts purs de l'entendement dans les *Prolégomènes à toute métaphysique future*[471].

La position de Kant sur la « scientificité » est claire, celui-ci dit : « *Or, je soutiens que dans toute théorie, il n'y a de science proprement dite qu'autant qu'il s'y trouve de mathématique ; car d'après ce qui précède, une science proprement dite, de la nature notamment, exige une partie pure sur laquelle se fonde la partie empirique et qui repose sur la connaissance* a priori *des choses de la nature*[472]. » Il n'y a donc de science de la nature à *proprement parler* que de science mathématisée.

La *mathématique mixte*, faisant partie du bloc Mathématique (dans la classification des encyclopédistes), satisfait entièrement aux critères de scientificité de Kant : non seulement les différentes connaissances qu'elle contient sont *pures,* mais on peut aussi donner *a priori* les lois qui la régissent et articulent ces connaissances pour la constituer en tant que science.

La *mathématique mixte* correspond bien en effet au groupe des sciences qui au XVIIIe avait été déjà bien formalisé par les travaux notamment de d'Alembert et d'Euler et dont les outils mathématiques étaient bien avancés, ces sciences sont la mécanique, l'astronomie, l'optique, etc. Les données de ces disciplines étaient déjà solidement fondées sur *l'abstrait quantité* de Diderot, plus tard *connaissance pure* pour Kant, et ces données étaient combinées entre elles par des mises en équations mathématiques, c'est-à-dire les *lois naturelles connues* a priori de Kant.

On sait que le terme *mathématique mixte,* apparu vers les années 1600 dans *Of the proficience and advancement of learnings* de Bacon, sera lui

---

[471] Kant, *Prolégomènes à toute métaphysique future*, 1783, paragraphe 21.
[472] Kant, *Premiers principes métaphysiques de la science de la nature*, p. 11.

aussi appelé à disparaître et à être définitivement remplacé par le terme *mathématiques appliquées* à partir des années 1870[473].

Physique particulière

Si on reprend la classification de Kant, la *physique particulière* des encyclopédistes correspondrait à ce qui est pour lui classifié *improprement* comme *science de la nature*, ses connaissances ne sont pas *a priori* mais dépendent des *lois de l'expérience*, c'est encore « *une connaissance rationnelle appliquée* » ou « *un art systématique* » ; Kant cite en exemple la chimie[474].

Diderot dit de la *physique particulière* qu'elle « *doit suivre la même distribution que l'Histoire naturelle. De l'Histoire, prise par les sens, [*de X*] la réflexion a passé la recherche de leur origine, des causes de leurs phénomènes, etc. Et a produit la Science [*de X*]* »[475]. La chimie fait bien aussi partie de la physique particulière dans le système figuré des encyclopédistes.

La *physique particulière* n'est qu'*improprement* une science de la nature du fait qu'elle n'est pas mathématisée. C'est une *science rationnelle* dans la mesure où ses connaissances s'agencent selon une logique interne fondée sur des *raisons* et des *conséquences* mais elle ne possède pas la *certitude apodictique* des mathématiques, ce n'est donc pas pour Kant une science de la nature à proprement parler. En effet historiquement, si on regarde ce que recouvre la *physique particulière,* on voit que ce sont encore au XVIIIe siècle des disciplines (botanique, minéralogie, zoologie) qui sont plutôt des classifications de savoirs organisés en système ayant leur propre logique[476] mais où les mathématiques n'interviennent pas.

Chez les encyclopédistes aussi, la *physique particulière,* bien que faisant partie des sciences de la nature, est classée dans une branche différente des mathématiques, et quand Diderot parle du traitement qu'elle opère sur les données *historiques,* il n'emploie pas le terme *mathématique*, mais le terme plus général *réflexion.*

On peut faire une remarque à ce stade sur ces deux disciplines : dans l'acception moderne, on aurait tendance à rapprocher la *physique particulière* de la *mathématique mixte* comme deux disciplines mêlant formalisme mathématique et observations expérimentales. En effet, dans le système figuré des connaissances humaines, la *physique particulière*

---

473 G. I. Brown, "The evolution of the term mixed mathematics", *Journal of the history of ideas*, 1991, p. 81. Selon cet auteur, le remplacement par mathématiques *appliquées* s'est fait définitivement entre la 8e édition (1853-1870) et la neuvième édition (1875-1889) de *L'Encyclopedia Britannica*.

474 Kant, *Premiers principes métaphysiques de la science de la nature*, p. 9.

475 Diderot, *Explication détaillée du système des connaissances humaines*, partie *Science de la nature*.

476 On pense notamment au système de classification des animaux de Linné.

comprend des disciplines comme la chimie ou l'astronomie physique. Mais dans l'acception du XVIIIe, il y a bien une différence de nature entre *mathématique mixte* et *physique particulière*. Chez les encyclopédistes, la *physique particulière* organise les connaissances par la *réflexion,* mais en dehors des mathématiques. Plus tard chez Kant, cet agencement de la *réflexion* est précisé comme *théorie rationnelle de la nature,* mais pour lui, elle n'est qu'*improprement* une science car ses connaissances ne sont pas *pures* et les lois qui les organisent ne comportent pas la *conscience de leur nécessité*, elles ne sont pas des lois *a priori*.

La physico-mathématique

Il y a un statut assez incertain pour cette discipline : est-ce une science, une méthode ou une façon de décrire un processus général en cours dans les sciences de l'époque ?

Pour Diderot, comme on l'a vu plus haut, la *physico-mathématique* est caractérisée par la quantité considérée dans les individus *ou dans leurs effets recherchés d'après des causes réelles ou supposées.*

Il est à noter parallèlement que d'Alembert définit la *physico-mathématique* plus comme une méthode que comme une discipline ; en effet, celui-ci débute l'article « Physico-mathématique de l'*Encyclopédie* » par : « *On appelle ainsi les parties de la Physique, dans lesquelles on réunit l'observation et l'expérience au calcul mathématique, et où l'on applique ce calcul aux phénomènes de la nature.* »

D'autre part, on sait qu'il existe deux systèmes figurés des connaissances humaines, le premier publié dans le prospectus de l'*Encyclopédie* en novembre 1750, le deuxième publié à la fin du « Discours préliminaire » dans le tome I de l'*Encyclopédie* publié en 1751. La *physico-mathématique* n'a pas la même position dans les deux arbres. Dans le premier, elle est confondue avec la *physique générale* ; dans le système définitif, elle est, comme on l'a dit plus haut, une branche des mathématiques.

Dans ces deux versions du système figuré, la branche *physico-mathématique* n'est pas développée en sous-ramifications, pourtant, dans l'article « Physico-mathématique de l'*Encyclopédie* », d'Alembert en écrit : « *Les sciences physico-mathématiques sont aussi en grand nombre, qu'il y a de branches dans les Mathématiques mixtes. Voyez* <u>*Mathématiques*</u> *et l'explication du Système figuré des connaissances humaines, dans le premier volume de cet ouvrage, à la suite du* « Discours préliminaire ». *On peut donc mettre au nombre des sciences physico-mathématiques, la Mécanique, la Statique, l'Hydrostatique, l'Hydrodynamique ou Hydraulique, l'Optique, la Catoptrique, la Dioptrique, l'Aitométrie, la Musique, l'Acoustique, etc.* »

Au contraire, toutes ces disciplines sont classées dans le système figuré des connaissances humaines[477] comme appartenant aux *mathématiques mixtes*.

Ce terme *physico-mathématique* est donc parfois confondu avec le terme *mathématique mixte*. On peut avancer ici que, plutôt qu'une discipline à part entière, il est plus une façon de se représenter, de donner une dénomination et de tenter d'expliquer au public tout le processus de mathématisation des phénomènes de la nature qui est en cours pendant la période de l'écriture des différents traités au XVIIIe siècle.

Il est dans ce sens intéressant de voir ce que d'Alembert dit, toujours dans l'article « Physico-mathématiques », sur l'application possible des mathématiques aux sciences expérimentales, le paragraphe suivant de la définition est intéressant à ce titre :

« *Il est aisé de voir que les différents sujets de Physique ne sont pas également susceptibles de l'application de la Géométrie. Si les observations qui servent de base au calcul sont en petit nombre, si elles sont simples et lumineuses, le géomètre sait alors en tirer les plus grands avantages, et en déduire les connaissances physiques les plus capables de satisfaire l'esprit ; des observations moins parfaites servent souvent à le conduire dans ses recherches, et à donner à ses découvertes un nouveau degré de certitude ; quelquefois, même les raisonnements mathématiques peuvent l'instruire et l'éclairer : quand l'expérience est muette, on ne parle que d'une manière confuse. Enfin, si les matières qu'il se propose de traiter ne laissent aucune prise à ses calculs, il se rendrait alors aux simples faits dont les observations l'instruisent.* »

Cette citation d'un praticien décrivant la gradation entre observation physique et Géométrie peut être à rapprocher de ce que dit Kant dans ses propres termes : « *Toute science de la nature doit avoir une partie pure sur laquelle doit se fonder la certitude apodictique que la raison cherche en elle ; or, comme cette partie diffère totalement par ses principes de ceux qui ne sont qu'empiriques, il est de la plus grande utilité [...] d'exposer cette partie séparément et autant que possible, sans la mêler à l'autre afin de pouvoir déterminer exactement ce que la raison peut accomplir par elle-même et le point où sa puissance commence à avoir besoin du secours de l'expérience*[478]. »

Il y a donc dans la *physico-mathématique* plus une notion de pratique par rapport à la *mathématique mixte* qui est vraiment en elle-même une discipline. Ce terme, dont le contenu était clair mais dont la position était incertaine dans la classification des disciplines, a d'ailleurs disparu après le XVIIIe siècle.

Nous avons donc vu que la présentation que Kant fait des sciences dans la préface des *Premiers principes métaphysiques de la science de la nature* a

---

[477] Celui du prospectus de 1750 comme celui du « Discours préliminaire » de 1751.

[478] Kant, *Premiers principes métaphysiques de la science de la nature*, p. 10.

plusieurs points qu'il est intéressant de comparer avec les conceptions des encyclopédistes et on peut lire ce texte comme un texte de classification dans la lignée directe du « Discours préliminaire de l'*Encyclopédie* » ou de la *Présentation discursive du système figuré des connaissances humaines.*

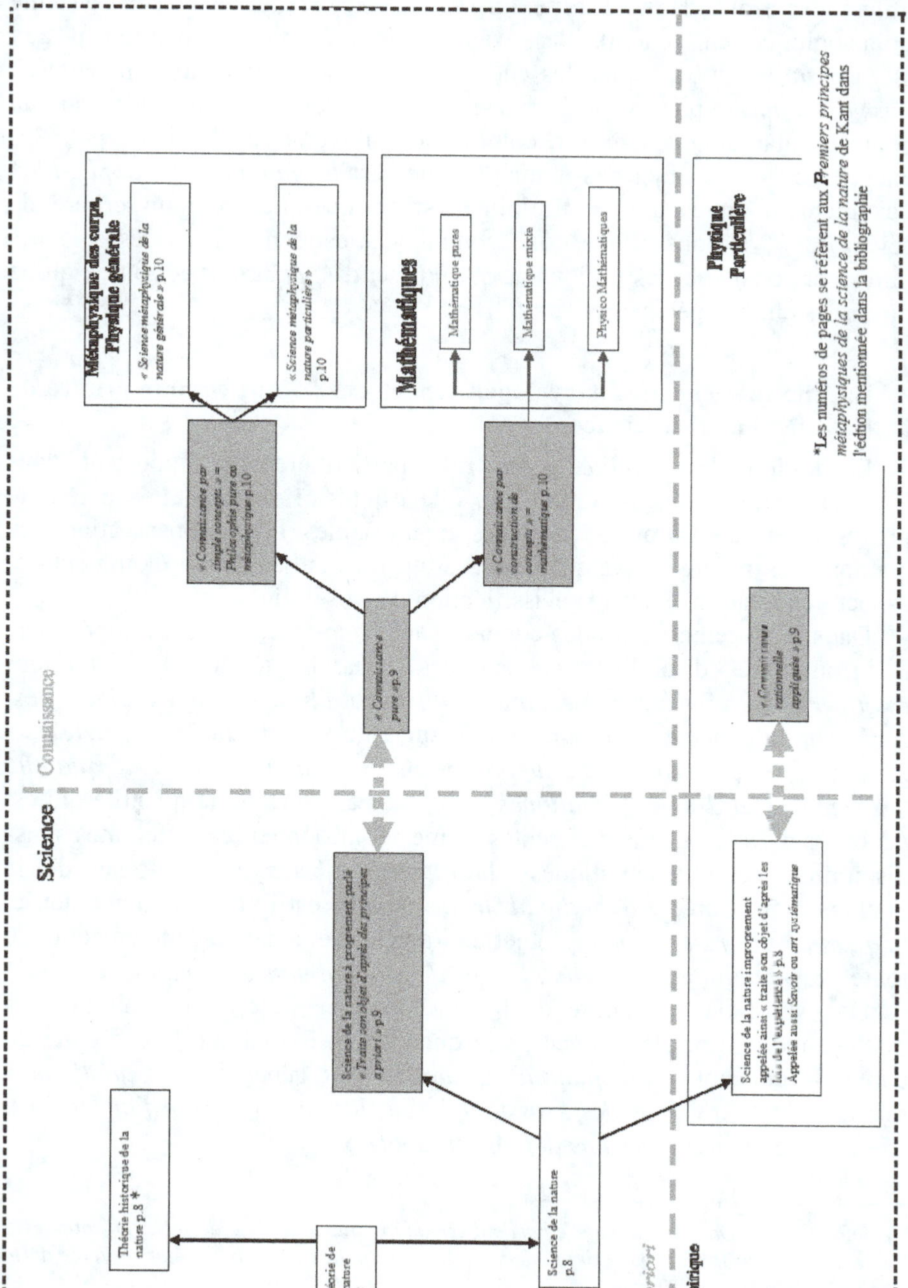

Partie II. Les sciences pures

Dans les années 1750, le terme « pur » n'apparaît dans le système figuré des connaissances humaines de l'*Encyclopédie* qu'à propos des *mathématiques pures.* Trente ans plus tard, comme on le sait, il est très utilisé par Kant dans sa réflexion sur la science et dans son système philosophique en général. Par exemple, la mécanique, appartenant aux *mathématiques mixtes* chez les encyclopédistes, est par contre une *science pure de la nature* pour Kant. La *pureté* est en quelque sorte une indication du degré de mathématisation. Or, comme nous l'avons vu plus haut, pour les encyclopédistes, l'objet des mathématiques est *la quantité,* et l'*application* des mathématiques à une discipline est en quelque sorte un critère de scientificité[479]. Nous allons donc commencer cette partie sur les sciences pures par considérer les notions de *quantité* et d'*application* et voir ce qu'en disent les encyclopédistes et Kant.

La quantité chez les encyclopédistes et chez Kant comme critère de classification des sciences

La notion de *quantité* à un rôle particulièrement important dans l'évolution des sciences au XVIIIe, elle est historiquement liée à tout le processus d'acquisition de données quantifiables dans l'observation des phénomènes naturels pour pouvoir ensuite les mathématiser. Comment cet aspect-ci se traduit-il dans la classification des disciplines ?

Dans le système figuré des connaissances humaines des encyclopédistes, le groupe de disciplines rassemblées sous le terme *mathématiques* (*mathématiques pures, mathématiques mixtes* et *physico-mathématiques*) est fondé sur un concept commun, celui de quantité : « *Une autre propriété plus générale est des corps et que supposent toutes les autres, savoir, la quantité a formé l'objet des mathématiques*[480]. » C'est ce concept de quantité qui est décliné par Diderot sous différentes formes pour donner les différentes sous-disciplines des mathématiques : la *quantité abstraite* est l'objet de la mathématique pure, la *quantité abstraite étendue* est l'objet de la géométrie, la *quantité abstraite nombrée* objet de l'algèbre, et ainsi de suite au cours de toute *l'explication détaillée du système des connaissances humaines.*

Dans l'article « Quantité de l'*Encyclopédie* », il est aussi dit que les mathématiques sont la science de la quantité, et il souligne la difficulté de cerner le concept. « *La quantité est un attribut général qui s'applique à différentes choses dans des sens tout à fait différents ; ce qui fait qu'il est très difficile d'en donner une définition exacte.* »

---

[479] Selon Kant, « *Dans toute théorie particulière de la nature, il n'y a de science proprement dite qu'autant qu'il s'y trouve de mathématique* », *Premiers principes métaphysiques de la science de la nature*, 1783, p. 11.

[480] Diderot, *Explication détaillée du système des connaissances humaines*, partie *Science de la nature*.

La quantité est une notion abstraite : « *Nous nous représentons, par une notion abstraite, la quantité comme une substance et les accroissements ou diminutions comme des modifications, mais il n'y a rien de réel dans cette notion. La quantité n'est point un sujet susceptible de diverses déterminations, les unes constantes, les autres variables, ce qui caractérise les substances. Il faut à la quantité un sujet dans lequel elle réside et hors duquel elle n'est qu'une pure abstraction.* » D'Alembert dit de l'idée abstraite qu'elle est « *toute idée par laquelle nous considérons dans un objet une ou quelques-unes seulement de ces propriétés sans faire attention aux autres. De cette opération de l'esprit, il résulte pour l'ordinaire l'idée générale d'une propriété ou d'une manière d'être commune à plusieurs êtres différents ; et cette propriété ou manière d'être n'a point, hors de notre esprit, d'existence isolée*[481]. »

La quantité qui est la base des mathématiques est donc chez les encyclopédistes une idée abstraite née dans l'entendement humain et qui n'existe que par son application à des objets selon des normes particulières[482].

Chez Kant, la quantité est un des quatre concepts de l'entendement (avec la qualité, la modalité et la relation) sur lesquels « *repose* a priori *la possibilité de l'expérience* ». Comme nous l'avons vu plus haut à propos de la classification des connaissances de Kant dans la préface des *Premiers principes métaphysiques de la nature*, la connaissance *a priori* est un des critères qui fait d'une discipline une science de la nature à proprement parler : ce groupe contenant, comme on l'a vu, les mathématiques (pures, mixtes et physico-mathématiques). On retrouve donc bien aussi chez Kant cette centralité du concept de quantité dans la nature de ces disciplines. Ce qui est intéressant est donc de voir qu'à travers l'idée de *quantité* comme concept de l'entendement permettant une connaissance pure *a priori* exprimée par Kant, on retrouve *l'idée abstraite* de quantité de Diderot et de d'Alembert.

Chez les encyclopédistes comme chez Kant aussi, la quantité (*idée abstraite* ou *concept de l'entendement*) ne se réalise que par les objets mathématiques qu'elle permet de construire. Diderot dit : « *La quantité abstraite, objet des Mathématiques pures, est ou nombrable, ou étendue. La*

---

[481] Partie II des « Éclaircissements concernant les idées simples et les définitions » dans *Essais sur les éléments de philosophie* de 1759.

[482] Cette idée qui ressemble à la philosophie transcendantale de Kant existe aussi chez d'Alembert à propos des êtres, « *la nature des êtres envisagée par rapport à nous n'est autre chose que le développement des idées simples renfermées dans la notion que nous nous formons de ces êtres* » dans le chapitre 4 « Méthode générale qu'on doit suivre dans les éléments de philosophie » dans *Essais sur les éléments de philosophie* de 1759. Kant écrit en 1783 : « *C'est l'entendement qui est l'origine de l'ordre universel de la nature puisqu'il comprend sous ses propres lois tous les phénomènes et qu'il effectue ainsi* a priori *la constitution primordiale de l'expérience* » dans *Prolégomènes à toute métaphysique future*, paragraphe 38.

quantité abstraite nombrable est devenue l'objet de l'Arithmétique ; la quantité abstraite étendue, celui de la Géométrie. » Kant utilise aussi cette possibilité de réalisation de la quantité sous forme de grandeur dans les figures mathématiques, par exemple, dans les *Prolégomènes à toute métaphysique future,* il écrit : « *Le principe "La ligne droite est la plus courte entre deux points" suppose que la ligne soit subsumée sous le concept de grandeur ; à coup sûr, ce concept n'a rien d'une simple intuition, il ne peut avoir son siège que dans l'entendement ; il sert à déterminer l'intuition (de la ligne) relativement aux jugements qui peuvent être portés sur celle-ci au point de vue de sa quantité*[483]. »

La notion de quantité est donc une notion centrale pour considérer et organiser les sciences au XVIIIe siècle. La quantité est l'objet des mathématiques qui elles-mêmes sont le critère de scientificité. Kant, vers la fin du siècle (1786), résume cet esprit par des formules telles que « *à proprement parler, on ne peut appeler science que celle dont la certitude est apodictique* » ou encore, « *Or, je soutiens que dans toute théorie particulière de la nature, il n'y a de science proprement dite qu'autant qu'il s'y trouve de mathématique* »[484].

La découverte et l'observation des phénomènes naturels accompagnées du développement de méthodes expérimentales permettant leurs quantifications, ceci produisant des résultats quantitatifs pouvant être travaillés par les outils et les méthodes des mathématiques, est la « formule gagnante » mise au point au XVIIe siècle et développée de manière très poussée au XVIIIe pour donner le corpus de traités dont une liste indicative a été donnée dans le tableau en annexe. À cette époque comme maintenant, « *les mathématiques servent de modèle et de garant de certitude dans l'enchaînement des propositions et elles règlent l'expression des grandeurs par lesquelles nous représentons le monde* »[485].

La possibilité de la quantification est donc en quelque sorte un facteur de sélection pour la reconnaissance d'une science en tant que telle. À cet égard, il est intéressant une fois de plus de se tourner vers ceux qui à cette époque font la science, la diffusent et la pensent. Il est intéressant de noter, par exemple, la prudence de d'Alembert vis-à-vis de phénomènes tels que le magnétisme et l'électricité. Si ces deux phénomènes physiques sont évoqués dans « Le Discours préliminaire de l'*Encyclopédie* » et ailleurs dans ses écrits, leur connaissance n'est sans doute pas considérée comme suffisamment développée ou suffisamment certaine pour les positionner dans le *système figuré des connaissances humaines* dont ils sont absents, même de la catégorie la plus vaste que représente la *physique particulière*. On sait que

---

[483] Kant, *Prolégomènes à toute métaphysique future qui pourra se présenter comme science*, chap. 20.

[484] Kant, *Premiers principes métaphysiques de la science de la nature*, p. 8 et p. 11.

[485] M. Paty, « La philosophie et la physique », *Encyclopédie philosophique universelle*, vol. 4, 1998, p. 2104-2122.

les premiers travaux de mathématisation de ces phénomènes se feront après le XVIIIe avec les travaux d'Ohm, Poisson, Œrsted, Coulomb, Ampère, Faraday, etc. À l'époque de d'Alembert, malgré les percées dans les autres sciences, on en est encore au constat suivant assez primitif : « *L'Aimant, par exemple, un des corps qui ont été le plus étudiés, et sur lequel on a fait des découvertes si surprenantes, a la propriété d'attirer le fer, celle de lui communiquer sa vertu, celle de se tourner vers les pôles du Monde, avec une variation qui est elle-même sujette à des règles, qui n'est pas moins étonnante que ne le serait une direction plus exacte ; enfin, la propriété de s'incliner en formant avec la ligne horizontale un angle plus ou moins grand, selon le lieu de la terre où il est placé. Toutes ces propriétés singulières, dépendantes de la nature de l'Aimant, tiennent vraisemblablement à quelque propriété générale, qui en est l'origine, qui jusqu'ici nous est inconnue, et peut-être le restera longtemps*[486]. » Il exprime encore plus directement la difficulté de mathématiser ces phénomènes dans l'article « Application de l'*Encyclopédie* » : « *En général, c'est par le secours de la Géométrie et de l'Analyse que l'on parvient à déterminer la quantité d'un effet qui dépend d'un autre effet mieux connu. Donc, cette science nous est presque toujours nécessaire dans la comparaison et l'examen des faits que l'expérience nous découvre. Il faut avouer cependant que les différents sujets de Physique ne sont pas également susceptibles de l'application de la Géométrie. Plusieurs expériences, telles que celles de l'aimant, de l'électricité et une infinité d'autres, ne donnent aucune prise au calcul.* »

L'Application comme relation entre les disciplines

Dans un autre texte important sur la science de la nature, les *Prolégomènes à toute métaphysique future,* publié en 1783, Kant écrit : « *L'entendement, loin de tirer ses lois* a priori *de la nature, les lui prescrit au contraire*[487] », et précise plus loin : « *C'est l'entendement qui est l'origine de l'ordre universel de la nature puisqu'il comprend sous ses propres lois tous les phénomènes et qu'il effectue ainsi* a priori *la constitution primordiale de l'expérience (selon sa forme), moyennant quoi, tout ce que l'expérience seule doit permettre de connaître se trouve nécessairement soumis à ses lois* »[488].

Kant, dans cette partie des *Prolégomènes*, explique plusieurs fois sa représentation de la science de la nature dont les lois sont données par l'entendement humain, et fait un parallèle entre le formalisme spéculatif et les lois des phénomènes physiques en disant : « *La possibilité de l'expérience en général est donc en même temps la loi universelle de la*

[486] D'Alembert, « Discours préliminaire de *l'Encyclopédie* », 1759, p. 93.
[487] Kant, *Prolégomènes à toute métaphysique future*, 1783, paragraphe 36.
[488] *Idem*, paragraphe 38.

nature, et les principes de la première sont les lois mêmes de la seconde[489]. » Face au succès croissant de la mathématisation des phénomènes naturels, Kant inverse en quelque sorte le rapport entre spéculation humaine et phénomènes naturels, et explique qu'il est normal qu'on puisse si bien expliquer la nature par les mathématiques car ce sont les mathématiques (constructions de l'entendement) qui créent la nature (lois universelles). C'est parce que l'homme est en contact avec les *phénomènes* de la nature au moyen d'une perception mathématique que ces phénomènes naturels se prêtent si bien à une représentation mathématique et qu'on obtient au XVIIIe une avalanche de résultats scientifiques dans ce sens. Ceci vaut pour la science pure de la nature « *qui expose* a priori *et avec toute la nécessité qu'on peut exiger des propositions apodictiques des lois auxquelles la nature est soumise* ».

Ces notions de rigueur, de nécessité, qui sont, comme on l'a vu, des caractéristiques des mathématiques chez Kant se retrouvaient aussi exprimées, par exemple, dans l'article « Application de l'*Encyclopédie* » où on retrouve la même idée mais avec des exemples plus techniques : « *La plupart des propriétés des corps ont entre elles des rapports plus ou moins marqués que nous pouvons comparer, et c'est à quoi nous parvenons par la Géométrie et par l'Analyse ou l'Algèbre. C'est sur cette application que sont fondées toutes les sciences physico-mathématiques. Une seule observation ou expérience donne souvent toute une science. Supposez, comme on le sait par l'expérience, que les rayons de lumière se réfléchissent en faisant l'angle d'incidence égal à l'angle de réflexion, vous aurez toute la Catoptrique. Cette expérience une fois admise, la Catoptrique devient une science purement géométrique, puisqu'elle se réduit à comparer des angles et des lignes donnés de position.* » On a donc dans cette description de la catoptrique par d'Alembert (cette discipline appartenant au groupe Mathématique de la science de la nature du système figuré des connaissances humaines) celle d'une *science pure de la nature* telle que Kant la définira d'un point de vue plus général dans ses écrits des années 1780.

La notion d'*application* est intéressante à considérer au point de vue de la classification des sciences au XVIIIe siècle car elle permet d'avoir des informations sur la façon dont à cette époque, on percevait l'articulation des sciences entre elles. On voit au XVIIIe siècle la notion d'*application* comme un échange entre la spéculation mathématique et l'observation des phénomènes naturels. D'Alembert la définit comme « *l'application d'une science à une autre, en général, se dit de l'usage qu'on fait des principes et des vérités qui appartiennent à l'une pour perfectionner et augmenter l'autre* ».

L'article « Application » rédigé par d'Alembert est très systématique et détaillé, il comprend plusieurs parties liées aux sciences exactes[490] et deux

---

[489] *Idem*, paragraphe 36.
[490] Application :

parties sur les liens entre géométrie et métaphysique[491]. On peut remarquer deux choses à propos des idées exprimées dans cet article : premièrement, l'association particulière que fait d'Alembert entre Géométrie et Métaphysique notamment par rapport au rôle que joue l'*imagination* dans la construction de ces disciplines (alors qu'elles sont par leur nature dans la catégorie *raison)*. Cette idée se retrouve aussi dans le « Discours préliminaire » lorsqu'il dit : « *Aussi la Métaphysique et la Géométrie sont de toutes les Sciences qui appartiennent à la raison, celles où l'imagination a le plus de part* ». D'autre part, dans cet article, on retrouve des considérations qu'il avait déjà exprimées telles quelles dans la préface de son *Traité de dynamique* de 1743.

D'Alembert énumère donc les différentes possibilités d'application des disciplines les unes aux autres (géométrie, algèbre, analyse), il passe de ce groupe de mathématiques pures du système figuré à la mécanique qui appartient au groupe de la mathématique mixte. On sait la classification que fait d'Alembert de ces différentes branches des mathématiques, il l'avait déjà exprimé dans une phrase célèbre de la préface de son *Traité de dynamique :* « *On a appliqué heureusement l'algèbre à la géométrie, la géométrie à la mécanique, et chacune de ces trois sciences sur toutes les autres*[492]. » Il y a donc dans la classification de d'Alembert une prééminence de la géométrie sur la mécanique et de l'algèbre sur la géométrie : « *On passe, en dépouillant les corps réels de leurs propriétés sensibles et physiques, de l'objet au volume et aux grandeurs d'espace, et donc, de la physique à la géométrie, puis aux nombres et à l'arithmétique, enfin, aux rapports de grandeurs, c'est-à-dire à l'algèbre*[493]. » Cette notion est aussi expliquée par lui dans les éléments de philosophie lorsqu'il précise sa théorie de la connaissance dans ses *Éclaircissements concernant les idées simples et les définitions*[494].

Cette notion d'*application* et l'article expliquant cette notion sont donc très importants, ils touchent au processus historique de mathématisation des phénomènes naturels. Dans la partie *Application de la géométrie et de l'algèbre à la mécanique* de l'article, d'Alembert fait œuvre de vulgarisation par une explication très didactique qui pose le contexte historique en faisant référence à Newton et Descartes et qui permet de comprendre aisément comment mathématiser des phénomènes physiques comme le temps et

---

- ✓ de l'algèbre ou de l'analyse à la géométrie ;
- ✓ de la géométrie à l'algèbre ;
- ✓ de la géométrie et de l'algèbre à la mécanique ;
- ✓ de la mécanique à la géométrie ;
- ✓ de la géométrie et de l'analyse à la physique.

[491] Application de la méthode géométrique à la métaphysique, application de la métaphysique à la géométrie.

[492] D'Alembert, Préface du *Traité de dynamique* de 1743.

[493] Paty M., *D'Alembert ou la raison physico-mathématique au Siècle des Lumières*, 2004, p. 160.

[494] D'Alembert, *Essai sur les éléments de philosophie*, 1759, p. 203.

l'espace : « *Le temps, par sa nature, coule uniformément, et la mécanique suppose cette uniformité. Du reste, sans connaître le temps en lui-même et sans en avoir de mesure précise, nous ne pouvons représenter plus clairement le rapport de ses parties, que par celui des parties d'une ligne droite indéfinie. Or, l'analogie, qu'il y a entre le rapport des parties d'une telle ligne et celui des parties de l'espace parcouru par un corps qui se meut d'une manière quelconque, peut toujours être exprimée par une équation.* » On part donc bien de phénomènes naturels, *le temps et l'espace,* pour aboutir à une représentation mathématique, *l'équation.*

Dans son approche propre, ayant pris parfois ce processus de mathématisation avec scepticisme, Diderot propose[495] une autre notion de l'*application* et avance que c'est « *à la philosophie expérimentale de rectifier les calculs de la géométrie* », et préconise même l'écriture d'un « *grand ouvrage qu'on pourrait appeler* L'Application de l'expérience à la géométrie *ou* Traité de l'aberration des mesures ». Dans une autre direction que celle voulue par Diderot, la fin du XVIIIe verra en quelque sorte le triomphe de « L'Application de l'algèbre à la mécanique » dans le traité de *Mécanique analytique* de 1788 dans la préface duquel Lagrange se félicite du fait qu'« *on ne trouvera point de figures dans cet ouvrage, les méthodes que j'y expose ne demandent ni constructions, ni raisonnements géométriques ou mécaniques mais seulement des opérations algébriques assujetties à une marche régulière et uniforme. Ceux qui aiment l'Analyse verront avec plaisir la Mécanique en devenir une nouvelle branche, et me sauront gré d'en avoir ainsi étendu le domaine.* »

Les mathématiques pures

Comme on l'a vu dans le système figuré des connaissances humaines des encyclopédistes, cette partie de la branche mathématique comprend l'arithmétique et la géométrie. On peut déjà noter que le terme *analyse* lui-même n'apparaît ni dans ce système figuré ni dans l'explication détaillée qu'en fait Diderot. Historiquement, à quelles recherches entre 1740 et 1800 correspondent ces disciplines et dans quels traités se développent-elles ? Ce sont, sur le continent, principalement les travaux d'Euler, de Daniel Bernoulli, de d'Alembert, Lagrange, Lambert, Laplace, Legendre et Monge et en Angleterre, Moivre, Maclaurin et Simpson[496]. La géométrie analytique et l'analyse infinitésimale vont converger pour faire émerger la notion de fonction. Elle est présentée explicitement pour la première fois par Euler dans *Introductio in analysin infinitorum* en 1748. Cette notion de fonction permet d'introduire celles de différentielle, de dérivée et de primitive. Les mathématiques pures restent très étroitement liées à la mécanique, notamment avec l'évolution de l'utilisation des équations différentielles et

---

[495] Diderot, *Pensées sur l'interprétation de la nature*, chap. II, 1754.
[496] Cf. Chronologie des traités par discipline en annexe.

les équations aux dérivées partielles pour étudier les phénomènes dans lesquels plusieurs variables physiques entrent en jeu. La contribution la plus importante de d'Alembert en mathématiques pures est publiée principalement dans les *Opuscules mathématiques* divisés en une quinzaine de mémoires et publiés entre 1761 et 1780.

D'Alembert a écrit la plupart des articles de l'*Encyclopédie* relatifs aux différentes branches des mathématiques (parmi les 1500 articles qu'il a écrits au total). L'article « Mathématiques » lui-même est relativement court, il renvoie aux différentes disciplines et aux notions générales liées aux mathématiques (Grandeur, Calcul, Mesure). Ses réflexions philosophiques sur les mathématiques se trouvent dans les articles de l'*Encyclopédie* eux-mêmes, dans les articles *Application* et *Éléments,* dans le *Discours préliminaire de l'*Encyclopédie de 1751 et dans les *Essais sur les éléments de philosophie* et les *Éclaircissements* sur ces éléments de 1759. Les éléments de philosophie se présentant comme une série de chapitres dédiés aux différentes disciplines. D'Alembert y consacre deux chapitres aux mathématiques pures : Mathématique-algèbre et Géométrie et un chapitre à la logique. Les *Essais sur les principes de philosophie* sont particulièrement intéressants pour comprendre la réflexion de d'Alembert sur les sciences. Ils contiennent d'autres chapitres indirectement liés aux mathématiques, d'une part, les chapitres sur les disciplines qui dépendent de la *mathématique mixte* (mécanique, astronomie, optique, hydrostatique) et, d'autre part, d'Alembert expose dans les *Éclaircissements*[497] une série de réflexions philosophiques sur la perception et la connaissance qu'il serait intéressant de comparer systématiquement aux écrits correspondants de Hume, Locke, Berkeley, Wolf et bien sûr Kant.

En ce qui concerne Kant et les mathématiques pures[498], malgré le fait que son époque voit des développements techniques poussés dans ce domaine, celui-ci n'entre pas dans la considération détaillée de ces développements, il prend les exemples de l'arithmétique et de la géométrie. Il ne propose pas de réflexions sur les nouveaux outils que sont au XVIIIe le calcul infinitésimal et les notions de fonctions ; du moins, on ne retrouve pas de termes techniques de ce genre dans ses écrits. Beaucoup d'auteurs s'accordent sur le fait que la connaissance qu'a le philosophe des mathématiques est assez

[497] Notamment :

- *L'éclaircissement II :* « Éclaircissement sur ce qui a été dit concernant les idées simples et les définitions ».
- *L'éclaircissement VII :* « Éclaircissement sur ce qui a été dit de l'analyse de nos sens et de ce que chacun d'eux en particulier peut nous apprendre ».

[498] Un grand nombre d'études ont été faites sur Kant et les mathématiques. On peut voir notamment M. Friedman, *Kant and the exact science*, 1992 ; L. Couturat, *La philosophie des mathématiques de Kant*, 1905 ; F. Pierobon, *Kant et les mathématiques*, 2003 ; « Kant et les mathématiques », *les Cahiers philosophiques de Strasbourg*, n° 26, 2009 ; J. Hintikka, *La philosophie des mathématiques chez Kant*, 1996.

basique, sa réflexion se situant plutôt en amont des mathématiques, sur leur *possibilité d'existence.*

On peut dire qu'il y a dans la période allant des encyclopédistes à Kant (1750-1780), plusieurs aspects qui se mêlent dans la classification des différentes disciplines constituant les mathématiques pures. Premièrement, un aspect technique dû aux articles de d'Alembert qui était un de ceux qui ont fait les mathématiques pures à cette période. Deuxièmement, un autre aspect de la réflexion sur les mathématiques, imprégnée de l'histoire de cette science et de son lien avec la métaphysique qui se retrouve chez d'Alembert[499] et Kant. Troisièmement, un aspect novateur introduit par la théorie transcendantale de Kant sur la possibilité de construction des mathématiques au moyen des catégories et des concepts purs de l'entendement[500].

Arithmétique/algèbre

L'arithmétique comme sous-partie de l'algèbre, discipline de d'Alembert

Telle qu'elle apparaît dans l'arbre du système des connaissances humaines, la deuxième grande division des mathématiques pures avec la Géometrie est l'arithmétique. Cette discipline est présentée par Diderot comme suit dans *L'Explication détaillée du système des connaissances humaines* de 1751 : « *La quantité abstraite, objet des Mathématiques pures, est ou nombrable, ou étendue. La quantité abstraite nombrable est devenue l'objet de l'Arithmétique ; et la quantité abstraite étendue, celui de la Géométrie.* » L'arithmétique est donc l'expression de *l'idée abstraite quantité* sous forme de nombres. C'est en fait un cas particulier de « l'*Algèbre ou Arithmétique universelle par Lettres, qui n'est autre chose que le calcul des grandeurs en général et dont les opérations ne sont proprement que des opérations arithmétiques indiquées d'une manière abrégée : car, à parler exactement, il n'y a calcul que de nombres* ». Malgré la subsistance de la division traditionnelle en *science de l'étendue* et *science des nombres*, dans l'esprit de la classification des encyclopédistes, l'Arithmétique cède le pas à l'algèbre sous l'influence de d'Alembert. Aussi, dans l'*Essai sur les éléments de philosophie* de d'Alembert, il n'existe pas de chapitre dédié à l'Arithmétique mais, par contre, mathématique et algèbre sont présentées ensemble dans un seul et même chapitre.

---

[499] Comme on l'a vu dans l'article « Application » mais aussi, par exemple, dans *L'Essai sur les éléments de philosophie* (1759) à *L'éclaircissement XV :* « Sur l'usage et sur l'abus de la métaphysique en géométrie et en général dans les sciences mathématiques ».

[500] La première partie de la *question transcendantale capitale* telle qu'elle est présentée par Kant dans les *Prolégomènes à toute métaphysique future* est *comment la mathématique pure est-elle possible ?*

En ce qui concerne l'article « Arithmétique » de l'*Encyclopédie*, d'Alembert y précise qu'il est la traduction de l'article de la *Cyclopaedia* de Chambers. L'arithmétique y est aussi appelée *l'art de nombrer* ou la *science des quantités discrètes*. Selon un plan classique, on y trouve d'abord un historique de cette discipline, puis une présentation de ses différentes formes : « *L'Arithmétique, telle qu'elle est aujourd'hui, se divise en différentes espèces, comme théorique, pratique, instrumentale, logarithmique, numérale, spécieuse, décimale, tétractique, duodécimale, sexagésimale.* » À noter que *l'arithmétique spécieuse* est un autre nom pour l'algèbre.

La dernière partie de l'article est un apport de d'Alembert à l'article anglais de la *Cyclopaedia* de Chambers, elle comporte des considérations épistémologiques sur l'arithmétique où sont exposés ses *principes*, les quatre opérations se réduisant en fait à deux règles : « *D'où il s'ensuit encore que les règles primitives de l'Arithmétique peuvent, à la rigueur, se réduire à l'addition et à la soustraction : la multiplication et la division ne sont proprement que des manières abrégées de faire l'addition d'un même nombre plusieurs fois à lui-même, ou de soustraire plusieurs fois un même nombre d'un autre. Aussi, M. Newton appelle-t-il les règles de l'Arithmétique,* compositio *et* resolutio arithmetica, *c'est-à-dire, composition et résolution des nombres.* »

La partie générale sur l'arithmétique est suivie d'une longue partie, *arithmétique universelle* qui est selon d'Alembert la façon dont Newton dénommait l'algèbre. Cette *arithmétique universelle* se divisant elle-même en deux sous-catégories. La première partie consistant à faire des calculs sur des symboles quelconques plutôt que sur des nombres, et la deuxième partie consistant en la comparaison de la partie symboles (inconnue) avec la partie chiffre (connue) pour trouver ce qui est recherché. L'arithmétique universelle se divise donc en deux parties : « *La première partie de l'Arithmétique universelle s'appelle proprement Algèbre ou science du calcul des grandeurs en général ; la seconde s'appelle proprement Analyse : mais ces deux noms s'emploient assez souvent l'un pour l'autre.* »

De cette présentation par d'Alembert, on peut dire que l'arithmétique ne devient intéressante pour lui que quand elle peut être généralisée en Algèbre où l'utilisation des symboles « *soulage la mémoire et l'imagination en diminuant beaucoup les essors qu'elles seraient obligées de faire, pour retenir les différentes choses nécessaires à la découverte de la vérité sur laquelle on travaille, et que l'on veut conserver présentes à l'esprit. C'est pourquoi quelques Auteurs appellent cette science Géométrie métaphysique* »[501] et qu'elle sert avant tout à simplifier et à résoudre des problèmes : « *Cette loi de rapport est ce qu'on nomme équation ; ainsi le premier pas à faire, lorsqu'on a un problème à résoudre, est de réduire d'abord le problème à l'équation la plus simple.* » D'Alembert en praticien a

[501] Article « Algèbre » de l'*Encyclopédie*.

une approche très concrète de la discipline. La métaphysique qu'il évoque ici est la « bonne métaphysique », c'est-à-dire une abstraction permettant de simplifier et de saisir les principes[502]. Cette vision de la métaphysique, il la présentera aussi de manière plus détaillée dans le chapitre de l'*Essai sur les éléments de philosophie* de 1759 sur *l'usage et sur l'abus de la métaphysique en géométrie et dans les sciences en général.*

Dans les présentations que donne Kant des mathématiques pures, cette discipline est divisée en deux parties : géométrie et arithmétique. C'est une division classique semblable à celle présentée dans le système figuré des connaissances humaines des encyclopédistes. Contrairement aux encyclopédistes, d'Alembert en tête, qui portent plus d'attention à ce qui vient après l'arithmétique dans leur classification, à savoir l'algèbre, Kant reste au niveau de l'arithmétique. De ce qu'il ressort des sources secondaires sur Kant et ses réflexions sur ces deux disciplines, il semble que le consensus général soit que Kant était plus à l'aise avec la géométrie qu'avec l'arithmétique. Sa représentation de l'arithmétique aurait varié au cours de ses réflexions. La géométrie reste toujours liée à l'espace. Dans un *système* logique, l'autre dimension, le temps, devrait donc être associée à l'autre aspect des mathématiques, l'arithmétique[503] : « *La géométrie a pour fondement l'intuition pure de l'espace. L'arithmétique forme ses concepts de nombre par addition successive des unités dans le temps*[504]. » Mais le lien de l'arithmétique avec le temps n'a pas toujours été constant chez Kant[505]. On peut remarquer que pour Kant, l'arithmétique reste avant tout centrée sur la notion de nombre, il ne va pas plus loin pour, par exemple, essayer d'expliciter les lois de *composition* et de *résolution* telles qu'elles étaient présentées par Newton qui est pourtant le modèle scientifique de Kant. Il n'explore pas non plus l'aspect *métaphysique* des combinaisons de l'algèbre et de l'analyse telles qu'envisagées par d'Alembert et qui représentent pourtant l'aspect utile et unificateur. C'est pourtant cet aspect de la métaphysique que Kant cherche à faire ressortir dans ses différents écrits en voulant la constituer en science : « *De la métaphysique, on pourrait dire le contraire : Elle est déconcertée de pouvoir faire si peu avec tant de matériaux que lui offre la mathématique pure*[506] » ou encore, « *Il semble presque ridicule alors que toutes les autres sciences ne cessent de progresser, que dans celle qui prétend cependant être la sagesse elle-même, et dont tout homme consulte les oracles, on en reste à tourner en rond sur place sans avancer d'un pas*[507]. »

---

[502] À opposer à la *métaphysique dogmatique* décrite et dénoncée aussi par Kant.

[503] Voir à ce sujet M. Lequan, « Quelle est chez Kant la science mathématique pure du temps ? », *Les Cahiers philosophiques de Strasbourg*, vol. 26, 2009, p. 27-56.

[504] Kant, *Prolégomènes à toute métaphysique future*, 1783, paragraphe 10.

[505] Voir à ce sujet Friedman, 1992, p. 104-105.

[506] Kant, *Premiers principes métaphysiques de la science de la nature*, 1786, p. 23.

[507] Kant, *Prolégomènes à toute métaphysique future*, 1783, préface.

Géométrie

La géométrie, discipline mise en avant par Kant

Parmi les disciplines qui constituent les mathématiques pures, les commentateurs de Kant donnent à la géométrie un rôle prépondérant dans son œuvre. Dans la *première partie de la question transcendantale capitale* sur la possibilité d'existence des mathématiques pures[508], la Géométrie fait effectivement l'objet d'une longue remarque alors que l'arithmétique ou l'algèbre ne sont pas détaillées. Historiquement, on sait que la géométrie pure était un peu en perte de vitesse au XVIIIe siècle face à la géométrie analytique et à l'analyse. L'importance de la géométrie chez Kant a été expliquée selon les sources par différents aspects : Elle serait un exemple que Kant considère comme bien adapté pour expliquer son système transcendantal et notamment, en ce qui concerne le rôle qui y est joué par l'intuition. Pour d'autres auteurs, l'importance de la Géométrie serait liée aux références de Kant en matière de mathématiques qui sont en effet plus les mathématiciens grecs comme Euclide que les mathématiciens du XVIIIe siècle. On sait aussi que la géométrie non euclidienne, qui est apparue peu après Kant avec les travaux de Lobatchevski, Bolyai et Gauss, a entraîné chez les commentateurs de Kant au XIXe et au XXe une sorte de dénigrement des représentations que donne Kant de la géométrie, considérées comme incomplètes, voire fausses[509]. Ce n'est pas le propos ici de détailler ces aspects qui ont déjà été beaucoup et très bien étudiés.

La Géométrie tient donc une place prépondérante dans la classification des sciences de Kant. On peut faire deux remarques à ce sujet : sur le concept de *construction.* Il est central chez Kant et caractérise les mathématiques par rapport à la philosophie : « *La pure connaissance rationnelle par simples concepts est appelée philosophie pure ou métaphysique ; mais celle, qui ne fonde sa connaissance que sur la construction des concepts en présentant l'objet dans une intuition* a priori, *s'appelle mathématique.* » L'action de construction est une caractéristique de la géométrie plus que celle de l'algèbre ou de l'analyse. Malgré le développement de l'analyse et la disparition des figures géométriques comme le revendiquera Lagrange dans sa géométrie analytique, la construction géométrique reste un des aspects des mathématiques au XVIIIe. Aussi, les mathématiciens sont souvent appelés *géomètres.*

La deuxième remarque en lien avec la géométrie est à propos de la notion de *mouvement*, c'est aussi une notion centrale pour Kant comme il le dit, par exemple, dans les *Premiers principes métaphysiques de la science de la nature* : « *La détermination fondamentale d'un quelque chose qui doit être*

---

[508] *Idem*, Remarque I, p. 287.

[509] On peut voir à ce sujet, par exemple, P. Mansion, « Gauss contre Kant sur la Géométrie non euclidienne », *Revue néoscolastique*, n° 60, 1908, p. 441-453. Ou encore, ce qu'en disent Friedman (1992), Pierobon (2003) dans leurs chapitres sur Kant et la Géométrie.

un objet des sens externes devait être le mouvement, car celui-ci seul peut affecter les sens. C'est au mouvement aussi que l'entendement ramène tous les autres prédicats de la matière qui appartiennent à sa nature ; et c'est ainsi que la science de la nature est en sa totalité une théorie pure ou appliquée du mouvement[510]. »

Chez les encyclopédistes, l'organisation des différentes parties de la mathématique pure était différente, elle s'agence selon l'ordre résumé dans la formule connue de d'Alembert : « *On a appliqué heureusement l'algèbre à la géométrie, la géométrie à la mécanique et chacune de ces trois sciences à toutes les autres*[511] » qui laisse entendre une antériorité conceptuelle nécessaire de l'algèbre pour pouvoir travailler sur la Géométrie, puis sur les autres sciences. On retrouve aussi cette idée d'algèbre comme science plus fondamentale dans l'article « Géométrie » de l'*Encyclopédie* : « *On peut appeler l'Algèbre géométrie symbolique, à cause des symboles dont l'Algèbre se sert dans la solution des problèmes ; cependant, le nom de géométrie métaphysique qu'on a donné à l'Algèbre paraît lui être du moins aussi convenable, parce que le propre de la Métaphysique est de généraliser les idées, et que non seulement l'Algèbre exprime les objets de la Géométrie par des caractères généraux, mais qu'elle peut faciliter l'application de la Géométrie à d'autres objets.* » Cette idée de prééminence de l'algèbre sur la géométrie ne se reflète pourtant pas directement dans le système figuré des connaissances humaines où les mathématiques pures se divisent classiquement en géométrie et arithmétique. L'algèbre y est présentée comme sous-discipline de l'arithmétique qui se divise en *arithmétique numérique* et en *algèbre.* Par contre effectivement, *l'arithmétique numérique* reste en quelque sorte une « branche morte » de l'arbre de la connaissance, tandis que l'algèbre se subdivise à son tour en *algèbre élémentaire et algèbre infinitésimale,* puis l'algèbre infinitésimale en *différentielle* et *intégrale.* Cette subdivision des disciplines reflétant bien la vitalité de cette branche des mathématiques pures à l'époque des encyclopédistes.

L'article « Géométrie » de l'*Encyclopédie* a été rédigé par d'Alembert, une grande partie du texte de cet article se retrouve aussi dans le chapitre « Géométrie » de l'*Essai sur les éléments de philosophie* de 1759. Cet article comprend une grande partie historique, puis l'article traite des *objets* de la géométrie, de ses *divisions* et de ses *éléments.* En ce qui nous concerne au point de vue de la classification des disciplines, il est intéressant que dans l'article apparaissent des subdivisions supplémentaires par rapport au *système figuré des connaissances humaines* : notamment la division entre Géométrie ancienne et moderne. La géométrie ancienne étant celle d'avant Descartes, soit la géométrie classique de construction de figures avec la règle et le compas et ne faisant pas encore intervenir les possibilités de combinaison algébrique des grandeurs et de représentations des figures par

---

[510] Kant, *Premiers principes métaphysiques de la science de la nature*, 1786, p. 20.
[511] D'Alembert, Préface du *Traité de dynamique*, 1743 p. iij.

les coordonnées de leurs points dans un repère. En lien avec ce qui a été discuté plus haut, on peut dire que c'est cette *géométrie ancienne* qui sert de référence à Kant dans ses différents écrits.

Mathématiques mixtes/Physico-mathématiques

Les *mathématiques mixtes* sont la discipline emblématique de la science au XVIIIe. Historiquement, parmi les savants qui ont contribué à ces disciplines, on retrouve les mêmes que ceux cités pour les mathématiques pures. On peut citer les principaux : Euler, Lagrange, d'Alembert, Bernoulli, Laplace[512]. La mécanique et ses différentes branches (statique, dynamique, hydrostatique, hydrodynamique, etc.) sont dominantes. Mais l'astronomie est aussi importante pour d'Alembert qui la considère « *comme l'application la plus sublime et la plus sûre de la Géométrie et de la Mécanique réunies et ses progrès comme le monument le plus incontestable du succès auxquels l'esprit humain peut s'élever par ses efforts* »[513].

La mathématique mixte comprend donc le groupe de disciplines représentant le mieux le processus de mathématisation des phénomènes naturels qui est à l'œuvre à cette époque. C'est en quelque sorte sur ce processus que Kant réfléchit dans les *Prolégomènes à toute métaphysique future* dans sa *deuxième partie de la question transcendantale capitale. Comment une science pure de la nature est-elle possible ?* C'est également la partie la plus longue de son exposé qui aboutit à la question : *Comment la nature elle-même est-elle possible ?* et où l'auteur introduit la table des catégories des concepts purs de l'entendement, une des bases de la philosophie transcendantale qu'il détaille dans *Critique de la raison pure*.

On a vu que Kant définissait une science comme ceci : « *Toute doctrine, quand elle doit former un système, c'est-à-dire une totalité de la connaissance, ordonnée suivant des principes, s'appelle science*[514]. » Une *science pure* étant une discipline où les connaissances et la façon dont ses connaissances s'articulent sont connues *a priori*. La question *Comment une science pure de la nature est-elle possible ?* est à rapprocher avec la mathématisation de la physique et peut être reformulée de la façon suivante : De quelle manière, les mathématiques sont-elles liées aux phénomènes naturels ? Quel lien entre le calcul spéculatif et les phénomènes naturels ? Une grande partie du travail en mathématique mixte au XVIIIe s'inscrit dans ce va-et-vient entre le calcul et les phénomènes naturels. Dans le *Mémoire sur les cordes vibrantes,* par exemple, d'Alembert utilise au cours de

---

512 Pour mémoire, on rappelle les principaux : Euler : *Mechanica* en 1736 et *Theoria motus corporum seu rigidorum* en 1760 ; D'Alembert : *Traité de dynamique* en 1743 et *Traité d'équilibre et du mouvement des fluides* en 1744 ; Daniel Bernouilli : *Hydrodyncmica* en 1738 ; Lagrange : *Mécanique analytique* en 1788. Voir R. Dugas : *Histoire de la mécanique*, 1950, Livres III et IV.

513 D'Alembert, *Discours préliminaire de l'Encyclopédie*, 1759, p. 89.

514 Kant, *Premiers principes métaphysiques de la science de la nature*, 1786, p. 8.

l'explication d'un de ses calculs la formule suivante résumant de manière caractéristique cet aspect : « *La nature en ce point arrête, pour ainsi dire, brusquement le calcul*[515]. » On sait que pour Kant, c'est en quelque sorte le processus inverse qui est envisagé, c'est le calcul qui impose sa loi à la nature : « *Loin de que ce soit à partir de la nature que nous devions en chercher les lois universelles au moyen de l'expérience, à l'inverse, c'est à partir des conditions de la possibilité de l'expérience qui résident dans notre sensibilité et dans notre entendement que nous devons chercher la nature selon sa conformité à des lois universelles*[516]. » Pour Kant donc, les mathématiques, connaissance spéculative, *qui ne fonde sa connaissance que sur la construction de concepts,* sont une condition indispensable à la constitution des phénomènes naturels en une science pure de la nature : la mécanique, l'astronomie, l'optique, etc. ne sont avant tout que de la mathématique retrouvée dans la nature[517]. Cette explication kantienne serait intéressante à comparer à deux aspects : premièrement, à comparer à la façon dont s'est fait historiquement le processus de mathématisation dans les différents travaux de cette époque : Chez quels savants[518] et pour l'étude de quel phénomène y a-t-il eu en matière de méthodologie une primauté des mathématiques sur l'observation expérimentale ? Deuxièmement, il serait intéressant d'envisager comment Kant aurait rendu compte des sciences basées majoritairement sur l'induction, soit un grand nombre d'observations[519] dont la combinaison statistique et les méthodes de régression linéaires (lois *a priori*) permettent de déterminer des lois mathématiques rendant compte des phénomènes naturels.

PARTIE III. LES SCIENCES EMPIRIQUES

Contrairement à la deuxième partie que nous venons de voir et qui traitait des sciences pures, nous sortons ici en quelque sorte du domaine du quantitatif et de l'applicabilité des mathématiques pour traiter des disciplines où les règles articulant et organisant les connaissances ne sont plus forcément mathématiques. C'est le groupe de disciplines que les encyclopédistes regroupaient sous le terme *physique particulière* et que Kant

[515] D'Alembert, « Opuscules mathématiques de d'Alembert », *Mémoire 1 sur les cordes vibrantes*, 1761, p. 25.
[516] Kant, « Paragraphe 36 : Comment la nature est-elle possible ? », *Prolégomènes à toute métaphysique future*, 1783.
[517] C'est pour cette raison qu'on qualifie parfois la philosophie de la connaissance de Kant d'idéalisme transcendantal en référence à l'idéalisme de Platon.
[518] On pense notamment à d'Alembert pour l'utilisation des équations aux dérivées partielles dans les *Réflexions sur la cause générale des vents* de 1746 et ses *Mémoires sur les cordes vibrantes* de 1747. Ami Dahan Dalmedico parle de *différents styles de mathématisation.*
[519] Ce que Kant appelle « *Une théorie historique de la nature ne contenant que des faits systématiquement ordonnés des choses de la nature* », in *Premiers principes métaphysiques de la science de la nature*, 1786, p. 8.

a appelé plus tard *théorie historique de la nature.* Comme on le verra, les notions de qualitatif et d'expérimental y jouent un rôle important.

La physique particulière

Comme on l'a vu plus haut, la *physique particulière*, telle qu'elle est présentée par les encyclopédistes dans le *Système figuré des connaissances humaines*, regroupe des disciplines qui selon Kant ne peuvent pas être appelées sciences de la nature à *proprement parler*[520]. Il existe deux aspects expliqués par Kant dans la préface des *Premiers principes métaphysiques de la science de la nature* qui différencient ces disciplines de celles regroupées sous la mathématique mixte. Premièrement, les connaissances en physique particulière ne sont pas des *connaissances pures,* mais des *savoirs*, et les lois qui articulent entre elles ces connaissances en physique particulière ne sont pas des lois *a priori* mais *des lois de l'expérience.*

Chez Diderot, cette différence était exprimée ainsi : les faits de la physique particulière sont acquis *par les sens* et organisés par la *réflexion*, il n'est donc pas fait mention d'utilisation de mathématique en *physique particulière*. Alors que la mathématique déclinant la quantité sous toutes ses formes est le cœur de la *Mathématique mixte* et de la *physico-mathématique* comme décrit dans le passage caractéristique déjà cité : « *La quantité, objet des Mathématiques, pouvait être considérée, ou seule et indépendamment des individus réels et des individus abstraits dont on en tenait la connaissance ou dans ces individus réels et abstraits, ou dans leurs effets recherchés d'après des causes réelles ou supposées ; et cette seconde vue de la réflexion a distribué les Mathématiques en Mathématiques pures, Mathématiques mixtes, Physico-mathématiques*[521]. »

C'est dans l'article « Expérimental de l'*Encyclopédie* »[522] que d'Alembert, pour expliquer l'objet de la physique particulière ou expérimentale, cite des disciplines telles que la chimie ou l'étude expérimentale du magnétisme et de l'électricité : « *Je me bornerai pour le présent à ce qui doit être le véritable et comme l'unique objet de la physique expérimentale ; à ces phénomènes qui se multiplient à l'infini, sur la cause desquels le raisonnement ne peut nous aider, dont nous n'apercevons point la chaîne, ou dont au moins nous ne voyons la liaison que très imparfaitement, très rarement, et après les avoir envisagés sous bien des faces : tels sont, par exemple, les phénomènes de la Chimie, ceux de l'électricité, ceux de l'aimant et une infinité d'autres.* » Historiquement, les travaux les plus importants de la période 1740-1800 qu'on peut classer en

---

[520] Kant, *Premiers principes métaphysiques de la science de la nature*, 1786, p. 3.

[521] Diderot, *Explication détaillée du système des connaissances humaines*, 1751. Partie *Science de la nature.*

[522] Dont le texte est quasiment repris à l'identique par d'Alembert lorsqu'il explique la *physique générale* dans les *Essais sur les éléments de philosophie* en 1759.

physique particulière sont ceux publiés par Lavoisier en chimie et par Coulomb, Galvani, Humboldt et Volta en électricité et en magnétisme[523].

La *réflexion* mentionnée par Diderot comme organisant les faits expérimentaux de la physique particulière n'est pas détaillée par celui-ci. C'est d'Alembert dans l'article « Expérimental de l'*Encyclopédie* » qui donnera plus de précision ; pour lui, cette *réflexion* (qui n'est pas mathématique, comme on l'a vu) regroupe *l'esprit de conjecture* et *l'esprit d'analogie*[524]. Il en parle en ces termes : « *Esprit de conjecture, qui, tout à la fois timide et éclairé, conduit quelquefois à des découvertes, pourvu qu'il se donne pour ce qu'il est, jusqu'à ce qu'il soit arrivé à la découverte réelle ; cet esprit d'analogie, dont la sage hardiesse perce au-delà de ce que la nature semble vouloir montrer, et prévoit les faits, avant que de les avoir vus* ».

Cependant, d'Alembert met en garde contre une mauvaise utilisation de ces méthodes, et considère que la qualité première en *physique particulière* est la collecte ordonnée du plus grand nombre possible d'observations : « *Ce sont là les faits que le physicien doit surtout chercher à bien connaître : il ne saurait trop les multiplier ; plus il en aura recueilli, plus il sera près d'en voir l'union : son objet doit être d'y mettre l'ordre dont ils seront susceptibles d'expliquer les uns par les autres autant que cela sera possible, et d'en former, pour ainsi dire, une chaîne où il se trouve le moins de lacunes que faire se pourra ; il en restera toujours assez ; la nature y a mis bon ordre. Qu'il se garde bien surtout de vouloir rendre raison de ce qui lui échappe ; qu'il se défie de cette fureur d'expliquer tout.* »

On peut aussi remarquer qu'il existe ailleurs dans le corpus des encyclopédistes une autre classification concernant la physique particulière : elle divise la science de la nature en *physique générale* et *physique particulière*. Elle est précisée par d'Alembert et basée sur un autre critère que l'emploi des mathématiques : « *La spéculation intellectuelle appartient à la Physique générale, qui n'est proprement que la Métaphysique des corps ; et la mesure est l'objet des Mathématiques, dont les divisions s'étendent presque à l'infini. Ces deux Sciences conduisent à la Physique particulière, qui étudie les corps en eux-mêmes, et qui n'a que les individus pour objet*[525]. » Ici, la classification est en quelque sorte fondée sur l'opposition spéculatif/général contre pratique/individuel, et ce sont au contraire les mathématiques qui créent un lien entre les deux physiques. On se rappelle que le terme *physique général* est synonyme de *métaphysique des corps* dans *Le Système figuré des connaissances humaines* de 1751. C'est

---

[523] Cf. Liste en annexe, la chronologique des principaux travaux de cette époque.

[524] Kant, lui, a une autre présentation, il considère que les conjectures sont constituées par des analogies et des inductions : « *C'est seulement dans la science empirique de la nature que les conjectures (grâce à l'induction et à l'analogie) sont admissibles, sous réserve toutefois que du moins, la possibilité de ce que j'admets soit tout à fait certaine* », in *Prolégomènes à toute métaphysique future*, 1783, p. 350.

[525] « Discours préliminaire de l'*Encyclopédie* », p. 113.

donc une classification qui fait intervenir la métaphysique. Cette approche se retrouve encore chez Kant en 1786 dans la préface des *Premiers principes métaphysiques*, c'est même l'objet central de cet écrit : « *C'est pourquoi j'ai jugé nécessaire en ce qui concerne la partie pure de la science naturelle* (physica generalis) *où les constructions métaphysiques et mathématiques ont coutume de s'entremêler, de présenter en un système les premières ainsi que les principes de la construction de ces concepts, c'est-à-dire les principes de la possibilité même d'une théorie mathématique de la nature*[526]. » Donc chez ces philosophes, la mathématique est liée aux deux physiques : chez d'Alembert, les *spéculations intellectuelles* de la physique générale se combinent aux *mesures* des mathématiques pour se retrouver en physique particulière chez les *individus.* Chez Kant, celui-ci estime en outre qu'il est nécessaire de clarifier les relations entre les mathématiques et la physique générale, et fait de cette clarification l'objet des *Principes métaphysiques de la science de la nature* de 1786.

Le cas de la Chimie

Qu'en est-il de la chimie ? Comme nous l'avons vu, elle est classée dans les années 1750 par les encyclopédistes dans la partie *Physique particulière* de la *science de la nature*. Elle est donc une discipline de la raison mais l'article « Chimie de l'*Encyclopédie* » n'est pas rédigé par d'Alembert[527] qui se chargeait de tout ce qui était mathématiques et disciplines mathématisées. Au contraire, celui-ci attaque dans l'article « Feu » le concept de *phlogistique* couramment utilisé par les chimistes de l'époque.

Diderot en dit dans l'explication détaillée des connaissances humaines : « *De la connaissance expérimentale, ou de l'Histoire prise par les sens, des qualités extérieures, sensibles, apparentes, etc. des corps naturels, la réflexion nous a conduits à la recherche artificielle de leurs propriétés intérieures et occultes ; et cet Art s'est appelé Chimie. La Chimie est imitatrice et rivale de la Nature : son objet est presque aussi étendu que celui de la Nature même : qu'elle décompose les Êtres ; ou elle les revivifie ; ou elle les transforme, etc. La Chimie a donné naissance à l'Alchimie, et à la Magie naturelle. La Métallurgie ou l'Art de traiter les Métaux en grand, est une branche importante de la Chimie. On peut encore rapporter à cet Art la Teinture.* » C'est une description qui a deux aspects. D'une part, elle reprend la classification des autres sciences appliquées où les données et phénomènes de *l'histoire* accumulée par les *sens* sont traités par la *réflexion.* Mais, d'autre part, la notion de chimie est encore fortement empreinte de propriétés occultes et de notions héritées de l'alchimie et on ne retrouve guère ailleurs dans la classification de Diderot un tel aspect occulte qu'avec le terme *astrologie* comme subdivision de l'astronomie.

---

[526] Kant, 1786, p. 15.
[527] L'article « Chimie » sera donc rédigé par Venel, professeur de chimie à Montpellier.

Dans les années 1780, trente ans après les encyclopédistes et dans le même esprit qu'eux, Kant classe encore la Chimie non comme une *science pure de la nature* mais comme un *art systématique*[528]. Kant dit de cette discipline : « *C'est pourquoi l'explication la plus complète de certains phénomènes d'après les principes de la chimie ne nous donne pas entière satisfaction ; on ne peut, en effet, donner des raisons* a priori *de ces lois en tant que contingentes et que l'expérience seule a enseignées*[529]. » La Chimie n'est pas composée de *connaissances pures* puisque celles-ci sont obtenues de manière empirique par des observations expérimentales qui à cette époque ne sont pas encore quantifiables précisément. De plus, les lois qui organisent ces résultats ne sont pas des lois *a priori,* reposant sur la *certitude apodictique* des mathématiques. Il semblerait que la chimie ait joué un rôle important pour Kant et que son opinion sur cette discipline ait évolué au cours de ses écrits. Il y a une différence de conception sur la Chimie entre les écrits de Kant de la période de la *Critique de la raison pure* et des *Premiers principes métaphysiques de la science de la nature* et ceux compilés dans l'*Opus postumum*[530].

Venel qui avait composé l'article « Chimie de l'*Encyclopédie* » décrivait aussi cet état de la chimie à sa façon, moins rigoureuse que Kant ne le fera, mais qui exprimait la même notion de discipline encore non suffisamment structurée : « *Ces livres (de Chimie) ne sont, du moins leurs auteurs eux-mêmes ne voudraient pas les donner pour mieux que pour des collections judicieusement ordonnées de faits choisis avec soin et vérifiés sévèrement, d'explications claires, sages, et quelquefois neuves, et de corrections utiles dans les procédés. Chaque partie de ces ouvrages peut être parfaite, du moins exacte ; mais le nœud, l'ensemble, le système, et surtout ce que j'oserai appeler une issue par laquelle la Chimie puisse s'étendre à de nouveaux objets, éclairer les autres sciences, s'agrandir en un mot ; ce nœud, dis-je, ce système, cette issue manquent.* »

Tout cela se passe avant la parution du *Traité élémentaire de chimie* de Lavoisier qui ne sera édité qu'en 1789[531]. Il existe de nombreuses études sur le rôle de Lavoisier et ses travaux pour faire de la chimie une science quantitative. Selon certains auteurs, ce sont en particulier les travaux de Lavoisier qui auraient influencé Kant dans sa réflexion sur les sciences expérimentales[532].

---

528 Kant, *Premiers principes métaphysiques de la science de la nature*, p. 9 ; sur Kant et la chimie, on peut voir aussi la contribution de J. Van Brakel, "Kants legacy for the philosophy of chemistry", p. 69-90 de *Philosophy of Chemistry*, ouvrage collectif, éd. Springer, 2006.

529 Kant, *Premiers principes métaphysiques de la science de la nature*, p. 9.

530 J. Van Brakel, 2006, p. 73.

531 Avec ensuite de nombreuses rééditions en 1793, 1801, 1805. On peut voir à ce sujet, M. Daumas, « La chimie dans l'*Encyclopédie* et dans l'*Encyclopédie méthodique* », *Revue d'histoire des sciences et de leurs applications*, 1951, vol. 4, n° 3, p. 335-343.

532 H. Dussort, « Kant et la Chimie », *Revue philosophique*, 1956, vol. 81, p. 392-397.

Le cas de la chimie et de son évolution dans cette période 1740-1800 est intéressant pour plusieurs aspects : Premièrement, son lien avec la physique la fait évoluer du statut d'*art systématique* ou d'une *connaissance rationnelle appliquée* tel que la classe Kant vers un statut de discipline plus mathématisée. Elle est influencée par les conceptions physiques[533], celles d'attraction newtonienne notamment. Deuxièmement, elle est en quelque sorte en tête de file des sciences, qui vont émerger (dans une conception des sciences, selon Diderot) à partir de la fin du XVIIIe siècle en se dégageant de la mécanique et de l'analyse, et va cependant peu à peu acquérir une véritable légitimité scientifique. Elles deviendront des *sciences de la nature à proprement parler* selon la classification de Kant.

On peut enfin remarquer, à propos de la notion de loi empirique, que lorsque d'Alembert traite en mécanique des causes du changement de mouvement[534] (la communication du mouvement par contact et l'interaction à distance), la deuxième cause ne peut être connue que par ses effets : « *Leur effet seul nous est connu, et la loi de cet effet ne peut être donnée que par l'expérience, puisqu'elle ne saurait l'être* a priori*, la cause étant inconnue*[535]. » La mécanique liée aux effets des interactions à distance comporte donc pour d'Alembert un aspect empirique et rejoint la chimie telle que Kant la décrira dans les mêmes termes : « *On ne peut en effet donner des raisons* a priori *de ces lois en tant que contingentes, et que l'expérience seule a enseignée*[536]. »

Les probabilités/art de conjecturer

Diderot a cette formule intéressante pour définir les probabilités : « *Calcul dont l'application a tant d'importance et d'étendue. C'est proprement la science physico-mathématique de la vie*[537]. » Kant parle de probabilité et de conjecture dans les *Prolégomènes à toute métaphysique future* de la façon suivante : « *En ce qui concerne le* calculus probabilum *de l'arithmétique, ce ne sont pas les jugements probables qu'il contient, mais bien des jugements tout à fait certains sur le degré de possibilité de certains cas en des conditions homogènes données* » et « *c'est seulement dans la science empirique de la nature que les conjectures (grâce à l'induction et à l'analogie) sont admissibles*[538]. »

---

[533] Voir à ce sujet E. V. Melhado, "Chemistry, physics and the chemical revolution", *ISIS*, 1985, vol. 76, p. 195-211 et M. Dumas, « La chimie dans l'*Encyclopédie* et dans l'*Encyclopédie méthodique* », *Revue d'histoire des sciences et de leurs applications*, 1951, vol. 4, p. 334-343.
[534] Firode A. « Les lois du choc et la rationalité de la mécanique selon d'Alembert », *Recherches sur Diderot et sur l'*Encyclopédie, 1996, vol. 21, n° 1, p. 114.
[535] Article « Cause de l'*Encyclopédie* ».
[536] Kant, *Premiers principes métaphysiques de la nature*, p. 9.
[537] « Sur deux mémoires de d'Alembert », *œuvres complètes de Diderot*, tome II, p. 341.
[538] Kant, *Prolégomènes à toute métaphysique future*, 1783, p. 369/150.

Dans le *Système figuré des connaissances humaines*, *l'art de conjecturer* fait partie des mathématiques mixtes, c'est donc une discipline mathématisée. On sait que l'article « Probabilités de l'*Encyclopédie* » est un des rares articles traitant de mathématiques qui n'a pas été écrit par d'Alembert ; selon certains auteurs, il serait attribuable à Diderot[539]. L'art de conjecturer a une position intéressante au XVIIIe siècle car il utilise des techniques et des raisonnements mathématiques qui sont déjà rigoureux, et s'applique à des sujets aussi divers que les problèmes d'inoculation de la variole, de gains économiques, de jeu, de probabilité sur la longévité, etc.[540] Il se retrouve donc dans l'*Encyclopédie* dans des articles aussi divers que « Croix ou pile » ou « Arithmétique politique ». C'est ce statut qui fait que Diderot en donne l'appellation citée plus haut de *physico-mathématique de la vie.* Kant met en garde sur le fait de ne pas confondre les probabilités qui sont un art de conjecturer rigoureux avec la conjecture hasardeuse qu'il condamne dans son utilisation à propos de la métaphysique qu'il veut constituer comme science : « *On ne saurait rien trouver de plus absurde que de prétendre, dans une métaphysique, philosophie issue de la raison pure, fonder ses jugements sur la probabilité et la conjecture* », qui sont, pour lui, « *aussi déplacées en métaphysique qu'en géométrie*[541] ».

Comme on l'a vu plus haut, pour Kant, le calcul des probabilités est rattaché à l'arithmétique qui est une des deux disciplines constituant la *mathématique pure,* ce qui en fait, selon l'organisation des sciences qu'il donne dans la préface des *Premiers principes métaphysiques de la nature*, une *science de la nature à proprement parler*, c'est-à-dire dont les lois sont données *a priori,* et qui est fondée sur des *connaissances pures*. Cette notion de rigueur existait aussi déjà chez les encyclopédistes, dans *L'Explication du système figuré*, les probabilités viennent de « *la quantité considérée dans la possibilité des évènements, [qui] donne l'art de conjecturer, d'où naît l'analyse des jeux de hasard* ». Comme on l'a vue plus haut, la quantité est pour les encyclopédistes *l'idée abstraite* sur laquelle se fondent les mathématiques et les sciences exactes qui en découlent.

Cependant, il y a dans *l'art de conjecturer* un aspect qualitatif qui n'existe dans aucune des autres *sciences de la nature* dérivées des mathématiques, cet aspect est bien expliqué par Michel Malherbe : « *Dans ce dernier domaine, une solution purement géométrique reste abstraite (jusque dans son langage) et conduirait à l'erreur, alors que si on la traite d'une façon physico-mathématique, elle incorpore dans le raisonnement des considérations relevant de la vie des hommes (qu'il s'agisse de jeu ou de*

---

539 J. Mayer, « Diderot et le calcul des probabilités ». *Revue d'histoire des sciences*, 1991, vol. 44, n° 3, p. 375-391.

540 M. Paty, « D'Alembert et les probabilités », *Les Sciences à l'époque de la Révolution française*, p. 203-265, ouvrage collectif, 1988.

541 Kant, *Prolégomènes à toute métaphysique future*, 1783, p. 369/150.

l'inoculation)[542] » et aussi, on parle au XVIIIe de probabilités « *dont le statut encore incertain oscille entre l'assignation objective de phénomènes et l'interprétation subjective* »[543].

Nous avons donc essayé dans ce texte de comparer des écrits sur la classification des sciences durant la période 1740-1800 pour voir comment les représentations des sciences ont évolué, des encyclopédistes à Kant.

Les textes des encyclopédistes et de Kant étudiés sont intéressants par leur aspect didactique. On sait que Kant était professeur, et cet aspect de sa pratique professionnelle se ressent dans son style. Il présente ses idées sous différents aspects pour mieux les faire comprendre et pour aider le lecteur à se forger ses propres opinions. Comme il le dit dans la préface des *Prolégomènes à toute métaphysique future* qui, on le rappelle, est un ouvrage écrit à la demande de son entourage académique pour rendre les avancées conceptuelles de *Critique de la raison pure* plus accessibles du public : « *Ces* Prolégomènes *sont destinés à servir non pas aux étudiants mais aux futurs enseignants, pourvu qu'ils en usent non pour organiser l'exposé d'une science déjà constituée, mais pour commencer par inventer cette science elle-même.* » Il en est de même de l'œuvre des encyclopédistes dont la nature même du travail était la diffusion du savoir dans un esprit typique des Lumières. D'Alembert est le premier à promouvoir vigoureusement cette transparence de la science et du langage utilisé : « *Plusieurs s'imaginent que toute la science d'un mathématicien consiste à dire corollaire au lieu de conséquence, scholie au lieu de remarque, théorème au lieu de proposition. Ils croient que la langue particulière de chaque science en fait tout le mérite que c'est une espèce de rempart inventé pour en défendre les approches*[544]. »

D'autre part, le XVIIIe siècle est le siècle où la science se sépare de la philosophie. Sous l'effet de la technicité de plus en plus poussée des formalismes mathématiques et l'émergence de l'esprit expérimental et des moyens nécessaires aux expériences, les grandes catégories spéculatives et les principes ontologiques de la métaphysique commencent à disparaître. D'Alembert et Kant sont deux figures majeures de cette période et vont tous deux réfléchir sur ce processus d'accroissement et d'évolution des savoirs. D'Alembert est reconnu par la postérité comme physicien/mathématicien et plus connu des scientifiques tandis que les écrits sur Kant sont plus l'œuvre de philosophes. Pourtant, d'Alembert peut être considéré comme un des scientifiques de cette époque ayant la réflexion la plus complète en termes d'épistémologie et d'acquisition des connaissances. Parallèlement, Kant peut être considéré comme le philosophe du XVIIIe le plus profondément influencé par les résultats et les méthodes de la science moderne. Comme le

---

542 M. Malherbe, « Mathématiques et sciences physiques dans *Le Discours préliminaire de l'Encyclopédie* », *Recherches sur Diderot et l'Encyclopédie*, vol. 9, octobre 1990, p. 125.

543 M. Paty, « D'Alembert et les probabilités », *Les Sciences à l'époque de la Révolution française*, ouvrage collectif, 1988, p. 204.

544 *Essai sur les éléments de philosophie*, 1759, p. 31 de la réédition Fayard de 1986.

montrent ses différentes réflexions, il n'y a pas de solution de continuité entre les représentations philosophiques de d'Alembert en termes de connaissance et ses travaux techniques[545] de même, et une trentaine d'années plus tard, Kant réfléchit et veut aussi préserver une continuité entre science et philosophie en ne cessant d'écrire pendant sa période critique sur une « *métaphysique future qui pourra se présenter comme science* » et de rechercher *Les Premiers principes métaphysiques de la science de la nature* en essayant de comprendre comment la science est possible[546] et, pour cela, de construire une correspondance entre la science mathématisée et les principes hérités de la philosophie.

On peut avancer qu'une partie des réflexions sur la connaissance et les sciences premièrement écrites de manière assez générale par les encyclopédistes dans les années 1750-1760, d'Alembert en tête, a en quelque sorte été ensuite structurée par Kant au moyen de son langage extrêmement précis, et approfondie lors de l'élaboration de sa philosophie de la connaissance dans les années 1770-1780.

---

[545] Les idées exprimées dans les préfaces des traités de physiques sont les mêmes que celles des *Essais sur les éléments de philosophie* ou les articles de l'*Encyclopédie*. Une cohérence semblable se retrouve aussi dans l'œuvre d'Euler comprenant ses très nombreux écrits mathématiques aussi bien que *Les lettres à une princesse d'Allemagne*.

[546] Dans ses trois parties de la « question transcendantale capitale » : *Comment la mathématique pure est-elle possible ?, comment la science pure de la nature est-elle possible ?* et *comment la métaphysique en général est-elle possible ?*

BIBLIOGRAPHIE

Sources

D'Alembert, 1743, *Traité de dynamique*.

D'Alembert, 1744, *Traité de l'équilibre et du mouvement des fluides*.

D'Alembert, « Suite des recherches sur la courbe que forme une corde tendue mise en vibration », *Mémoires de l'Académie de Berlin*, année 1747.

D'Alembert, « Addition au mémoire sur la courbe que forme une corde tendue mise en vibration », *Mémoires de l'Académie de Berlin*, année 1750.

D'Alembert, 1751, *Discours préliminaire de l'*Encyclopédie, réédition Vrin, 2000, Paris.

D'Alembert, 1759, *Essai sur les éléments de philosophie*, réédition Fayard, 1986. Paris.

Arnauld, 1662, *Logique de Port-Royal*.

Arnauld, 1667, *Nouveaux éléments de géométrie*.

Bacon, 1605, *De la dignité et de l'accroissement des sciences*.

Bacon, 1620, *Novum organum*.

Berkeley, 1710, *Principes de la connaissance humaine*.

Bernoulli, 1753, « Réflexions et éclaircissements sur les nouvelles vibrations des cordes exposées dans les mémoires de l'académie de 1747 et 1748 ». *Mémoires de l'Académie de Berlin*, année 1753.

Blackburn, R. 1681, « *Supplément à la vie de Hobbes* », texte disponible dans Terrel J., *Hobbes vie d'un philosophe*.

Condorcet, « Éloge de Monsieur Euler », *Histoire de l'Académie royale des sciences*, année 1783.

Descartes, 1628, *Règles pour la direction de l'esprit*.

Descartes, 1637, *Discours de la méthode et essais*. Réédition des œuvres complètes de Descartes, sous la direction de Jean-Marie Beyssade, t. III, Gallimard, Paris.

Descartes, 1644, *Principes de la philosophie*, Charles Adam et Paul Tannery, éditions Vrin, 1949.

Diderot, 1754, *Pensées sur l'interprétation de la nature*.

Diderot, 1751, *Explication détaillée du système des connaissances humaines*.

Euler, 1736, *Mechanica.*
Euler, 1748, *Introduction à l'analyse infinitésimale.*
Euler, « Sur la vibration des cordes », *Mémoires de l'Académie de Berlin*, année 1750.
Euler, « Réflexions sur l'espace et le temps », *Mémoires de l'Académie de Berlin*, année 1750.
Euler, « Remarques sur les mémoires précédents de M. Bernoulli », *Mémoires de l'Académie de Berlin* de 1753.
Euler, « Principes généraux de l'état d'équilibre des fluides », *Mémoires de l'Académie de Berlin*, année 1755.
Euler, « Principes généraux du mouvement des fluides », *Mémoires de l'Académie de Berlin*, année 1757.
Euler, « Continuation des recherches sur la théorie du mouvement des fluides », *Mémoires de l'Académie de Berlin*, année 1757.
Euler, « De la propagation du son », *Mémoires de l'Académie de Berlin*, année 1766.
Euler, « Supplément aux recherches sur la propagation du son », *Mémoires de l'Académie de Berlin*, année 1766.
Euler, « Continuation des recherches sur la propagation du son », *Mémoires de l'Académie des sciences de Berlin*, année 1766.
Euler, « Éclaircissements sur le mouvement des cordes vibrantes », *Miscellanea Taurinensia*, année 1766.
Euler, « Sur le mouvement d'une corde qui au commencement n'a été ébranlée que dans une partie », *Mémoires de l'Académie de Berlin*, année 1767.
Galilée, 1632, *Dialogue sur les deux grands systèmes du monde.*
Galilée, 1638, *Discours concernant deux sciences nouvelles.* Rééditions traduction Épiméthée, Presses universitaires de France, 2008.
Gassendi, 1658, *Abrégé de philosophie.*
Hobbes, 1655, « *De corpore* », dans Édition de 1839, *The English works of Thomas Hobbes.*
Hobbes, 1681, « Vie de Thomas Hobbes de Malmesbury par l'auteur lui-même », dans Terrel J., *Hobbes, vie d'un philosophe.*
De l'Hospital, 1696, *Analyse des infiniment petits pour l'intelligence des lignes courbes.*
Hume, 1739, *Traité de la nature humaine.*
Huygens, 1669, *Sur le mouvement des corps par percussion, « Christiaan Huygens, Œuvres complètes ». Tome XVI. Percussion,* réédition de 1929, J. A. Vollgraff, Martinus Nijhoff, Den Haag.
Huygens, 1673, *Horologium oscillatorium. « Christiaan Huygens, Œuvres complètes »*, réédition de 1929, J. A. Vollgraff, Martinus Nijhoff, Den Haag.
Kant, 1763, *Essai pour introduire en philosophie le concept de grandeur négative*, réédition Vrin, 1997, Paris.

Kant, 1783, *Prolégomènes à toute métaphysique future qui pourra se présenter comme science*, réédition Vrin, 2008.

Kant, 1786, *Premiers principes métaphysiques de la science de la nature*, réédition Vrin, 1990.

Lagrange, « Recherches sur la propagation du son », *Miscellanea Taurinensia*, 1759.

Lagrange, « Application de la méthode exposée dans le mémoire précédant à la solution de différents problèmes de dynamique », *Miscellanea Taurinensia*, 1760-1761.

Lagrange, 1788, *Mécanique analytique*, réédition Gabay, Paris.

Leibniz, 1684, « Nouvelle méthode pour rechercher les maxima et les minima ainsi que les tangentes, méthode que n'entravent pas les expressions fractionnaires ou irrationnelles, accompagnée du calcul original qui s'y applique », *Acta eruditorum*, octobre 1684. Dans la traduction de M. Parmentier, *Leibniz, naissance du calcul différentiel*, 1995.

Leibniz, 1684, « Sur la géométrie profonde et l'analyse des indivisibles et des infinis », *Acta eruditorum*, octobre 1684. Dans la traduction de M. Parmentier, *Leibniz, naissance du calcul différentiel*, 1995.

Leibniz, 1686, « Réflexions originales sur les notions d'angle de contact et d'osculation et sur leur emploi en mathématiques pratique, pour remplacer les figures compliquées par d'autres plus simples qui en tiennent lieu », *Acta eruditorum*, 1686. Dans la traduction de M. Parmentier, *Leibniz, naissance du calcul différentiel*, 1995.

Leibniz, *Nouveaux essais sur l'entendement humain*, 1765, Réédition Garnier Flammarion, 1990.

Locke, 1690, *Essai sur l'entendement humain*, réédition Vrin, Paris, 2001.

Malebranche, 1675, *Recherche de la vérité*, édition de 1842 des œuvres de Malebranche.

Newton, 1687, *Principes mathématiques de la philosophie naturelle*, traduction française de Madame du Châtelet, Édition de 1776.

Newton, 1671, *Méthode des fluxions et des suites infinies*, traduction en français par Buffon en 1740.

Pascal, 1655, *De l'esprit géométrique*, réédition Garnier Flammarion, 1985, Paris.

Pascal, 1658, « Lettres de A. Dettonville contenant quelques-unes de ces inventions de géométrie », dans *Œuvres complètes de Pascal*, réédition La Pléiade, Paris.

Pascal, 1658, « Histoire de la roulette appelée autrement trochoïde ou cycloïde où l'on rapporte par quels degrés on est arrivés à la connaissance de la nature de cette ligne », dans *Œuvres complètes de Pascal*, réédition La Pléiade, Paris.

Reynaud, 1708, *L'analyse démontrée ou la méthode de résoudre les problèmes mathématiques*.

Roberval, *Traité des indivisibles*, publié dans *divers ouvrages de mathématiques et de physique par messieurs de l'Académie royale des sciences* en 1693.

Roberval, « Observations sur la composition des mouvements et sur le moyen de trouver les touchantes des lignes courbes », dans *Divers ouvrages de mathématiques et de physique par messieurs de l'Académie royale des sciences* en 1693.

Spinoza, 1663, *Les principes de la philosophie de Descartes démontrés selon la méthode géométrique*, réédition Œuvres de Spinoza, t. 1, Garnier Flammarion, 1964, Paris.

Varignon, « Autre règle générale des forces centrales. Avec une manière d'en déduire et d'en trouver une infinité d'autres à la fois, dépendamment et indépendamment des rayons osculateurs qu'on va trouver aussi d'une manière infiniment générale », *Mémoires de l'Académie royale des sciences*, année 1701.

Varignon, « De la figure ou curvité des fusées des horloges à ressort », *Mémoires de l'Académie royale des sciences*, année 1702.

Études modernes

Andersen, K. "Cavalieri's method of indivisibles", 1984, article publié par le département d'histoire des sciences de l'Université de Aarhus.

Axtell, J. L. "Locke's review of the *Principia*", *Journal of the history of ideas*, vol. 20, n° 2, 1965.

Balibar, F. 1984, *Galilée, Newton lus par Einstein.* Presses universitaires de France, Paris.

Barbin, E. 2006, *La révolution mathématique du XVIIe siècle.* Éditions Ellipses, Paris.

Blay, M. 1995, *Les* Principia *de Newton.* Presses universitaires de France, Paris.

Blay, M. 2010, *Penser avec l'infini*. Éditions Vuibert, Paris.

Blay, M. « Deux moments de la critique du calcul infinitésimal », *Revue d'histoire des sciences*, 1986, tome 39, n° 3.

Bouligand, G. « L'œuvre d'Euler et la mécanique des fluides au XVIIIe siècle », *Revue d'histoire des sciences et de leurs applications*, 1960, tome 13.

Bouligand, G. « La mécanique théorique des corps flexibles (1638-1788) et les premières tentatives de spéculations fonctionnelles au XVIIIe siècle », *Revue d'histoire des sciences et leurs applications*, 1964, vol. 17, n° 1.

Brown, G. I. "The evolution of the term mixed mathematics", *Journal of the history of ideas*, 1991.

Calinger, R. "Kant and the newtonian science the precritical period", *ISIS*, 1979, vol. 70.

Chareix, F. « La découverte des lois du choc par Christiaan Huygens », *Revue d'histoire des sciences*, 2003, tome 56, n° 1.
Chareix, F. « *Experientia ac ratio*, l'œuvre de Christiaan Huygens », *Revue d'histoire des sciences*, 2003, tome 56, n° 1.
Child, J. M. 1920, *The early mathematical manuscripts of Leibniz*, ed. Dover.
Couturat, 1905, *La philosophie des mathématiques de Kant.*
Dahan Dalmedico, A. « La théorie des fluides dans la tradition d'Euler », *Mathématisation, Augustin Louis Cauchy et l'école française*, 1992.
Daumas, M. « La chimie dans l'*Encyclopédie* et dans l'*Encyclopédie méthodique* », *Revue d'histoire des sciences et de leurs applications*, 1951, tome 4, n°s 3-4.
De Gandt, F. « Le problème inverse », *Revue d'histoire des sciences*, 1987, tome 40, n°s 3-4.
De Gandt, F. « Le style mathématique des *Principia* de Newton », *Revue d'histoire des sciences*, 1986, t. 39, n° 3.
Dieudonné, J. 1978, *Abrégé d'histoire des mathématiques.* Hermann, Paris.
Dubarle, D. « La méthode scientifique de Galilée », *Revue d'histoire des sciences et de leurs applications*, 1965, tome 18, n° 2.
Dugas, R. 1950, *Histoire de la mécanique.* Réédition Gabay. Paris.
Dussort, H. « Kant et la Chimie », *Revue philosophique*, 1956, vol. 81.
Erlichson E. "Johann Bernoulli's brachistochrone solution using Fermat principle of least time", *European Journal of Physics*, vol. 20, 1999.
Firode, A. « Les lois du choc et la rationalité de la mécanique selon d'Alembert », *Recherches sur Diderot et sur l'Encyclopédie*, 1996.
Friedman, M. *Kant and the exact sciences*, 1992.
Gowing, R. 1997, "Pierre Varignon and the measurement of time", *Revue d'histoire des sciences*, tome 50, n° 3.
Gontier, T. « Mathématiques et science universelle chez Bacon et Descartes », *Revue d'histoire des sciences*, tome 59-2, 2006.
Greenberg, J. L. "Mathematical physics in Eighteen century France", *ISIS*, 1985, vol. 77.
Hintikka, J. 1996, *La philosophie des mathématiques chez Kant*. Éd. Vrin, Paris.
Israel, G. « Des *Regulae* à la Géométrie », *Revue d'histoire des sciences*, 1998, t. 51, n°s 2-3.
Lequan, M. « Quelle est chez Kant la science mathématique pure du temps ? », *Les Cahiers philosophiques de Strasbourg*, vol. 26, 2009.
Lubet, J. P. « Le calcul différentiel et intégral dans l'analyse démontrée de Charles René Reynaud », *Recherches sur Diderot et sur l'Encyclopédie*, 2005, vol. 38.
Malet, A. 1996, "From indivisibles to infinitesimals studies on seventeenth century mathematization of infinitely small quantities", publications de l'Universite autonome de Barcelone.

Malherbe, M. « Mathématiques et sciences physiques dans *Le Discours préliminaire de l'Encyclopédie* », *Recherches sur Diderot et l'Encyclopédie*, vol. 9, octobre 1990.
Malherbe, M. « Mathématiques et sciences physiques dans *Le Discours préliminaire de l'Encyclopédie* », *Recherches sur Diderot et l'Encyclopédie*, 1990.
Mansion, P. « Gauss contre Kant sur la Géométrie non euclidienne », *Revue néoscolastique*, n° 60, 1908.
Mayer, J. « Diderot et le calcul des probabilités », *Revue d'histoire des sciences*, 1991, vol. 44, n° 3.
Merker, C. 2004, « Le chant du cygne des indivisibles », Presse universitaires de Franche-Comté.
Mc Kinnon, E. "The development of Kant's conception of scientific explanation", *PSA*, 1978.
Mc Rae, R. "The unity of the sciences Bacon, Descartes, Leibniz", *Journal of the history of ideas*, vol. 18, n° 1, January 1957.
Namer, E. « L'intelligibilité mathématique et l'expérience chez Galilée », *Revue d'histoire des sciences et de leurs applications*, 1964, tome 17, n° 4.
Paty, M. « La notion de grandeur et la légitimité de la mathématisation en physique », *De la philosophie à la physique*, 2001.
Paty, M. « D'Alembert et les probabilités », *Les sciences à l'époque de la Révolution française*, ouvrage collectif, 1988.
Paty, M. *D'Alembert ou la raison physico-mathématique au Siècle des lumières*, 2004. Éd. Belles-Lettres, Paris.
Pierobon, 2003, *Kant et les mathématiques.* Éditions Vrin, Paris.
Pourciau, B. "Reading the master, Newton and the birth of celestial mechanics", *The american mathematical monthly*, vol. 104, n° 1, 1997.
Robinet, A. « La vocation académicienne de Malebranche », *Revue d'histoire des sciences et de leurs applications*, 1959, tome 12, n° 1.
Robinet, A. « Le groupe malebranchiste, introducteur du calcul infinitésimal en France », *Revue d'histoire des sciences et de leurs applications*, 1960, tome 13, n° 4.
Rogers A. J. "Locke's Essay and Newton *Principia*", *Journal of the history of ideas*, vol. 39, n° 2, 1978.
Ross, A. « Vers le calcul différentiel et intégral », *Bulletin de l'Association Mathématique du Québec*, vol. XLVII, n° 1, mars 2007.
Russo, F. « Pascal et l'analyse infinitésimale », *Revue d'histoire des sciences et de leurs applications*, 1962, Tome 5.
Shank, J. B. "There was no such thing as the Newtonian revolution and the French initiated it, Eighteenth century mechanics in France before Maupertuis", *Early science and medicine*, 2004, vol. 9, n° 3.
Schober, A. « Les conceptions épistémologiques et politiques de d'Alembert vues à travers la pensée des Lumières, l'*Aufklärung* de Kant et le

positivisme de Comte », *Studies on Voltaire and the eighteenth century*, vol. 319, 1994.

Simonov, N. I. « Sur les recherches d'Euler dans le domaine des équations différentielles », *Revue d'histoire des sciences et de leurs applications*, 1968, tome 21, n° 2.

Signore, R. 2008, *Histoire de la chute des corps*, Eyrolles, Paris.

Snelders, H. A. M., "Christiaan Huygens and Newton's theory of gravitation", *Notes and records of the Royal society of London*, vol. 43, n° 2, July 1989.

Speiser, D. « Le *Horologium oscillatorium* et les *Principia* », *Revue philosophique de Louvain*, quatrième série, t. 86, n° 72, 1988.

Van Brakel, 2006, "Kants legacy for the philosophy of chemistry", *Philosophy of Chemistry*, ouvrage collectif.

Vilain, C. « La loi galiléenne et la dynamique de Huygens », *Revue d'histoire des mathématiques*, 1996, vol. 2.

Vilain, C. « Descartes, correspondant scientifique de Constantijn Huygens », *Revue d'histoire des sciences*, 1998, t. 52, n°s 2-3.

Table des matières

Structures éditoriales du groupe L'Harmattan

L'Harmattan Italie
Via degli Artisti, 15
10124 Torino
harmattan.italia@gmail.com

L'Harmattan Hongrie
Kossuth l. u. 14-16.
1053 Budapest
harmattan@harmattan.hu

L'Harmattan Sénégal
10 VDN en face Mermoz
BP 45034 Dakar-Fann
senharmattan@gmail.com

L'Harmattan Cameroun
TSINGA/FECAFOOT
BP 11486 Yaoundé
inkoukam@gmail.com

L'Harmattan Burkina Faso
Achille Somé – tengnule@hotmail.fr

L'Harmattan Guinée
Almamya, rue KA 028 OKB Agency
BP 3470 Conakry
harmattanguinee@yahoo.fr

L'Harmattan RDC
185, avenue Nyangwe
Commune de Lingwala – Kinshasa
matangilamusadila@yahoo.fr

L'Harmattan Congo
67, boulevard Denis-Sassou-N'Guesso
BP 2874 Brazzaville
harmattan.congo@yahoo.fr

L'Harmattan Mali
Sirakoro-Meguetana V31
Bamako
syllaka@yahoo.fr

L'Harmattan Togo
Djidjole – Lomé
Maison Amela
face EPP BATOME
ddamela@aol.com

L'Harmattan Côte d'Ivoire
Résidence Karl – Cité des Arts
Abidjan-Cocody
03 BP 1588 Abidjan
espace_harmattan.ci@hotmail.fr

L'Harmattan Algérie
22, rue Moulay-Mohamed
31000 Oran
info2@harmattan-algerie.com

L'Harmattan Maroc
5, rue Ferrane-Kouicha, Talaâ-Elkbira
Chrableyine, Fès-Médine
30000 Fès
harmattan.maroc@gmail.com

Nos librairies en France

Librairie internationale
16, rue des Écoles – 75005 Paris
librairie.internationale@harmattan.fr
01 40 46 79 11
www.librairieharmattan.com

Librairie l'Espace Harmattan
21 bis, rue des Écoles – 75005 Paris
librairie.espace@harmattan.fr
01 43 29 49 42

Lib. sciences humaines & histoire
21, rue des Écoles – 75005 Paris
librairie.sh@harmattan.fr
01 46 34 13 71
www.librairieharmattansh.com

Lib. Méditerranée & Moyen-Orient
7, rue des Carmes – 75005 Paris
librairie.mediterranee@harmattan.fr
01 43 29 71 15

Librairie Le Lucernaire
53, rue Notre-Dame-des-Champs – 75006 Paris
librairie@lucernaire.fr
01 42 22 67 13

www.ingramcontent.com/pod-product-compliance
Lightning Source LLC
LaVergne TN
LVHW011249061026
849535LV00005B/1198